MSE

MATHEMATICS
SCIENCE
ENGINEERING

기본을 튼튼히 다질 수 있는
한빛아카데미의 이공계 기본 교재 시리즈

설계 프로세스로 배우는

창의적 공학설계

CREATIVE IDEAS LEARNING BY ENGINEERING DESIGN PROCESS

노승환 지음

한빛아카데미
Hanbit Academy, Inc.

지은이 **노승환** rosh@kongju.ac.kr

컴퓨터 및 네트워크 분야로 1993년에 고려대학교에서 박사 학위를 취득하고, 1994년부터 지금까지 공주대학교 정보통신공학부 교수로 재직 중이다. 이동통신망에서의 핸드오버에 관해 연구하고 있으며, 최근에는 4G와 휴대 인터넷에서 서비스의 연속성을 제공하기 위한 Mobile IP 기반의 핸드오버 프로토콜에 관해 연구하고 있다. 또한 임베디드 분야에서는 임베디드 프로세서, 리눅스 등을 이용한 하드웨어와 응용 소프트웨어에 관한 연구를 수행하고 있다. 저서로는 『VHDL을 이용한 FPGA 디지털 설계』(한빛미디어, 2009)와 『창의적 공학설계 : Creative Ideas』(한빛미디어, 2011)가 있다.

[약력]

- 1987년 8월 : 고려대학교 전자공학과 학사
- 1989년 8월 : 고려대학교 전자공학과 대학원 석사
- 1993년 8월 : 고려대학교 전자공학과 대학원 박사
- 1994년 3월 ~ 현재 : 공주대학교 정보통신공학부 교수
- 1997년 6월 ~ 1998년 5월 : 한국전자통신연구원 초빙연구원
- 2002년 12월 ~ 2003년 12월 : University of Birmingham 초빙연구원

설계 프로세스로 배우는 창의적 공학설계

초판발행 2014년 6월 27일
5쇄발행 2024년 1월 15일

지은이 노승환 / **펴낸이** 전태호
펴낸곳 한빛아카데미(주) / **주소** 서울시 서대문구 연희로 2길 62 한빛아카데미(주) 2층
전화 02-336-7112 / **팩스** 02-336-7199
등록 2013년 1월 14일 제2017-000063호 / **ISBN** 979-11-5664-109-4 93560

총괄 박현진 / **책임편집** 김평화 / **기획·편집** 김평화 / **교정** 김형주 / **진행** 임여울
디자인 윤선호 / **전산편집** 임희남 / **제작** 박성우, 김정우
영업 김태진, 김성삼, 이정훈, 임현기, 이성훈, 김주성 / **마케팅** 길진철, 김호철, 심지연

이 책에 대한 의견이나 오탈자 및 잘못된 내용에 대한 수정 정보는 아래 이메일로 알려주십시오.
잘못된 책은 구입하신 서점에서 교환해 드립니다. 책값은 뒤표지에 표시되어 있습니다.

홈페이지 www.hanbit.co.kr / 이메일 question@hanbit.co.kr

Published by HANBIT Academy, Inc. Printed in Korea

MSE

MATHEMATICS SCIENCE ENGINEERING

기본을 튼튼히 다질 수 있는
한빛아카데미의 이공계 기본 교재 시리즈

MSE 시리즈로 전공의 초석을 다지자!

기본을 튼튼히 다질 수 있는 학습 구성

명쾌한 해답이 있는 콘텐츠

무엇을 왜 배우는지, 어떻게 풀고, 어디에 쓰는지를 알려줍니다.

핵심이 보이는 원리와 개념

명확한 정의와 논리적 전개로 핵심을 짚어줍니다.

개념을 다지는 예제

친절하고 상세한 풀이 과정을 보여줍니다.

응용력을 길러주는 연습문제

수준별/유형별 연습문제를 담았습니다.

지은이 머리말

창의적이란? 바로 사고의 유연성!

'공학설계'란 무엇일까요? 아래 두 정의를 먼저 생각해 봅시다.

- 공학 : 인간의 삶의 질을 향상시킬 수 있는 기계, 시스템 프로세스를 설계하고 구현하기 위해 수학, 과학, 예술, 경제와 같은 전문 지식을 습득하고 적용하는 것
- 설계 : 원하는 기능을 수행하거나 특별한 형태를 갖는 새로운 사물을 개발하고 테스트하는 것

위 두 정의를 간단하게 정리하면, '공학설계'란 '인간의 삶의 질을 향상시킬 수 있는 사물을 개발하는 과정'이라고 할 수 있습니다. 이러한 공학설계는 크게 다음과 같은 프로세스로 진행됩니다.

문제 정의 → 정보 수집 → 설계 기준과 제한요소 결정 → 다양한 해결 방안 모색 → 분석과 결정 → 설계 구현 → 의사소통 → 생산설계

다양한 공학 분야에서 공학적 결과물을 개발하는 데 동일한 설계 프로세스를 적용한다는 것이 쉽게 이해되지 않을 수 있습니다. 예를 들어 기계공학에서는 기계장치를 개발하고, 건축 및 토목공학에서는 교량을 건설하고 빌딩을 세웁니다. 또한 재료공학에서는 새로운 물질을 개발하고, 컴퓨터공학에서는 소프트웨어를 개발합니다. 이 문제를 정확하게 이해하기 위해서는 공학의 본질을 다시 한 번 고려해 봐야 합니다.

공학설계는 문제를 정의하는 것에서부터 시작하는데, 모든 공학 분야에서 문제는 공통적으로 수요자의 요구에 의해 발생합니다. 또한 모든 공학 분야에서는 공통적으로 설계 대상을 분석하는데, 그 대상이 기계장치일 경우에는 프로토타입, 빌딩이나 건축 구조물일 경우에는 축소 모델일 뿐입니다. 그러므로 설계 프로세스 자체에 너무 파묻히지 말고 유연하게 사고하기를 바랍니다. 이러한 사고의 유연성을 통해 공학적 문제를 창의적으로 해결할 수 있을 뿐만 아니라, 우리가 접할 수 있는 모든 문제의 해결 방안을 모색할 수 있을 것입니다.

이 책의 구성

앞에서 언급한 바와 같이 공학이란 인간의 수요를 만족시키기 위해 다양한 분야의 전문 지식을 기술적인 요소로 조합한 복합 학문입니다. 따라서 공학설계 과정에서 설계 결과에 영향을 미치는 요소를 이해할 필요가 있습니다. 이 책은 공학설계 과정에서 가장 핵심이 되는 요소를 중점적으로 다룹니다. 먼저 공학설계의 개념과 공학설계 프로세스를 살펴보고, 공학커뮤니케이션과 공학윤리를 다룹니다.

그리고 마지막으로 공학설계 프로젝트를 구성하여 실제 설계를 실습해 볼 수 있도록 구성했습니다.

공학설계 프로세스에서는 가장 첫 단계인 문제 정의에서부터 가장 마지막 단계인 생산설계까지 각 단계에서 필요한 절차와 방법을 설명합니다. 이 과정은 모든 공학 분야에 정확하게 부합하지 않을 수 있으므로, 가능한 한 원칙적인 관점에서 이해하기 바랍니다. 이론적인 내용은 실제 설계 프로젝트를 진행하면서 확인해 볼 수 있으며, 이 과정을 통해 유연한 사고의 필요성을 확인할 수 있습니다.

의사소통 능력은 공학뿐만 아니라 모든 학문에서 중요한 요소입니다. 이 책에서는 공학커뮤니케이션에 대한 별도의 장을 구성하여 의사소통의 종류와 방법을 구체적으로 설명했습니다. 또한 실제 현장에서 업무를 수행할 때 소홀하기 쉬운 공학윤리를 다루어 학생들이 공학자가 갖춰야 할 윤리적인 소양을 이해할 수 있도록 했습니다.

이 책의 학습법

대부분 학생을 비롯해 현장에서 업무를 수행하고 공학을 가르치는 사람조차도 공학을 단순한 기술로 잘못 이해하는 경우를 종종 볼 수 있습니다. 그러나 공학에 임하려면 단순하게 따라 하는 기술 이상의 창조적인 사고가 필요합니다. 이 책을 공부할 때는 창조적이고 논리적으로 사고하는 습관을 들이고, 동료들과 많은 대화를 나눔으로써 정확하게 자신의 사고를 전달하는 훈련을 해나가기 바랍니다. 특히 2장에서 다루는 공학설계 프로세스를 중심으로 공학설계의 사례, 공학커뮤니케이션, 공학윤리를 병행하여 학습하면 효율적일 것입니다.

이 책은 공과대학에 재학 중인 1학년 또는 2학년 학생을 대상으로 합니다. 대부분의 학생들은 공학을 공부하면서도 자신의 공학적 결과물이 사회에 어떤 영향을 미치고, 어떤 결과를 초래할 것인가를 생각하지 못합니다. 공학적 결과물이 인간에게 이롭지 못하거나 해를 주게 되는 이유는 공학자가 공학을 단지 기술적인 요소로만 보고 경제를 위한 수단으로만 이용하기 때문입니다. 그러므로 학생들이 공학적 지식을 습득하기에 앞서 자신이 왜 공학을 배우고 있는지 한 번쯤 생각해 보길 바랍니다.

감사의 글

설계 프로젝트 실습에 도움을 준 DCLAB 실험실 학생들과 박지영 학생에게 감사드립니다. 그리고 이 책의 기획에서 출판까지 수고를 아끼지 않은 한빛아카데미(주)에 감사의 말을 전합니다.

지은이 노승환

미리보기

누구를 위한 책인가

이 책은 전공 교과목을 시작하기에 앞서 문제해결을 위한 시스템적인 과정을 배우고자 하는 학생을 대상으로 한다. 따라서 공학설계 프로세스를 익히는 것이 가장 중요하지만, 이 프로세스를 원만하게 수행하기 위해서는 공학커뮤니케이션과 공학윤리에 대한 이해가 필요하다.

이 책을 시작하려면

이 책의 내용은 특정 전공에 속하지 않으므로 본문에서 다루는 내용의 의미를 잘 이해하는 것이 중요하다. 따라서 본문의 글을 정독하여 그 내용을 이해하고, 이를 바탕으로 토론하고 발표하며 학습하기를 권한다.

이 책의 구성요소

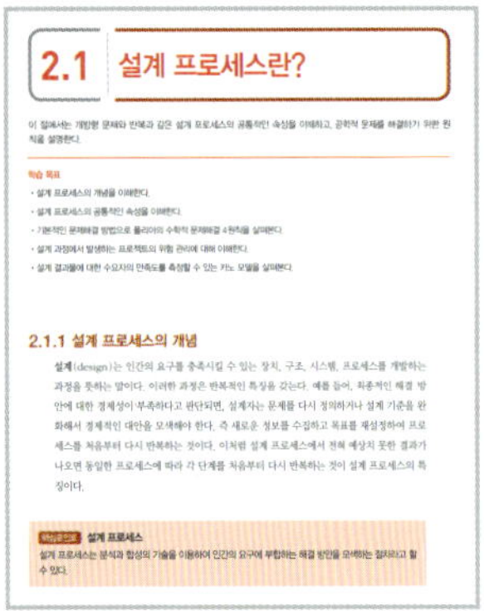
2.1 설계 프로세스란?

2.1.1 설계 프로세스의 개념

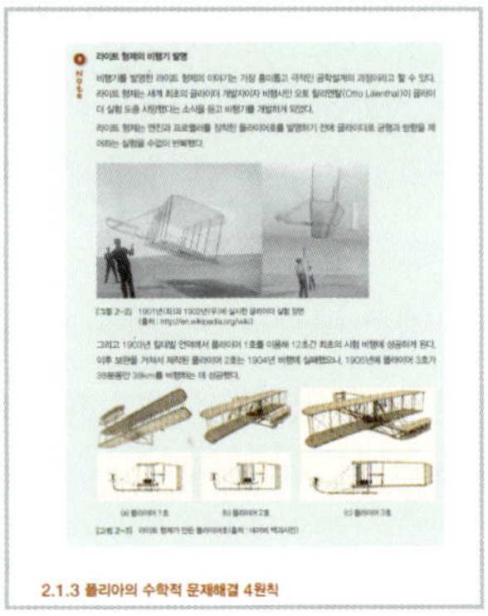
2.1.3 폴리아의 수학적 문제해결 4원칙

도입글

전체 맥락을 짐작할 수 있도록
학습 내용과 필요성 등을 설명한다.

학습 목표

구체적으로 어떤 내용을 학습해야
하는지를 제시한다.

핵심 포인트

본문 내용 가운데 반드시 알고 넘어가야
하는 핵심적인 내용을 강조한다.

Note

본문에 대한 보충 설명, 참고 내용 등을
보여준다.

이 책의 구성

❶ Part 01 공학설계와 공학설계 프로세스

공학설계와 공학설계 프로세스의 개념을 설명하고, 공학설계의 사례를 소개함으로써 공학설계의 의미를 살펴본다.

❷ Part 02 공학커뮤니케이션과 공학윤리

공학적인 의사소통과 윤리에 대한 이론을 설명하고, 공학윤리의 사례를 소개한다. 이를 통해 설계 과정과 결과에 영향을 미칠 수 있는 의사소통과 윤리의 중요성을 살펴본다.

❸ Part 03 공학설계 프로젝트

실제 공학설계 프로젝트를 통해 공학설계 프로세스가 어떻게 적용되는지 살펴본다. 적절한 난이도의 공학설계 프로젝트를 실습해 봄으로써 공학설계에 대한 이해를 높인다.

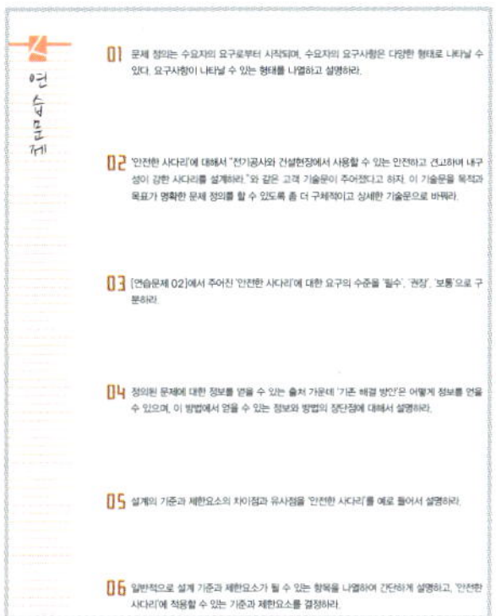

연습문제

본문의 내용을 제대로 이해했는지 확인할 수 있도록 관련 문제를 제시한다.

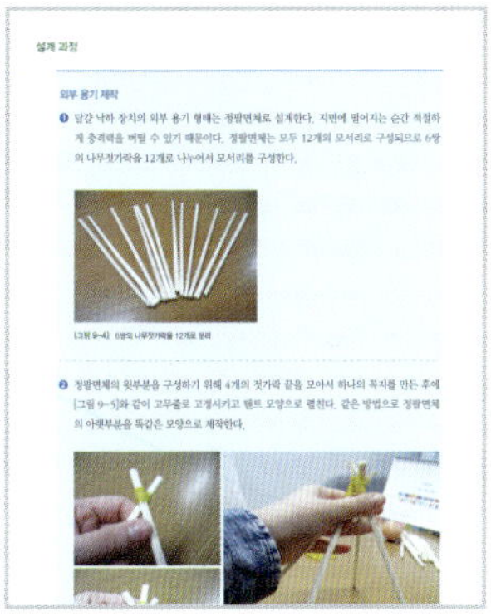

설계 과정

해당 설계 주제에 대한 제작 과정을 사진과 함께 단계별로 보여준다.

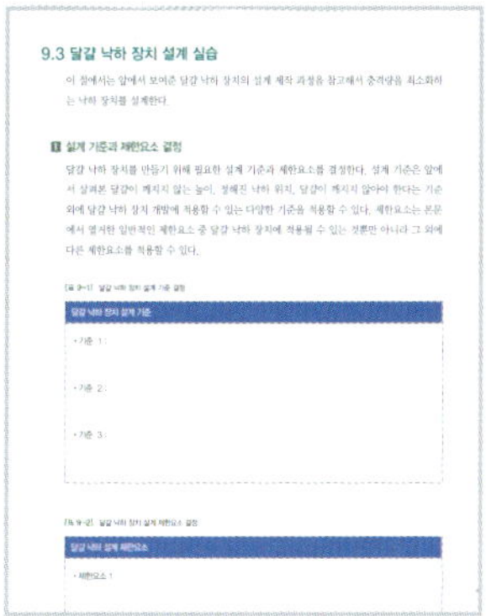

설계 실습

해당 설계 주제를 실제로 실습할 수 있도록 설계 흐름을 제시하고, 관련 양식을 제공한다.

학습 로드맵

이 책은 크게 3개의 파트와 11개의 장으로 구성되어 있다. 이 책에서 가장 핵심 내용은 2장의 공학설계 프로세스이므로, 이 부분을 중심으로 다른 장의 내용을 학습하기를 권한다. 또한 이론과 함께 공학설계 프로젝트를 동시에 진행을 하는 것도 좋은 방법이 될 수 있다.

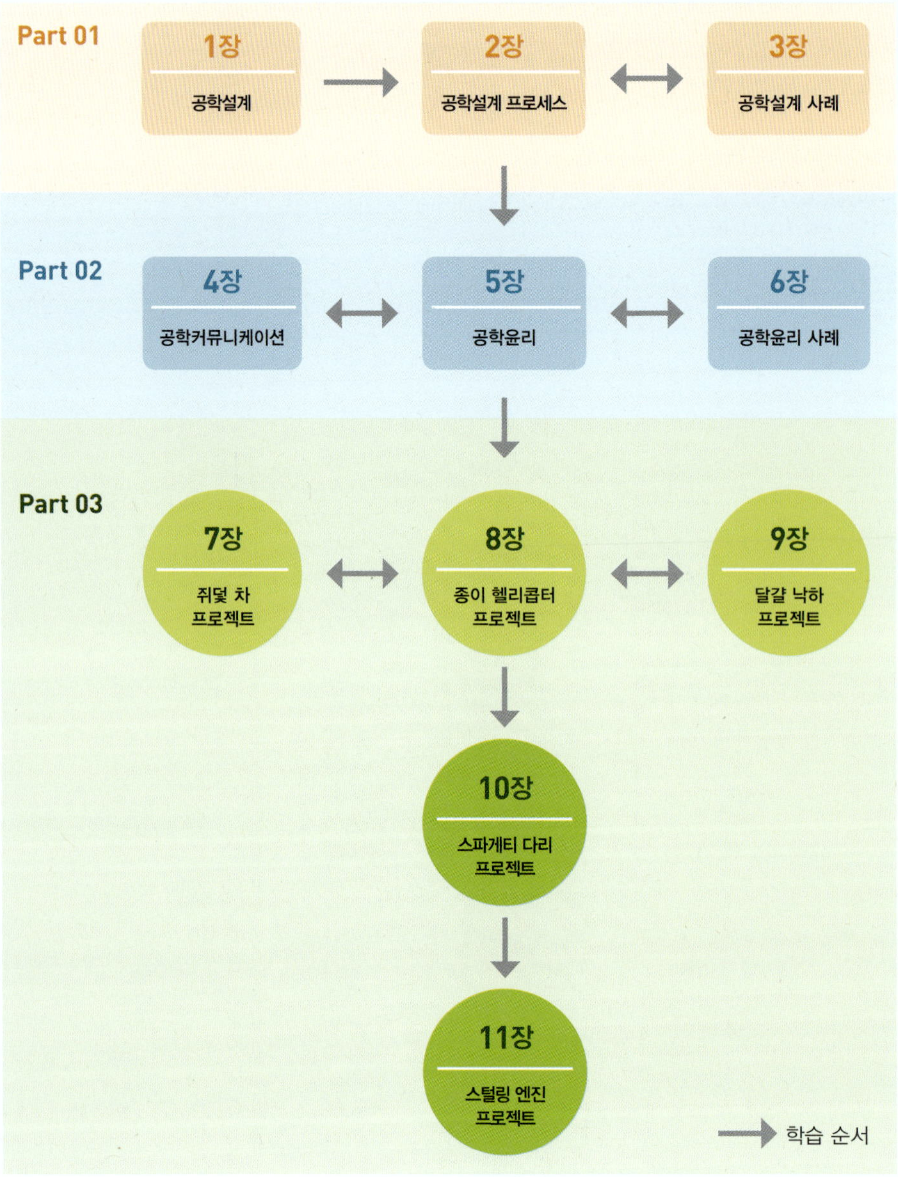

강의 계획

이 책은 내용의 분류에 따라 파트와 장으로 구분되어 있지만, 강의할 때 반드시 나열된 순서대로 진행할 필요는 없다. 이론과 실습을 병행하면 학습 효과가 좀 더 클 것으로 기대된다. 공학설계 프로젝트는 수강하는 학생들의 수준에 따라 선택하여 수행할 수도 있다. 다만, 공학설계 프로젝트는 팀워크에 대한 이해를 높이고, 의사소통 능력을 향상시킬 수 있도록 팀 단위로 진행할 것을 권한다.

표준 스케줄 표

주	해당 장	주제
1	1장	공학설계
2	2장	설계 프로세스란?
3	2장	문제 정의, 정보 수집, 설계 기준과 제한요소 결정
4	2장	다양한 해결 방안 모색, 분석과 결정
5	2장	설계 구현, 의사소통, 생산설계
6	3장	공학설계 사례
7	8장	종이 헬리콥터 프로젝트
8		**중간고사**
9	4장	공학커뮤니케이션
10	5장, 7장	공학윤리, 쥐덫 차 프로젝트
11	6장, 9장	공학윤리 사례, 달걀 낙하 프로젝트
12	10장	스파게티 다리 프로젝트
13	10장	스파게티 다리 프로젝트
14	11장	스털링 엔진 프로젝트 심화
15	11장	스털링 엔진 프로젝트 심화
16		**기말고사**

강의 보조 자료 및 부록

강의 보조 자료

한빛아카데미 홈페이지에서 '교수회원'으로 가입하신 분은 인증 후 교수용 강의 보조 자료를 제공받을 수 있습니다. 한빛아카데미 홈페이지 상단의 〈교수전용공간〉 메뉴를 클릭하세요.

http://www.hanbit.co.kr/academy

연습문제 해답

본 도서는 대학 강의용 교재로 개발되었으므로 연습문제 해답은 제공하지 않습니다.

부록

이 책에서 제공하는 부록은 다음 사이트에서 다운로드할 수 있습니다.

http://www.hanbit.co.kr/exam/4109

부록 A. 특허와 창조경영

부록 B. NSPE의 윤리규범

부록 C. 한국과학기술단체총연합회의 '과학기술인 윤리강령'

목차

PART 02 공학커뮤니케이션과 공학윤리

Chapter 04 공학커뮤니케이션

Chapter 05 공학윤리

PART

01

공학설계와 공학설계 프로세스

Engineering Design and Engineering Design Process

공학설계란 주어진 제한조건 내에서 원하는 기능을 수행하거나 특별한 형태를 갖는 새로운 사물을 체계적으로 개발하고 테스트하는 과정을 의미한다. Part 01에서는 공학설계 프로세스를 이해하는 데 필요한 핵심 내용을 다루며, 이를 위해 설계에 대한 기본적인 개념과 여러 설계 프로세스 모델 중 가장 일반적인 모델에 대해서 설명한다. 여기서 제안하는 모델은 특정 분야에 국한되는 설계 프로세스에 대한 것이 아니므로 전체 과정 중 각 단계를 어떻게 구분하는지에 대해 개념적으로 설명하였다. 따라서 공학설계의 진행 과정을 이해하고, 이를 연구개발 업무에 활용할 수 있게 하는 데 그 목적이 있다. 또한 실제 공학설계 프로세스를 적용하여 제품화가 된 사례를 통해 서로 다른 분야에 설계 프로세스를 어떻게 적용시키는지를 살펴보고자 한다.

CHAPTER

1장 공학설계

Engineering Design

공학설계란?

공학적 문제해결

품질관리

연습문제

공학설계는 주어진 조건에 따라 수요자의 요구를 충족시킬 수 있는 새로운 기능과 형태를 창조하는 행위를 뜻하는 말이다. 이와 관련하여 이 장에서는 공학설계의 기본적인 개념과 구성요소, 팀 구성의 일반적인 원리와 구성원의 역할 및 특징 등을 살펴보고자 한다. 아울러 공학설계가 적용되는 다양한 분야에 대해 알아볼 것이다. 이 장을 통해 공학설계에 있어서 문제란 무엇이며, 이 문제를 해결한다는 것이 어떤 의미인지 이해할 수 있기를 바란다.

1.1 공학설계란?

이 절에서는 공학설계에 대한 전반적인 개념을 이해하고, 공학설계를 진행하는 데 필요한 팀 구성과 관련 공학 분야에 대해 소개한다.

학습 목표

- 공학설계의 개념을 정의하고, 그 구성요소를 살펴본다.
- 팀 구성의 일반적인 원리와 구성원의 역할 및 특징을 살펴본다.
- 학부 과정에서 다루는 대표적인 공학 분야를 간략하게 살펴본다.

1.1.1 공학설계의 개념

우리가 일상적으로 사용하는 스마트폰이나 노트북은 '인간의 필요'에 의해 기술을 창의적으로 활용한 결과물이라고 할 수 있다. 이들 제품이 만들어지기까지 공학자를 비롯하여 다양한 분야의 전문가들이 오랜 시간과 많은 비용을 투자하는 기획 · 개발 · 생산 과정을 거치게 되는데, 이 과정을 가리켜 **공학설계**(engineering design)라 한다.

핵심포인트 **공학설계**

공학설계는 지금까지 찾아볼 수 없었던 새로운 장치나 시스템을 만들어 내거나 현재의 것을 좀 더 나은 상태로 개선하는 창의적인 활동이다.

흔히 **공학**(engineering)이라 함은 기능 개선 및 생산성 향상을 목적으로, 창의적인 아이디어를 제품이나 시스템에 물리적으로 구현하는 응용과학기술을 연구하는 학문을 말한다. 창의성이 요구된다는 점에서 예술 활동과 크게 다르지 않지만, 그 목적이 인간의 필요를 충족시키는 제품이나 시스템을 개발하는 데 있다는 점에서 **설계**(design)라 한다.

이와 관련하여 미국공학기술인증원(ABET : Accreditation Board for Engineering and Technology)[1]은 공학설계를 다음과 같이 정의한다.

1 ABET는 1932년 공학교육 프로그램의 개선과 발전을 도모하기 위해 설립된 연구기관이다. 이 기관을 통해 공학교육인증 프로그램을 실시한 결과, 미국의 공과대학은 세계 최고 수준의 명문대학으로 성장할 수 있었다. 오늘날 미국의 공학교육인증 제도는 세계적으로 큰 반향을 불러일으키고 있어, 수많은 기업과 교육기관 등에서 이 프로그램을 실행하고 있다.

"공학설계는 시스템(system)이나 컴포넌트(component), 프로세스(process) 등을 수요자의 요구에 맞도록 설계하는 과정이다. 이 과정은 설계 목적에 따라 기준을 설정하고 합성 · 분석 · 구현 · 평가 등의 절차에 따라 진행되는데, 수요자의 요구를 충족시킬 수 있도록 사용 가능한 자원을 효율적으로 활용하기 위해서는 기본적인 의사소통 능력이 필요하다. 아울러 기초과학과 수학, 응용과학 이론이 동원되기도 한다."

공학설계의 개념을 보다 정확하게 이해하기 위해서는 그 구성요소를 살펴보면 되는데, 여기에는 창의성을 비롯하여 개방형 문제해결(open-ended problem) 능력, 동시공학설계(concurrent engineering design)의 확보 등이 포함된다. 또한 미학적 요소와 경제적 요소, 안전성, 신뢰성, 윤리성 등 사회에 미치는 영향에 대해서도 고려해야 한다.

핵심포인트 **공학설계의 구성요소**

- 창의성
- 개방형 문제해결 능력
- 최신 설계 이론 및 방법의 적용
- 설계 명세와 규격의 공식화
- 대안 및 실현 가능성 모색
- 동시공학설계의 확보
- 시스템에 대한 구체적 서술
- 현실성 있는 고려와 고찰

공학설계의 개념은 결코 단순하지 않다. 이는 기본적으로 해결해야 할 문제 자체가 하나 이상의 답을 요구하는 개방형 문제인데다가 그로 인해 야기되는 파급 효과까지 고려해야 하기 때문이다. 더욱이 설계 대상이나 환경에 따라 설계 적용 범위와 비용 면에서 절차와 복잡도가 달라진다. 예를 들어 기계 공학자는 효율적인 기계를 개발하기 위해 설계 프로세스를 적용하지만, 전기 공학자는 크기가 작고 휴대하기 간편한 통신 장비를 개발하기 위해 설계 프로세스를 적용한다.

그러므로 공학자란 문제를 해결하는 사람이라고 정의할 수 있다. 이때 설계자가 설계 문제를 해결한다는 말은 단순히 수학 공식을 적용해서 답을 얻는다는 의미가 아니라, 수요자의 요구와 그 수요를 만족시키기 위해 모든 제한요소를 반영해 가장 적합한 형태의 시스템을 만들어 나가는 과정이라고 할 수 있다.

오늘날과 같은 고도기술사회에서는 문제해결 과정에 공학자들의 팀워크가 필요할 뿐만 아니라 공학적인 접근법 외에도 환경전문가, 경제학자, 사회학자 등의 협력이 필요하다. 때로는 적절한 기술의 적용뿐만 아니라 정부의 규제와 같은 기술 외적인 요소를 고려해야 할 경우도 있다.

공학설계의 개념은 지난 수십 년간 많은 변화를 겪었다. 1960년대에 설계라는 개념은 분석(analysis)보다 한 단계 낮은 수준의 작업으로 제도판에서 도구를 이용하여 그림을 그리는 제도사들의 작업처럼 인식되었다. 그러나 오늘날 설계는 공학도의 주된 업무가 되었으며, 설계 전 단계 작업인 분석은 부수적인 절차처럼 인식되고 있다. 설계를 담당하는 공학자는 자신의 설계가 실현될 수 있도록 설계에 적용할 수 있는 기술을 결정해야 하고, 다른 프로세스와 조화를 이룰 수 있도록 만들어야 한다. 즉 공학자라도 공학적인 관점에서 경영에 대한 지식을 갖추어야 하며, 회사의 경영자와 교류를 유지해야 하는 것이다. 그러므로 공학자는 기본적으로 의사소통 능력이 뛰어나야 한다. 왜냐하면 팀 프로젝트를 원활하게 수행하기 위해서는 경영자는 물론이고 조직 구성원과 원활한 의사소통이 무엇보다 중요하기 때문이다.

일반적으로 설계 문제는 프로세스를 반복할수록 해결 방안이 점차 개선되기 마련이다. 설계를 구현하는 과정에서 해결 방안의 안전성과 가격이 적절하지 않다는 사실을 알 수도 있고, 때로는 처음 의도했던 대로 동작하지 않는다는 사실을 알 수도 있다. 이러한 경우에는 설계의 초기 단계로 다시 돌아가 주어진 조건을 만족시키는 해결 방안을 찾아야 한다. 왜냐하면 설계 문제의 해답은 갑자기 생겨나는 것이 아니라, 대부분 그 문제를 해결하는 프로세스에 의해서 결정되기 때문이다. 따라서 여러 공학자가 서로 다른 문제해결 방안을 제안할 수 있듯이 설계에도 다양한 프로세스가 존재한다.

1.1.2 팀 구성

1876년 에디슨은 15명의 인원으로 발명 그룹을 조직했는데, 이 그룹은 1887년까지 전구와 축음기를 포함해 400여 개가 넘는 특허를 취득했다. 초기 공학설계의 전형적인 모습은 에디슨의 접근법처럼 한 사람이 한 분야의 모든 지식을 소유하고, 새로운 제품에 대한 연구개발

Note

분석 문제와 설계 문제

초기 속도와 높이가 주어진 상태에서 공을 위로 던졌을 때, 그 공이 올라갈 수 있는 최대 높이를 정하는 문제가 주어졌다고 가정해보자. 이 문제는 공을 위로 던질 때의 초기 속도와 높이의 공식에 의해 오직 하나의 정답만 갖는 분석 문제에 속한다. 하지만 이 문제를 다음과 같이 바꿔보자.

"1kg 무게의 공을 최소한 100m 높이로 쏘아 올릴 수 있는 장치를 고안하라."

이러면 단순한 분석 문제가 설계 문제로 바뀌게 된다. 이 문제의 정답은 '1kg 무게의 공을 100m 높이로 쏘아 올릴 수 있는 장치'와 구체적인 기능을 갖는 시스템이 된다. 공을 100m 높이로 쏘아 올릴 수 있는 장치를 만드는 방법은 많기 때문에 이 장치를 설계하는 문제는 개방형 문제가 된다. 반면에, "공을 위로 던졌을 때 최대 높이를 계산하라."와 같은 문제는 정답이 단 하나이므로 개방형 문제가 될 수 없다.

뿐만 아니라 설계와 생산까지 총괄하는 것이었다. 그러나 오늘날에는 기술이 비약적으로 발전함에 따라 한 사람이 복잡한 개발 과정의 전체 프로세스를 파악하는 것이 현실적으로 불가능하므로 기술적인 문제는 팀 단위로 연구하여 해결해야 한다.

(a) 팀워크를 무시한 설계 방식

(b) 팀워크를 고려한 설계 방식

[그림 1-1] 팀워크에 따른 설계 방식

공학설계에서 팀을 구성하는 방식은 다양하지만, 일반적으로 공학자를 비롯하여 과학자와 기술자로 구성한다. [그림 1-1(a)]에서 보듯이 팀워크를 무시한 설계 방식은 팀 구성원 간의 의사전달이 정확하게 이루어지기 어렵다. 그러므로 팀을 구성하여 설계를 진행할 때는 [그림 1-1(b)]와 같이 팀워크를 고려한 설계 방식을 따라야 한다. 이때 팀 구성원은 각자의 영역에서 구체적인 역할을 담당하고, 다른 구성원의 역할을 이해하고자 노력해야 한다.

팀을 구성할 때는 기술을 담당하는 구성원 외에도 경영인, 판매 대리인, 현장 서비스 기술자, 재무 담당자, 구매 담당자 등을 포함할 수 있다. 팀은 프로젝트가 시작되는 시점부터 개발 일정과 설계 요구사항이 충족되는지 점검하기 위해 모임을 자주 해야 하며, 잠재적인 문제점을 사전에 충분히 파악하고 있어야 한다.[2]

2 이러한 접근법을 전사적 품질경영(TQM : Total Quality Management) 또는 지속개선(CI : Continuous Improvement)이라고 한다.

이제 일반적인 팀 구성원의 역할과 특징을 살펴보자.

과학자

과학자(scientist)는 주변에서 발생하는 자연현상에 대한 지식 자체를 연구 목표로 삼는다. 아울러 새로운 지식을 탐구할 때, 다음과 같은 절차에 따라 연구를 진행한다.

❶ 자연현상을 설명하기 위해 가설을 정립한다.
❷ 가설을 테스트하기 위해 실험을 구상하고 실행한다.
❸ 실험 결과를 분석하고 결론을 도출한다.
❹ 실험 결과가 가설과 부합하면 가설을 과학적 이론으로 정립한다.
❺ 새로운 이론과 지식을 발표한다.

과학자는 자연현상을 이해하기 위해 개방적이고 탐구적인 태도를 취한다. 그들의 목적은 순수하게 자연현상에 대한 새로운 지식을 얻는 데 있지만, 자신의 아이디어를 응용해서 새로운 창조물을 개발하는 데 관여하기도 한다.

공학자

공학자(engineer)는 분석과 설계의 원리에 따라 모든 과학적 지식을 활용하여 유용한 장치 및 시스템 개발을 목표로 삼는다. 공학자와 과학자 모두 수학 및 과학 교육을 받지만, 과학자는 자연현상에 대한 새로운 지식을 얻기 위해 지금까지 배운 지식을 이용하는 반면, 공학자는 이러한 지식을 응용하여 실제 사용할 수 있는 장치와 구조를 설계하고 개발한다.

공학과 과학은 상호 의존적이다. 과학자에 의해 발견된 핵분열의 원리를 활용하여 공학자들이 핵발전소를 건설하거나 핵반응을 이용하는 장치 및 시스템을 개발한다. 또한 공학적 개발이 과학적 지식으로 이어지기도 하는데, 실례로 열역학의 원리는 공학자가 개발한 스팀 엔진을 공부하던 물리학자에 의해 발견되었다.

이처럼 과학자와 공학자는 역할이 일정 부분 겹치므로 정확하게 구분하기가 쉽지 않다. 그러나 광범위한 의미에서 공학자는 주어진 문제를 해결하기 위해 연구 활동을 하고, 과학자는 자연현상을 탐구하기 위해 연구 활동을 한다. 즉 공학자가 계산기를 개발하는 이유는 손으로 하는 계산보다 빠르고 정확한 물건을 만들기 위한 것이지만, 과학자가 만유인력을 연구하는 이유는 유용한 물건을 만들기 위한 것이 아니다.

기술자

기술자(technician)는 작업장에서 실제로 적용되는 기술에 능통한 사람으로, 공학자가 설계한 대로 기술을 적용하여 물건을 제작한다. 특정 분야에 숙련된 기술자는 이론에 관한 한 중간 정도의 지식을 갖지만, 해당 기술 분야에서는 누구보다 조예가 깊다. 예를 들어 음향 기술자는 음향 공학자처럼 음향학 이론을 전문적으로 배운 적은 없지만 음향기기를 다루는 데 숙련되어 있으며, 음악가보다 음향에 대해 더 많은 지식을 갖고 있다.

이러한 팀 구성원의 역할과 특징을 정리하면 [표 1-1]과 같다.

[표 1-1] 일반적인 팀 구성원의 역할과 특징

	과학자	공학자	기술자
역할	자연현상을 관찰하고, 과학적 지식을 탐구한다.	과학 이론과 지식을 바탕으로 유용한 물건을 개발한다.	숙련된 기술을 적용하여 물건을 제작한다.
특징	자연현상을 이해하기 위해 개방적이고 탐구적인 태도를 취한다.	기술적 요소와 경제성 등 현실적인 제한요소를 고려하여 과학 이론을 적용한다.	이론적 배경지식은 부족하지만, 설계를 구현하는 데 필요한 경험적 기술이 풍부하다.
사례	새가 유선형 날개로 공기저항을 최소화하여 추진력을 얻는다는 사실을 알아낸다. 	새가 하늘을 나는 원리를 적용하여 비행기 날개를 설계한다. 	공학자가 설계한 비행기 날개를 제작한다. 

1.1.3 공학 분야

학부 과정의 공학 분야를 규모 기준으로 세분화하면 대규모 전공으로는 전기전자/컴퓨터공학, 기계공학, 토목공학 등이 있고, 중규모 전공으로는 항공우주공학, 화학공학, 산업공학, 생명공학 등이 있다. 소규모 전공으로는 환경공학, 건축학, 공업경영학, 공업물리학, 공업과학, 재료학, 원자력공학, 자원공학 등이 있으며, 기타 특화된 전공으로 해양공학이 있다.

전기전자/컴퓨터공학

전기전자공학(electric electronic engineering)은 전기의 응용과 전자의 운동을 연구하는 분야이다. 전기전자공학은 크게 고출력을 다루는 전기공학과 저출력을 다루는 전자공학으로 나눌 수 있는데, 관련 기술이 빠르게 성장하면서 점차 그 범위가 넓어지고 있다. 대표적인 전문 분야로는 [표 1-2]와 같이 통신, 전력, 전자, 제어계측 등이 있다.

컴퓨터공학(computer engineering)은 전자공학에서 파생되어 나온 새로운 분야로, 모든 산업 분야에 큰 영향을 미치고 있다. 컴퓨터공학의 응용에는 연구, 교육, 설계 공학, 회계, 공정 제어 및 가정에서의 컴퓨터 수요를 포함한다.

[그림 1-2] 전기전자공학 분야(출처 : http://www.ictwa.org.au)

[표 1-2] 전기전자공학의 전문 분야

분야	설명
통신 분야	전화, TV 및 라디오는 일상생활에서 쉽게 접할 수 있는 통신장치이다. 이밖에 통신회사에서 설치한 기간망에서 사용되는 다양한 통신장비들이 있다.
전력 분야	전력 분야는 주거, 사무실 및 산업용 전기를 생산하고 공급한다. 전력 공학자들은 태양, 바람 및 연료전지 등과 같은 대체 자원을 연구하고 개발하는 일에 관여한다.
전자 분야	전자 분야는 전자회로의 개발로 인해 전자 제품의 신뢰도가 높아지고 양산이 가능해졌으며, 마이크로 전자로 인해 컴퓨터 산업과 전자 제어에 혁명을 가져왔다.
제어계측 분야	모든 종류의 공정에서 발생하는 현상을 계측하고 제어하는 기술이다. 온도, 흐름 속도, 압력, 전압, 가속과 같은 물리적인 양은 공정을 가장 적절하게 제어하기 위해 실시간으로 표시되어야 한다.

기계공학

기계공학(mechanical engineering)은 기계 장치의 분석 · 설계 · 생산 · 관리를 위한 물리적/화학적 원리를 연구하는 분야이다. 이 분야를 연구하기 위해서는 일반역학, 운동학, 열역학, 유체역학과 에너지 중심 개념에 대한 확실한 이해가 필요하다. 또한 제품의 생산 라인, 공업용 장비, 냉난방 장치, 모터 장치, 비행 장치 등을 설계하고 분석할 수 있어야 한다. 이 분야에서는 설계 단계에서 제품을 시각화하여 보다 완전한 제품을 설계할 수 있도록 CAE(Computer Aided Engineering), CAD(Computer Aided Design)를 이용한 2D 및 3D 모델링 등의 프로그램을 활용한다.

[그림 1-3] 기계공학 분야(출처 : http://www.eng.wayne.edu)

토목공학

토목공학(civil engineering)은 구조물의 설계 · 건설 · 유지에 관한 이론과 실제를 연구하는 분야이다. 공학 분야에서도 가장 고전적인 학문으로 자연의 물질을 구조역학적인 관점에서 효율적/경제적으로 설계 · 공사 · 운용하는 것을 목표로 한다. 토목공학의 전문 분야로는 건설경영, 토양과 암석 분석, 구조공학, 도시공학, 지구 표면의 측량, 수자원공학 등이 있다.

[그림 1-4] 토목공학 분야
(출처 : http://www.cyberworldjobs.com)

항공우주공학

항공우주공학(aerospace engineering)은 항공기와 우주 비행체의 설계 · 제작을 연구하는 분야이다. 항공우주공학은 크게 대기권 안의 비행체를 다루는 항공학(aeronautical engineering)과 대기권 밖의 비행체를 다루는 우주공학(astronautical engineering)으로 나눌 수 있는데, 비행체 개발과 관련하여 대기 압력과 온도, 기체 표면의 부하 같은 극한 조건을 고려해야 하므로 기체역학, 항공전자, 재료과학 등 다양한 분야의 기술이 필요하다.

[그림 1-5] 항공우주공학 분야(출처 : http://www.liv.ac.uk)

화학공학

화학공학(chemical engineering)은 물질의 물리적/화학적 상태에 변화를 주는 설비의 설계 · 조작을 연구하는 분야이다. 전통적인 관점에서 화학공학하면 석유화학을 떠올리기 쉽지만, 최근에는 천연자원의 고갈로 인해 대체 에너지 개발을 비롯하여 산업의 전 분야로 영역이 확대되고 있다.

[그림 1-6] 화학공학 분야
(출처 : http://www.tonygreen.name)

산업공학

산업공학(industrial engineering)은 복잡한 시스템이나 공정을 최적화하는 방법을 연구하는 분야이다. 초기에 산업공학이라는 용어는 생산에만 제한적으로 적용되었으나 최근에는 다양한 분야로 확대되고 있다. 산업공학의 전문 분야는 분류 방식에 따라 운영관리, 경영과학, 시스템공학 또는 생산공학으로 나눌 수 있다. 산업공학과 관련된 주제에는 공업경영, 유통경영, 공정공학, 인체공학, 비용과 가치 공학, 품질공학, 시설계획과 공학설계 프로세스 등이 있다.

[그림 1-7] 산업공학 분야(출처 : http://www.cimerr.net)

환경공학

환경공학(environmental engineering)은 자연과학의 기초 이론을 토대로 환경 문제를 연구하는 분야이다. 유능한 환경 공학자가 되기 위해서는 환경에 관련된 법을 이해하는 것뿐만 아니라 수질 오염과 대기 오염의 제어, 재활용, 쓰레기 처리, 공중위생 등의 문제에 관심을 가져야 한다. 대학에서 환경공학은 별도의 분야로 구분하지 않고 도시공학 혹은 화학공학 프로그램을 따르기도 한다. 환경공학에서는 공정공학, 환경화학, 물, 하수처리(위생공학), 수자원 관리와 오염 방지 등과 같이 다양한 영역을 다룬다.

[그림 1-8] 환경공학 분야(출처 : http://www.enve.unl.edu)

1.2 공학적 문제해결

이 절에서는 공학적 문제와 이를 해결하는 것이 어떤 의미를 갖는지 이해하기 위한 공학설계 프로세스를 함축적으로 설명한다.

학습 목표

- 공학적 문제의 개념과 이를 해결하기 위한 과정을 살펴본다.
- 공학적 문제해결의 구체적인 방법을 살펴본다.

1.2.1 공학적 문제의 개념

공학적 문제는 이론과 현실 사이에 괴리가 크다. 이론에서 접하는 대부분의 문제는 내용이 명확하기 때문에 유일한 답이 있을 수 있으나, 현실의 공학적 문제는 선택 가능한 답이 다수여서 문제를 해결하는 답이 하나만 존재하지 않는다. 따라서 공학적 문제를 해결하기 위해서는 복잡한 수학적 관계를 통달하는 것이 아니라 독창적이고 다양한 해결 방안을 도출하는 직관력이 필요하다.

핵심포인트 개방형 문제

개방형 문제(open-ended problem)는 같은 문제에 대해서 다양한 해결 방안을 갖는 문제를 의미한다. 일반적으로 개방형 문제는 답을 '어떻게' 또 '왜' 얻게 되었는지 보여줘야 하므로 답뿐만 아니라 평가 방법도 포함해야 한다.

공학적 문제를 해결할 때는 공식을 찾는 과정을 거치지는 않는다. 문제가 주어지면 가장 먼저 문제를 단순하게 만들어야 한다. 문제를 해결하는 과정은 문제를 단순하게 만드는 것부터 시작해 모델의 예측, 적절한 도구의 선택, 결과의 일반화 및 테스트를 반복적으로 실행하는 과정에서 이루어진다. 이 말은 쉽게 들리겠지만, 실제로 문제가 무엇인지 파악하는 것이 가장 중요하다. 예를 들어 새로운 컵을 설계하기 위해 컵의 무게를 결정한다고 가정해보자. 이 문제를 해결하기 위해 가장 먼저 해야 할 일은 컵의 용도를 알아내는 것이다.[3]

3 실제 문제에서는 가격, 생산 시기, 운송 방법 등 문제를 해결하는 데 직접적인 관련이 없어 보여도 반드시 고려해야 하는 사항이 매우 많다. 또한 답을 구하는 데 도움을 줄 수 있는 데이터가 부족하므로 다양한 자료와 정보 수집을 통해 근사치를 구해야 한다.

즉 컵을 설계할 때 실린더에 담기는 음료수의 양을 계산하는 것보다, 컵의 용도를 파악하고 용도에 적합한 형태와 무게, 재질을 결정해야 한다. 이 문제는 단순히 무게와 같은 물리적인 양을 결정하기 위해 어떤 수학 공식이나 물리적인 도구를 찾는 것과 다르다. 제한된 무게를 넘지 않는 범위 내에서 음료수 용기로 사용 가능한 재료를 결정하는 것처럼 상당히 많은 항목을 고려해야만 해결할 수 있다. 따라서 일반적으로 이런 과정에서는 정량적인 수단이 동원되기 전에 브레인스토밍(brain storming) 과정을 거쳐야 한다.

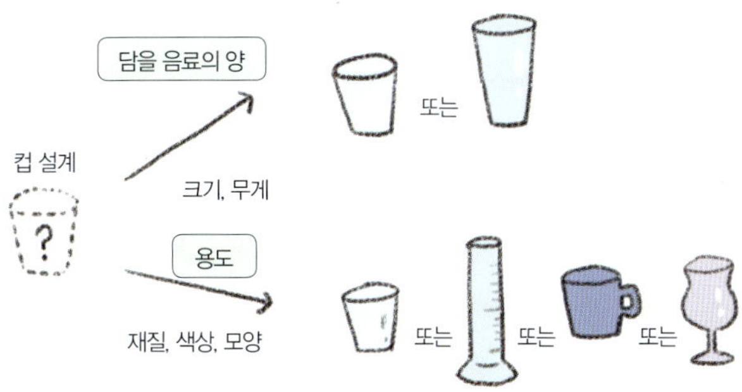

[그림 1-9] 컵을 설계할 때 고려해야 할 사항

문제의 답은 "이 제품의 무게는 얼마인가?"처럼 결정적인(deterministic) 답과 "이 제품의 색상은 어떤 것이 적절한가?"처럼 비결정적(nondeterministic)인 답으로 나뉜다. 결정적인 답은 공식이나 연립방정식을 적용하여 얻을 수 있다. 그러나 공학적 문제에서는 결정적인 답을 내리기 전에 다른 대안에 대해 신중히 고려하고 우선순위를 정한 후 구체적인 선택을 해야 한다. 그리고 이러한 과정에서도 브레인스토밍은 매우 유용한 수단이다.

1.2.2 공학적 문제해결 방법

공학설계는 수요자의 요구를 파악하고, 이를 충족시키기 위한 해결 방법을 개선해가는 창의적인 과정이다. 이러한 해결 방법은 제품, 기술, 구조, 프로젝트, 문제 유형에 따라서 달라질 수 있다. '창의적인 문제해결을 위한 공학적 방법'은 우수한 공학설계를 완성하기 위한 일반적인 프로세스, 즉 설계 과정을 의미한다. 공학자가 풀어야 할 문제의 본질은 여러 공학 분야에서 다양한 형태로 발생한다. 문제의 다양성으로 인해 모든 문제를 해결할 수 있는 보편적인 과정이나 해결 방법은 없다. 다만, 공학적 품질관리라는 측면에서 명확하게 정의된 문제해결 방법은 다음 사항을 만족할 수 있어야 한다.

- 팀 구성원이 현재 상황을 제대로 이해할 수 있어야 한다.
- 모든 설계 프로세스에서 수요자의 요구 조건에 대한 평가 항목과 기준을 정하고, 구체적으로 평가를 실행해야 한다.
- 사실에 근거한 해결 방법이어야 한다. 설계 팀에서는 선택된 해결 방법을 정당화하기 위해 데이터를 분석하고 측정해야 한다.

공학자들이 설계를 할 때 항상 동일한 설계 프로세스를 따르는 것은 아니지만, 대부분 다음과 같은 설계 프로세스를 따른다. 이때 주어진 문제에 따라 중간 과정이 생략되거나 다른 과정이 추가될 수도 있다.

핵심포인트 일반적인 설계 프로세스

1. 수요 파악(identification of a need) 및 문제 정의(problem definition)
2. 정보 수집(gathering information)
3. 설계 기준과 제한요소(criteria and constraint) 결정
4. 다양한 해결 방안(multiple solutions) 모색
5. 분석과 결정(analysis and decision)
6. 설계 구현(design Implementation)
7. 의사소통(communication)
8. 생산설계(production design)

1 수요 파악 및 문제 정의

수요자의 요구를 파악하는 것은 설계 프로세스에서 가장 첫 번째 단계이다. 수요를 제대로 파악하지 못하고, 문제를 적절하게 정의하지 못하면 시간을 허비하게 되고 때로는 잘못된 답을 도출할 수도 있다. 따라서 현실적인 수요를 파악하고, 현실적인 문제를 정의하는 것이 매우 중요하다. 만일 설계한 결과의 효용가치가 크지 않다면 그 설계는 가치없는 것이 된다. 따라서 문제 정의는 현실성이 있게 객관적이고 명확하게 명시되어야 한다.

다음은 객관적으로 표현된 문제 정의의 사례이다. 두 문제를 비교해보자.

❶ 무게는 600kg을 넘지 않고, 연비가 25km/l 이상인 새로운 자동차를 설계하라.
❷ 무게는 가볍고, 연비가 매우 높은 새로운 자동차를 설계하라.

정의 ❶은 의미가 명확하므로 설계 목표에 따라 일을 진행하기가 쉽다. 그러나 정의 ❷는 기준이 명확하지 않아 설계할 때 혼란을 겪을 수밖에 없다. 정의 ❷에 따라 작업할 경우, 주어

진 설계 기준이 명확하지 않으므로 최종 결과물이 잘 된 것인지 알 수가 없다. 그러므로 문제를 정의할 때는 좀 더 명확하게 표현해야 한다.

공학자는 필요 이상으로 제한요소를 두지 않도록 주의를 기울여야 한다. 문제에 너무 많은 제한을 두는 것은 문제해결을 어렵게 하거나 불가능하게 만들어 해결 방안이 현실적이지 못할 가능성이 크다. 예를 들어 정의 ❶은 큰 문제가 없어 보이지만, 유심히 살펴보면 자동차의 무게를 600kg으로 줄이고 연비를 25km/l 이상으로 높이기 위해서는 차체를 이루는 소재를 탄소섬유와 같은 최첨단 경량소재를 사용해야 한다. 그러나 이러한 소재는 너무 고가이기 때문에 자동차의 판매 가격이 올라가고, 자동차의 가격이 비싸지면 판매가 되지 않을 수 있다는 문제점이 있다. 그러므로 문제는 현실적인 제한 범위 내에서 정의해야 한다.

2 정보 수집

문제를 정의한 후에는 그 문제를 해결하기 위해 필요한 정보를 수집해야 한다. 이러한 정보는 물리적인 측정, 실험, 의견 수렴 등 형태가 다양하다. 특히 공학자는 기존에 이미 만들어진 것을 참고하여 문제를 해결하려고 해야 한다. 해결이 된 유사한 문제, 해결되지 않은 문제의 원인과 관련 정보를 면밀히 검토하는 것은 최상의 답을 찾아내는 데 큰 도움이 된다.

3 설계 기준과 제한요소 결정

설계를 정확하게 명세화하는 작업을 설계 기준(criteria) 수립이라고 하고, 이 과정에서 부과되는 제약을 제한요소(constraint)라 한다. 이 단계에서는 실질적으로 문제해결에 적용될 설계 기준과 제한요소를 결정해야 한다. 이는 프로젝트를 제어하는 하드웨어 및 소프트웨어의 파라미터를 결정하는 중요한 단계이다. 또한 이 과정에서 실행 가능성이 평가되어야 하는데, 이는 프로젝트가 설계 단계로 진행될 수 있는지를 결정하는 중요한 과정이다. 이를 결정하기 위해서는 프로젝트가 실현 가능성이 있어야 하며, 제한된 범위 내에서 제약을 받아야 한다.

4 다양한 해결 방안 모색

개방형 문제의 특징은 다양한 해결이 가능하다는 것이다. 다양한 해결 방안을 얻기 위해서는 그룹이나 개인이 창의적인 생각을 할 수 있도록 유도하는 기술을 이용하여 많은 아이디어를 제시해야 한다. 이러한 기술로는 브레인스토밍이나 체크리스트(check list) 작성, 속성열거법(attribute listing), 강제적 결합(forced relationship technique) 및 다른 관점을 수용하는 방법 등이 있다.

5 분석과 결정

다양한 아이디어를 수집해서 해결 방안을 도출한 후에는 각 방안을 분석하여 설계의 최종 답을 결정해야 한다. 공학자들이 해결 방안이나 설계의 가치를 평가하기 위해 사용하는 기준은 매우 다양하다. 만일 수요자의 요구를 만족시키는 제품을 개발하는 문제라면 기능, 가격 및 안정성 등과 같이 "수요자가 어느 정도 수용할 수 있는가?"에 많은 평가 비중이 주어진다. 이때 프로토타입(prototype)[4]을 사용하는 것은 설계 동작을 테스트함으로써 설계가 제대로 되었는지 확인하기 위한 최선의 방법이다. 그러나 시작품을 제작해서 동작을 평가하는 데 많은 시간이 걸리고 비용이 많이 들기 때문에 간단한 제품이나 전체 중의 일부에 대해 시험 모델을 제작한다.

모든 해결 방안의 원형을 제작하는 것은 불가능하므로 공학자들은 설계 과정을 용이하게 하기 위해 모델링을 이용한다. 모델링은 시스템이나 과정을 단순화해서 이해하기 쉽게 만들어 설계에 사용한다. 공학 분야에서 일반적으로 사용하는 모델링에는 수학적 모델, 컴퓨터 시뮬레이션 모델, 물리적 모델이 있다.

■ 수학적 모델

수학적 모델(mathematical models)은 물리적인 시스템을 표현하는 하나 또는 그 이상의 수식을 가리키는 말이다. 대부분 물리적인 시스템은 수학적 모델로 표현될 수 있으며, 이는 오랜 기간 동안 시험을 거친 과학적인 이론이나 법칙, 실험 또는 관찰에 의한 경험적인 데이터에 근거한다. 일반적으로 복잡한 시스템은 수식으로 모델링되는 것이 어려우므로 수학적 모델은 단순한 시스템에 적용된다.

■ 컴퓨터 시뮬레이션 모델

컴퓨터 시뮬레이션 모델(computer simulation models)은 복잡한 시스템을 모델링할 때 사용한다. 이때 시뮬레이션 모델은 다양한 수학적 모델을 수용하고, 다양한 가상의 동작 환경에서 시뮬레이션된다.

■ 물리적 모델

물리적 모델(physical models)은 복잡한 시스템을 이해하기 위해 공학자들이 오랫동안 이용한 방식이다. 구조적인 설계를 표현하기 위한 모델링 방법으로 장치, 구조 또는 시스템에 대한 사전 지식 없이도 연구할 수 있다는 장점이 있다. 물리적 모델은 대부분 분석 단계에서 축소 모델을 통해 시스템의 동작을 분석할 때 가장 정확한 결과를 보여준다.

---

4 프로토타입은 양산에 앞서 미리 제작하는 원형을 말한다. 양산 모델에 가장 근접한 모델을 제작함으로써 설계 과정에서 고려하지 못했던 문제를 발견하고 개발자와 사용자 간의 의사소통 도구로 사용할 수도 있다.

6 설계 구현

설계 프로세스의 최종 단계는 설계를 구현하는 것이다. 이 단계에서는 시작품을 제작하며, 동시공학, 문서화 및 특허 출원 등 제반 사항을 다룬다.

■ 시작품

시작품(trial product)은 문제에 대해 결정된 답이 완벽하게 동작하도록 제작한 첫 번째 모델이다. 이를 제작하는 목적은 문제에 대한 답이 실제 환경에서 어떻게 동작하는지 알아보기 위한 것이다.

■ 동시공학

동시공학(concurrent engineering)은 제품 설계 단계에서 제조 및 사후 지원 업무까지 통합적으로 고려하여 설계하는 시스템적 접근 방법이다. 동시공학의 전제 조건은 제품의 라이프사이클(life cycle) 과정에서 발생할 수 있는 모든 요소들이 설계의 초기 단계에서 주의 깊게 고려되어야 한다는 것과 선행하는 설계 활동이 모두 동시에 발생해야 한다는 것이다. 따라서 제품 개발 담당자는 개발 초기부터 해당 제품을 폐기할 때까지의 전 과정에서 제품에 대한 품질, 원가, 일정, 수요자의 요구사항 등 전체 라이프사이클을 고려해야 한다. 이러한 개념은 설계 초기 단계에서 오류(error)를 발견하고 재설계가 가능하게 하므로 프로젝트가 좀 더 구체적인 모델로 진전되면서 발생할 수 있는 문제를 피할 수 있다.

설계를 구현하기 위해서는 설계서를 작성해야 한다. 여기에서 말하는 설계란 시작품을 제작하기 위해 필요한 구체적인 설계를 의미한다. 편의상 설계는 개념설계에서 시작해서 예비설계를 거쳐 상세설계로 완성된다. 개념설계란 이미 수요자의 요구사항을 수렴하고 다양한 해결 방안을 분석한 후에 결정된 최종 해결 방안으로 정의된다. 그러나 이 개념설계만을 가지고 실제 상황에서 동작할 수 있는 시작품을 제작할 수는 없다. 따라서 설계개념이 좀 더 구체적으로 정의된 예비설계와 그보다 더 구체적으로 정의된 상세설계를 통해 시작품을 직접 제작해야 최초의 개념대로 제작할 수 있다.

7 의사소통

우선순위가 높은 설계 방안을 선택한 후에는 이를 승인, 지원, 구현해 줄 사람과 의사소통을 해야 한다. 이는 공학 보고서, 기획 문서 및 규격의 형태를 가져야 한다. 기획 문서와 규격은 제작 또는 제조 설계를 제조 부서나 계약자에게 구체적으로 설명하는 공학자의 표현 방법이 될 수 있으며, 설계 구현 단계에서 작성하는 설계 문서가 될 수도 있다. 의사소통을 위해서는 공학도면, 문서, 발표가 매우 중요하다.

■ **공학도면에 의한 의사소통**

공학도면(engineering drawings)은 설계를 시각적으로 보여주기 위해 공학자가 그리는 기술도면(technical drawing)이다. 공학도면에서는 어떤 부품들이 필요한지, 그들을 어떻게 조립하는지, 그리고 제작됐을 때 어떻게 조작하는지를 보여준다. 이러한 도식적인 규격은 공학설계에서 기술 팀과 말로 표현하기 어려운 내용을 전달할 수 있는 시각적인 의사소통 방법이다. 그러므로 공학도면의 그림은 명확해야 하며, 표준을 따르고 팀에서 이해할 수 있는 규격이어야 한다. [그림 1-10]은 공학도면의 예를 나타낸 것으로, 보통 접합부에 끼워 물이나 가스, 오일 등이 새지 않도록 설치하는 개스킷(gasket) 프로토타입 제작을 위한 도면이다.

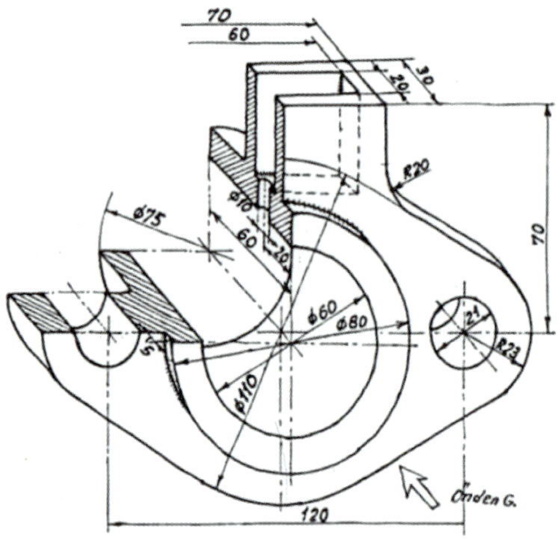

[그림 1-10] 개스킷 프로토타입 제작을 위한 도면의 예(출처 : http://www.dailyautocad.com)

■ **문서에 의한 의사소통**

메모는 가장 간단하고 효율적인 방법이고, 기술 보고서는 설계 과정을 좀 더 완성도 있게 작성한 문서로 어떤 문제를 풀기 위해 실행된 모든 사항을 상세하게 포함해야 한다. 다른 의사소통 방법과 마찬가지로 문서는 명확해야 하며, 읽는 사람이 쉽게 이해할 수 있어야 한다. 문서는 일반적으로 다음과 같은 순서로 기술한다.

❶ 표지, 프로젝트 이름, 회사 이름, 작성자 이름, 작성 일자
❷ 개요(작업 내용을 개략적으로 설명)
❸ 목차
❹ 본문(해결된 문제, 배경, 사용된 프로세스, 결과 및 작업의 중요성 등을 기술)
❺ 결론 및 권고 사항(결과와 작업의 중요성을 요약)
❻ 부록

■ 발표에 의한 의사소통

공학자는 설계 프로세스의 중간 과정에서 설계 팀, 감독자, 관리자, 마케팅 담당자에게 구두로 진행 상황을 발표할 필요가 있다. 구두로 발표를 하는 목적은 듣는 사람들에게 정보를 제공하고 현재 진행 상황에 대한 확신을 준다는 점에서 문서화된 보고서와 동일하지만, 의사전달 방법은 전혀 다르다. 구두 발표는 제한된 시간 내에 전체 내용을 일목요연하게 전달해야 하기 때문에 사전에 많은 준비와 연습이 필요하다. 다음은 구두 발표를 잘 하기 위해 필요한 사항들이다.

- 자료 조사를 통해 발표 주제에 대한 정보를 많이 습득하고 주제와 친숙해진다.
- 발표에 할당된 시간 내에 모두 발표할 수 있도록 연습을 많이 한다.
- 발표의 난이도를 청중이 이해할 수 있는 수준으로 맞춘다.
- 말은 명료하게 하고, 적절한 몸짓과 함께 표정을 풍부하게 한다.
- 시각적인 자료를 활용하되, 하나의 시각적인 자료에 너무 많은 정보를 넣지 않는다.
- 발표에서 중요한 부분을 강조하기 위해 요약과 결론을 활용한다.
- 청중에게 질문이 있는지 물어본 후에 발표를 마친다.

8 생산설계

시작품을 대상으로 품질 테스트를 통해 수요자가 원하는 동작을 정상적으로 하고, 설계 초기에 수립된 설계 기준과 제한요소를 충족하면 설계 프로세스는 거의 완료되어 제품을 최종적으로 생산할 수 있는 단계가 된다. 그러나 설계 프로세스가 완료되었다고 하더라도 생산 과정에서 문제가 발생할 수 있으므로, 생산 팀과 설계 팀이 협조하여 발생한 문제를 해결할 수 있도록 한다. 생산설계에는 다음과 같은 항목이 포함된다.

■ 생산 조립 프로세스

생산 조립 프로세스는 제품의 제작과 조립을 향상시킬 수 있는 과정이다. 생산 조립 프로세스를 수립하기 위해서는 재료 선택, 취급, 공정, 품질관리, 물품 구매와 조립 등의 다양한 생산 공정 간의 상호작용을 이해해야 한다. 특히 제품의 설계와 생산 시스템의 상호작용은 물론이고, 생산 비용을 낮추기 위한 설계와 시장에 신속하게 출시할 수 있는 방안을 이해해야 한다.

■ 합격 판정 시험

합격 판정 시험은 생산 과정에서 제작된 제품이 시작품과 일치하는지 확인하는 과정이다. 합격 판정 시험 방식에는 전수검사 방식과 샘플검사 방식이 있다.

■ 생산 제어

생산 제어는 작업의 일정을 조절하고, 제조 과정에 필요한 재료와 기술 데이터를 제공하는 것을 말한다. 이 제어는 부품과 모듈, 그리고 조립 부품을 공급하는 것과 중요한 조립 프로세스에 대한 일정을 수립하여 무리없이 생산 활동을 하는 데 필요한 작업 지시서와 데이터를 제공해준다. 제조 프로세스에 관련된 문서를 신속히 준비하고 제공하기 위해 컴퓨터를 이용하여 문서를 생성하고 전송한다. 또한 이 시스템은 생산 라인 전 분야의 생산 활동을 결정하는 문서를 생성, 유지, 전달하고 저장하는 역할을 한다.

Note

손자병법과 기업경영

공학설계의 구체적인 목적은 기업의 이윤 추구에 있다. 이와 관련하여 손자병법의 시계(始計) 편을 보면, 전투를 시작하기 전에 작전을 잘 세워야 한다는 것을 알 수 있다. 손자병법의 13편 중 첫 번째 편 제목을 시계로 정한 까닭은 철저한 계산과 분석에 바탕을 둔 전략이 있어야 전투에 승리할 수 있기 때문이다. 당시 전투는 오늘날의 기업경영과 다를 바 없다. 장군이 전투를 지휘하는 일이나 기업가가 기업을 경영하는 일은 조금도 다르지 않기 때문이다.

손자병법의 시계 편에서는 이해득실을 충분히 검토한 뒤에 전투를 시작해야 하며, 나와 적의 우열을 5가지 원칙에 따라 헤아리고, 7가지 기준으로 상황을 판단함으로써 승산이 있으면 싸우고 그렇지 않으면 피하라고 충고한다.

■ 5가지 원칙

제1원칙 : 죽어도 함께 죽고, 살아도 함께 살겠다는 마음가짐[道]은 어느 편에 있는가?
제2원칙 : 낮과 밤, 추위와 더위, 맑고 흐림, 계절 등 시간적 조건[天]은 어느 편에 유리한가?
제3원칙 : 거리, 지세, 지역, 지형 등 공간적 조건[地]은 어느 편에 유리한가?
제4원칙 : 지모, 신의, 인자, 용기, 위엄 등 장군의 기량[將]은 어느 편이 더 강한가?
제5원칙 : 군대의 편성, 책임, 분담, 군수 물자 등 군제인 법[法]은 어느 편이 더 엄격한가?

■ 7가지 기준

제1기준 : 어느 편의 군주가 더 훌륭한 정치를 하고 있는가?
제2기준 : 어느 편의 장수가 더 유능한가?
제3기준 : 시간적 조건과 공간적 조건은 어느 편에 더 유리한가?
제4기준 : 법령은 어느 편이 더 엄격한가?
제5기준 : 군대는 어느 편이 더 강한가?
제6기준 : 군사는 어느 편이 더 훈련되어 있는가?
제7기준 : 상벌은 어느 편이 더 공정한가?

1.3 품질관리

품질관리는 공학설계의 최종 단계이다. 이 절에서는 품질관리의 필요성과 품질관리의 성공여부를 결정하는 요소들에 대해서 설명한다.

학습 목표

- 품질관리의 개념과 필요성에 대해 살펴본다.
- 품질관리를 위한 리더와 구성원 간의 역할에 대해서 알아본다.
- 전사적 품질경영(TQM)이 성공하기 위한 요건에 대해 살펴본다.

공학설계 과정에서 품질관리 프로세스는 필수항목은 아니지만 매우 중요한 절차이다. 이를 위해 공학자는 전사적 품질경영(TQM : Total Quality Management)이라는 개념을 이해하고 있어야 한다. TQM은 1980년대 이후 지속적으로 발전한 개념으로, 현재는 일반화된 경영 방법이다. 이러한 TQM의 핵심은 [그림 1-11]과 같다.

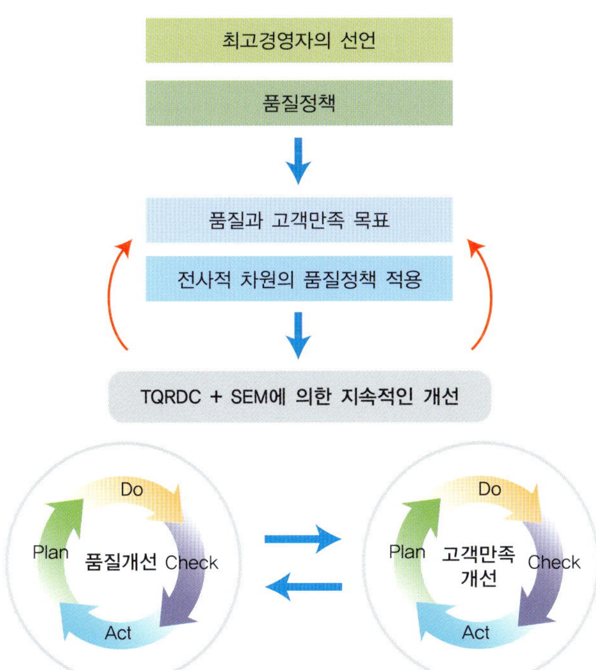

[그림 1-11] TQM의 핵심

수요자 중심의 품질관리

TQM은 수요자 만족을 최우선 과제로 생각한다. 따라서 회사에서는 지속적으로 수요자의 요구를 감지하여 빠르게 대응해야 한다. 회사의 모든 부서는 전사적 품질 업무와 관련되어 있으며, 심지어 수요자조차 동반자로 인식해야 한다.

수요자란 실제로 어떤 물건이 만들어졌을 때 사용하게 될 잠재 고객을 의미한다. 여기에서 물건이란 일반 대중이 아무 조건 없이 사용할 수 있는 생활용품, 자동차, 가전기기 등에서부터 교량, 도로와 같은 공공시설물 등이 포함된다. 이때 일반 생활용품의 수요자는 일반 대중이며, 공공 시설물의 수요자는 정부가 된다.

최고 경영자의 TQM 리더십

최고 경영자의 리더십은 회사가 목표로 삼은 품질과 그 목표를 달성하기 위한 시스템을 구성하며, 목표 달성 여부를 가늠하는 데 필수 요소가 된다. 즉 최고 경영자의 적극적인 리더십은 품질과 관련된 활동을 고무시키는 원동력이 된다. 개발에 대한 성능 지표를 측정하고 평가하는 것은 수요자의 요구와 만족이 어느 정도 충족되었는지에 대해 달성도를 정량적으로 알 수 있는 방법이며, 이 결과가 보상에 영향을 미칠 수 있기 때문에 모든 고용자가 적극적으로 참여하도록 유도할 수 있다.

경영자란 조직의 목표를 효율적으로 달성하기 위해서 인적 · 물적 · 금융적 · 정보적 자원을 계획하고 조직하며 통제하는 사람이다. 경영자는 일에 대한 책임을 져야 하므로 한 조직의 성패는 경영자의 능력에 크게 좌우된다. 경영자는 공학설계 프로세스에 직접 관여하지 않지만 설계 프로세스가 원만하게 진행될 수 있도록 계획을 수립하고 조직을 편성하는 데 관여하고 지원한다.

품질 개선을 위한 지속적인 노력

지속적인 품질 개선 활동은 TQM의 가장 중요한 핵심이다. 수요자의 만족은 오직 제품의 품질 만족에 의해서만 달성될 수 있기 때문이다. TQM은 제품의 품질과 수요자의 만족을 연관시킬 뿐만 아니라, 제품의 품질을 설계 및 생산 공정에서 얼마나 수요자의 요구가 잘 반영되었는가에 대한 결과로 인정한다. 따라서 회사는 제품의 품질 개선을 위해 공정을 개선하려는 노력을 해야 한다. 결과적으로 공정 개선은 품질 개선으로 연결되고 수요자의 만족도를 높이는 결과가 된다. 설계와 제품을 개발하는 모든 활동에서 주기적인 개선이 필요하며, 통상적인 지원과 행정적인 서비스를 통해 수요자와 관계를 관리해야 한다. 또한 회사는 지속적인 개선을 위해 자신의 회사에 대한 평가뿐만 아니라 다른 회사에 대한 평가를 실시하고 벤치마킹해야 한다.

수요자의 요구에 대한 신속한 조치

수요자의 요구를 설계 과정에 반영한다면 발생할 수 있는 오류를 사전에 방지할 수 있고 결함이 없는 제품을 만들어 낼 수 있다. 어떤 문제가 제품을 개발하는 과정에서 발생하면 문제의 원인을 밝혀내고 해결하는 데 집중해야 한다. 결과적으로 대부분의 문제들은 수요자에게 제공되기 전에 발견되고 해결되어야 한다.

생산 주기가 짧아짐에 따라 수요자의 요구에 빨리 반응하는 것이 필수적이다. 이는 모든 생산 활동을 주기적으로 관찰하고 모니터링함으로써 개선의 기회를 포착해야 한다는 것을 의미한다. 수요자의 요구 및 프로세스에 의해 진행되는 제품 개발의 장점 가운데 하나는 제품 개발을 효율적으로 하여 시간을 줄일 수 있고 개발 과정이 단순화된다는 점이다. 단순화하는 것은 동시공학을 통해 여러 설계 단계에서 설계를 동시에 진행함으로써 성취될 수 있고, 효율성은 제품의 품질 개선에 크게 영향을 미치지 않는 재설계 과정을 없앰으로써 이룰 수 있다. 결과적으로 제품의 구상 단계에서 최초 시작품이 제작되는 시간을 크게 줄일 수 있다. 또한 제품에 있어서 불필요한 요소를 제거하는 것은 품질 개선 접근 방법에 있어서 매우 중요한 부분이다. 이 방법에서는 불필요한 요소를 나중에 발견하는 것보다 설계 단계에서부터 발생하지 않도록 예방하는 것이 더 효율적이다.

데이터와 분석에 의한 대처

TQM의 중심에는 공학적 통계 분석과 생산 정보가 있다. 데이터를 수집하고 분석함으로써 새로운 제품을 기획할 수 있고, 성능을 평가하고 운영 방법을 개선하며, 경쟁 제품과 품질을 비교할 수 있다. TQM은 객관적인 데이터에 기초하며, 이 데이터는 의사결정을 내리기 전에 감성적인 판단보다 이성적인 판단을 하도록 유도한다.

피고용인의 참여 의식

성공적인 TQM 환경은 헌신적이며, 잘 훈련되고, 품질 개선 활동에 적극적으로 참여하는 노동력이 필요하다. 이러한 참여 의식은 품질 개선 노력의 효과가 가시적일 때, 즉 피고용인에게 적절한 보상을 제공하고 품질 목표를 달성하도록 격려하는 시스템을 구축함으로써 더욱 높아진다. 모든 피고용인을 지속적으로 교육하고 훈련하는 것은 품질을 개선하는 추진력이 된다. 이를 통해 피고용인은 강한 책임 의식을 느끼게 되며, 효율적으로 대화하려고 노력한다. 또한 창의적인 활동을 통해 혁신을 이루며, 이러한 노력과 기술은 경영자에 의해 존중받게 된다.

연습문제

01 공학설계가 무엇인지 정의하라.

02 다음 요구 조건을 충족하는 사다리를 개발하려고 한다. 이때 요구 조건에 대한 정량적인 설계 기준을 제시하라.

요구 조건	정량적인 설계 기준
(a) 한 사람이 운반할 수 있어야 한다.	(예) • 한 사람이 운반할 수 있으려면 사다리 무게가 10kg 이내여야 한다. • 한 사람이 운반할 수 있으려면 사다리 길이가 1.5m를 넘지 않아야 한다. 따라서 접이식 또는 슬라이드를 이용해 접을 수 있어야 한다.
(b) 한 사람이 올라가서 작업할 수 있어야 한다.	
(c) 실내에서 사용한다.	

03 과학자, 공학자, 기술자의 역할을 설명하고, 그 차이가 무엇인지 설명하라.

04 공학설계 팀을 구성할 때 공학자와 기술자 이외에 어떤 구성원이 참여할 수 있는지 설명하고, 각각의 역할을 설명하라.

05 공학적 문제가 개방형 문제여야 하는 이유를 설명하라.

06 다음 문제를 분석 문제 또는 설계 문제로 각각 구분하고, 그 이유를 설명하라.

(a) 연비가 20km/l인 자동차를 개발하라.
(b) 1kg의 물건을 100m 수직으로 올리기 위해서는 초기 속도가 얼마여야 하는가?
(c) 교량에 1톤의 자동차 2대가 동시에 통과할 때 교량이 견뎌야 할 하중이 얼마인가?
(d) 1톤의 자동차 100대가 동시에 통과할 수 있는 교량을 설계하라.

07 휴대용 MP3 플레이어를 설계할 때, 수요자(구매자), 설계자, 생산자, 경영자 입장에서 고려할 수 있는 사항을 최소한 3개씩 나열하라.

08 문제를 정의할 때 현실적인 문제가 정의되어야 한다는 것이 무엇을 의미하는지 설명하라.

09 유용한 쓰레기통을 설계한다고 가정할 때, 고려해야 할 문제가 무엇인지 정의하라.

10 개방형 문제의 관점에서 연비가 20km/l인 자동차를 설계하기 위한 문제해결 방안을 나열하라.

2장

공학설계 프로세스

Engineering Design Process

설계 프로세스란 프로젝트의 수행 절차를 뜻하는 말로서, 여기에는 다양한 모델이 있다. 설계 프로세스 모델은 분야에 따라 다르고, 동일 분야라도 프로젝트 성격에 따라 다르다. 따라서 설계자는 다양한 모델 중에서 최상의 모델을 선택해야 한다. 이 장에서는 가장 일반적인 공학설계 프로세스 모델을 소개하고, 각 단계별 개념 및 특징과 실제 적용 사례를 살펴본다. 이 장을 통해 문제를 정의하는 시작 단계부터 생산설계를 종료하는 마지막 단계까지 프로젝트의 진행 과정을 올바르게 이해하고, 이를 잘 활용할 수 있기를 기대한다.

2.1 설계 프로세스란?

이 절에서는 개방형 문제와 반복과 같은 설계 프로세스의 공통적인 속성을 이해하고, 공학적 문제를 해결하기 위한 원칙을 설명한다.

학습 목표

- 설계 프로세스의 개념을 이해한다.
- 설계 프로세스의 공통적인 속성을 이해한다.
- 기본적인 문제해결 방법으로 폴리아의 수학적 문제해결 4원칙을 살펴본다.
- 설계 과정에서 발생하는 프로젝트의 위험 관리에 대해 이해한다.
- 설계 결과물에 대한 수요자의 만족도를 측정할 수 있는 카노 모델을 살펴본다.

2.1.1 설계 프로세스의 개념

설계(design)는 인간의 요구를 충족시킬 수 있는 장치, 구조, 시스템, 프로세스를 개발하는 과정을 뜻하는 말이다. 이러한 과정은 반복적인 특징을 갖는다. 예를 들어, 최종적인 해결 방안에 대한 경제성이 부족하다고 판단되면, 설계자는 문제를 다시 정의하거나 설계 기준을 완화해서 경제적인 대안을 모색해야 한다. 즉 새로운 정보를 수집하고 목표를 재설정하여 프로세스를 처음부터 다시 반복하는 것이다. 이처럼 설계 프로세스에서 전혀 예상치 못한 결과가 나오면 동일한 프로세스에 따라 각 단계를 처음부터 다시 반복하는 것이 설계 프로세스의 특징이다.

핵심포인트 설계 프로세스

설계 프로세스는 분석과 합성의 기술을 이용하여 인간의 요구에 부합하는 해결 방안을 모색하는 절차라고 할 수 있다.

설계는 분석(analysis)과 합성(synthesis)이라는 두 가지 기술을 이용하는데, 분석은 전체 시스템을 각 구성요소로 분리하는 방식이고, 합성은 각 구성요소를 전체 시스템으로 통합하는 기술이다. [그림 2-1]은 분석과 합성을 이용한 설계 프로세스를 보여준다.

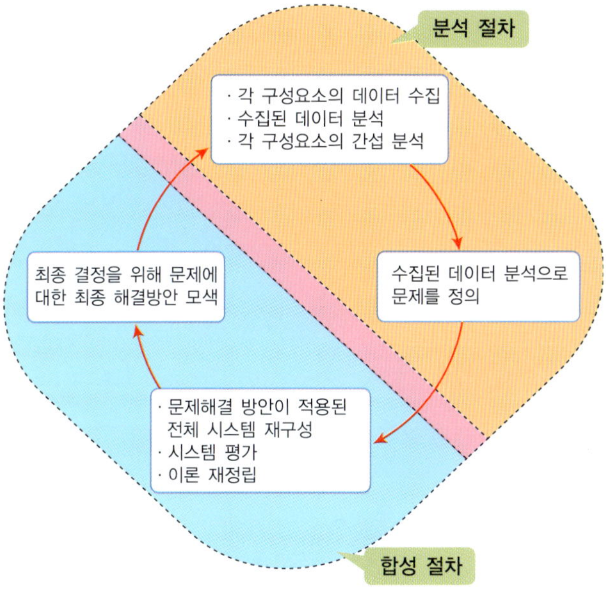

[그림 2-1] 분석과 합성을 이용한 설계 프로세스

2.1.2 설계 프로세스의 공통적인 속성

공학적인 설계 과정과 문제해결 과정은 대상에 따라 접근 방식이 다르지만, 공통적으로 적용되는 중요한 속성들이 있다. 다음은 모든 설계 프로세스의 공통적인 속성이다.

개방형 문제

다음 문제를 생각해보자.

> **"무게가 500g인 물건을 수직 방향 위로 100m 쏘아 올리는 방법에는 어떤 것들이 있을 수 있는가?"**

어떤 물건을 위로 쏘아 올리는 방법은 정말로 다양하며, 다음과 같은 방법들이 있을 수 있다.

- 힘센 사람이 물건을 위로 던져 올린다.
- 커다란 새총을 만들고, 새총으로 물건을 위로 쏜다.
- 대포를 수직으로 세워서 대포 안에 대포알 대신에 물건을 넣고 쏜다.

이 외에도 다른 많은 방법들을 생각할 수 있는데 이처럼 다양한 해결 방안을 갖는 문제를 개방형 문제(open-end problem)라 한다.

설계 문제와 분석 문제의 차이점을 살펴보기 위해 배기량이 2000cc인 자동차 100대가 동시에 지나갈 수 있는 다리를 설계한다고 가정해보자.[1] 이때 다리가 버틸 수 있는 중량을 계산하는 것은 분석 문제가 되는데, 평균적으로 2000cc 자동차의 무게를 1톤으로 볼 때, 다리는 100톤의 하중을 견디도록 설계되어야 한다고 분석할 수 있다. 이처럼 원하는 문제의 해답이 단순히 '100톤의 하중을 견디는 다리'라면 이 문제는 분석 문제가 된다. 그러나 설계 관점에서 볼 때, 100톤의 하중을 견딜 수 있는 다리를 만드는 방법은 매우 다양하므로 이 문제는 설계 문제가 된다. 즉 100톤의 하중을 견딜 수 있는 다리의 종류는 [표 2-1]과 같이 다양하다.

[표 2-1] 100톤의 하중을 견딜 수 있는 다리의 종류

종류	설명	사진
라멘교	라멘교(Rahmen Bridge)는 교량의 상부구조와 하부구조가 강철로 연결된 교량이다. 교각이 하중을 지지하는 형태이다.	
현수교	현수교(Suspension Bridge)는 주탑과 앵커리지로 주케이블을 지지하고, 이 케이블에 현수재를 매달아 보강형을 지지하는 교량이다.	
사장교	사장교(Cable Stayed Bridge)는 교각 중간에 세운 교탑으로부터 비스듬히 내린 케이블로 주형을 매단 교량이다.	

100톤의 하중을 견디는 다리를 설계하는 문제에서는 단순히 하중을 견딜 수 있는 방법만 고려했지만, 실제 문제에서는 하중뿐만 아니라 다리를 설치하는 장소 등 다양한 조건들이 주어지므로 이 조건에 맞는 구조를 선택해야 한다.

1 설계 문제와 분석 문제의 차이를 설명하기 위해 문제를 최대한 단순화시킨 것이다.

반복

설계 문제는 답을 찾는 과정이 반복(iteration)되면서 점차 개선된다. 설계 과정에서 선택된 답이 안전하지 못하거나 가격이 너무 비싸거나 또는 동작하지 않을 수 있다는 것을 발견하게 되면, 다시 뒤로 돌아가 최초에 주어진 조건을 만족할 때까지 문제에 대한 해답을 개선해야 한다. 성공적인 설계 프로젝트에서는 반복에 의해 하나의 해결 방안으로 결과가 수렴하게 되며, 이는 최종 목적에 가까워졌다는 것을 의미한다.

반복의 대표적인 사례로 라이트 형제의 비행기 발명을 꼽을 수 있다. 그들은 연과 글라이더를 이용하여 비행체의 상승 및 하강, 회전 동작을 제어하는 문제를 해결했다. 라이트 형제가 동력을 이용한 비행에 성공하기 위해 실시한 글라이더 비행 횟수는 1,000회가 넘는다고 한다. 따라서 분석 문제가 한 번의 일련 과정을 거쳐 끝나는 것에 비해, 설계는 일련 과정이 끝없이 순환하거나 반복되는 특성을 갖는다고 할 수 있다. 또 다른 사례로 우주 로켓 프로젝트를 꼽을 수 있다. 이 프로젝트의 최종 목표는 로켓을 성공적으로 발사하는 것인데, 위성체 분리 과정에서 사소한 오류로 인해 로켓 발사가 실패로 돌아갈 수 있으므로 발사 전에 지상에서 우주 공간과 동일한 조건으로 1, 2단 로켓과 위성체 분리 실험을 수없이 반복한다. 지상 실험은 오류가 발생하지 않을 때까지 반복되며, 오류가 발견되면 그 원인을 찾아내고 설계를 수정해서 다시 실험하는 과정을 되풀이한다. 이러한 과정을 통해 성공적으로 로켓을 발사할 수 있다.

설계는 구조적인 문제해결 활동으로, 절차는 원하는 결과를 얻기 위해 단계적으로 변화하는 과정으로 정의될 수 있다. 이 정의에서 원하는 결과를 얻기 위해서는 순차적이고 시스템적인 접근 방법을 갖는 아이디어가 필요하다. 그러나 설계 절차가 단순하게 순차적이지만은 않다. 다시 말해, 단순하게 한 단계에서 다음 단계로 진행했다고 해서 최적의 해답을 얻는다는 보장은 없다. 새로운 발견, 추가적인 데이터 또는 이전에 유사한 문제에 적용했던 경험에 의해 전체 또는 일부 절차를 반복하게 된다.

계획

설계 프로세스를 가장 간단하게 정의한 것이 곧 계획이다. 경험이 많은 설계자는 작업을 시작하기에 앞서 일의 순서와 우선순위, 목록 등을 확인하는 단계에 많은 시간을 할애한다. 간단한 설계라면 계획을 세우는 데 많은 시간이 필요하지 않지만, 설계가 복잡해지면 문제를 효율적으로 해결하기 위해 계획을 잘 수립해야 한다. 우주 정거장을 건설하는 것과 같이 복잡한 문제를 다룰 때에는 수많은 업무를 체계적으로 정리할 수 있는 정교한 프로젝트 관리 소프트웨어가 필요하다. 일반적으로 설계는 2.1.3절에서 설명할 폴리아의 수학적 문제해결 4원칙처럼 순차적으로 진행되는데, 경우에 따라서는 비순차적인 절차를 따르기도 한다.

라이트 형제의 비행기 발명

Note

비행기를 발명한 라이트 형제의 이야기는 가장 흥미롭고 극적인 공학설계의 과정이라고 할 수 있다. 라이트 형제는 세계 최초의 글라이더 개발자이자 비행사인 오토 릴리엔탈(Otto Lilienthal)이 글라이더 실험 도중 사망했다는 소식을 듣고 비행기를 개발하게 되었다.

라이트 형제는 엔진과 프로펠러를 장착한 플라이어호를 발명하기 전에 글라이더로 균형과 방향을 제어하는 실험을 수없이 반복했다.

[그림 2-2] 1901년(좌)과 1902년(우)에 실시한 글라이더 실험 장면
(출처 : http://en.wikipedia.org/wiki)

그리고 1903년 킬데빌 언덕에서 플라이어 1호를 이용해 12초간 최초의 시험 비행에 성공하게 된다. 이후 보완을 거쳐서 제작된 플라이어 2호는 1904년 비행에 실패했으나, 1905년에 플라이어 3호가 38분동안 38km를 비행하는 데 성공했다.

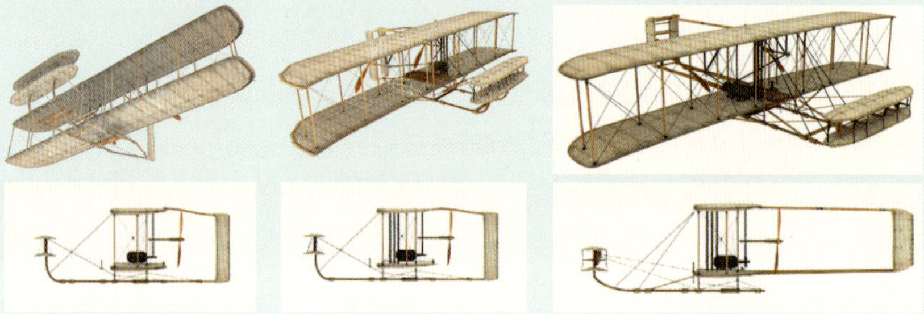

(a) 플라이어 1호　　(b) 플라이어 2호　　(c) 플라이어 3호

[그림 2-3] 라이트 형제가 만든 플라이어호(출처 : 네이버 백과사전)

2.1.3 폴리아의 수학적 문제해결 4원칙

설계 프로세스는 다양한 분야에 적용할 수 있다. 따라서 다양한 분야에서 다양한 요구가 존재하며, 그로 인해 다양한 설계 절차가 만들어진다. 기본적인 문제해결 방안에는 여러 가지가 있는데, 그중 하나로 헝가리 수학자 조지 폴리아(George Pölya)가 제안한 수학적 문제해결 4원칙이 있다. 수학적 문제해결 4원칙은 공학적인 관점에서 살펴본 문제해결 방안은 아니지만, 포괄적으로 문제를 이해하고 해결하는 문제해결 방안이다. 이는 가장 일반적인 절

차이고, 적용 대상에 따라 기본적인 절차를 변형하여 적용될 수 있다. 컴퓨터 게임이나 의료기기 분야의 설계 프로세스는 다른 분야보다 수학과 과학의 비중이 높다. 반면에, 예술 분야에서는 색이나 명암, 원근 등을 보다 더 중시한다. 실례로 웹 사이트나 게시판, 제품 포장 및 TV 광고처럼 예술적 요소가 중시되는 분야에서 설계자는 시각적인 요소를 강조하는 설계 절차를 밟을 수밖에 없다. 그러나 게임이나 자동차 같은 제품을 개발할 때는 기술성과 미학적인 전문성을 모두 갖춘 설계가 적용된다.

비록 폴리아의 수학적 문제해결 4원칙이 수학적인 문제를 해결하기 위해서 제안된 원칙이기는 하나, 공학설계 프로세스는 이 기본적인 원칙의 확장된 개념으로 이해할 수 있다. 수학적 문제해결 4원칙은 다음과 같다.

첫 번째 원칙 : 문제를 이해하라(SEE)

문제를 이해한다는 것은 너무도 당연하기 때문에 크게 신경 쓰지 않는 경우가 많다. 그러나 어떤 문제에 직면했을 때, 문제를 제대로 이해하지 못해서 문제를 해결하지 못하는 경우가 종종 있다. 이러한 실수를 하지 않기 위해서는 다음과 같은 질문의 답을 찾는 것이 도움이 된다.

- 문제에서 요구하는 것이 무엇인가?
- 문제를 다른 사람이 이해할 수 있도록 자신만의 방식으로 표현할 수 있는가?
- 문제를 이해하는 데 도움이 되는 그림이나 도형을 그릴 수 있는가?
- 문제의 해답을 찾는 데 도움이 되는 충분한 정보가 있는가?
- 문제를 기술하는 데 사용된 용어를 이해하고 있는가?
- 문제의 해답을 얻기 위해 다른 질문을 할 필요가 있는가?

두 번째 원칙 : 전략을 수립하라(PLAN)

문제를 해결하는 방안에는 여러 가지가 있다. 문제를 해결하는 기술은 다른 문제를 많이 풀어봄으로써 향상시킬 수 있는데, 문제를 쉽게 해결할 수 있는 전략을 정리하면 다음과 같다.

- 예상 결과를 추측하고 점검한다.
- 적용할 접근 방법을 목록으로 작성한다.
- 대칭적/직관적 판단을 이용한다.
- 그림을 그리고 패턴을 찾는다.
- 문제를 단순화한다.
- 공식을 적용할 수 있도록 모델링을 한다.
- 독창적인 사고를 한다.

세 번째 원칙 : 전략을 실행하라(DO)

전략을 실행하는 것은 전략을 수립하는 것보다 수월하다. 다만 문제해결 능력이 충분하다고 할 때, 집중력과 인내력은 전략을 실행할 때 반드시 필요하다. 왜냐하면 처음에 선택한 계획을 추진하다가 실패를 거듭하면 그 계획을 버리고 새로운 계획을 선택해 다시 실행하는 과정을 반복해야 하기 때문이다.

네 번째 원칙 : 해답을 검토하라(CHECK)

자신이 했던 작업을 검토하는 시간을 가지면 다음에 문제를 풀 때 어떤 전략을 세워야 할지 예측이 가능하다.

[그림 2-4]는 폴리아의 수학적 문제해결 4원칙을 순서대로 나열한 것이다. 이 방법은 순차적으로 진행되도록 설계되어 있기 때문에, 이 원칙을 공학적인 문제해결 방안에 적용하기 위해서는 이전 단계로 다시 피드백이 되도록 수정해야 한다.

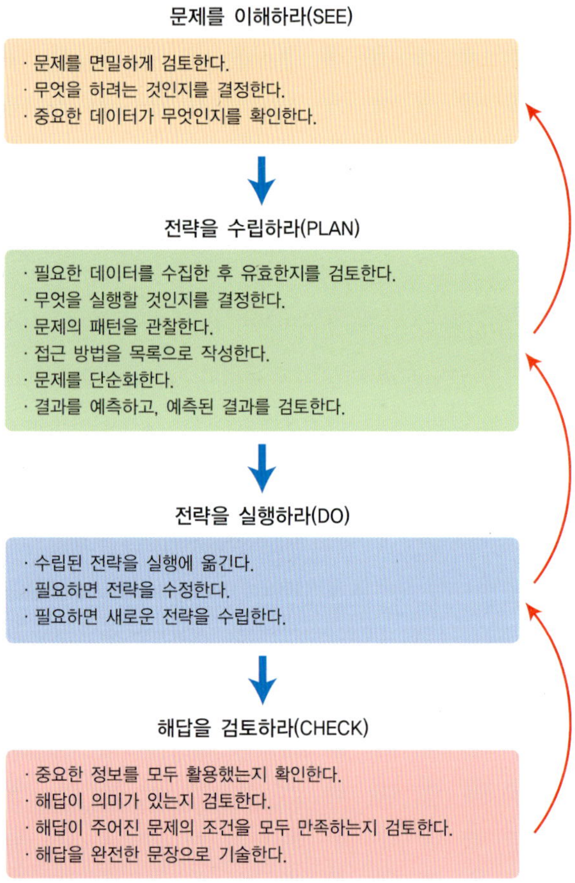

[그림 2-4] 폴리아의 수학적 문제해결 4원칙

2.1.4 프로젝트의 위험 관리

모든 설계 프로젝트는 크든 작든 도전에 직면하게 된다. 도전은 일정한 수준의 위험 부담을 안고 있는데, 문제의 난이도에 따라 위험 부담이 줄어들 수도 있고 늘어날 수도 있다. 만약 설계 프로젝트의 답이 한정되어 있다면 그만큼 위험 부담도 줄어들 것이다.

기본적으로 설계 프로젝트에는 적용 가능한 답이 많으며, 각각의 경우마다 위험 부담도 다르다. 따라서 프로젝트의 실패 확률을 낮추기 위해서는 설계 과정에서 프로젝트의 위험을 적절하게 관리해야 한다. 위험 관리를 제대로 못하면 프로젝트의 실패 확률이 높아지기 때문이다. 이와 관련하여 설계 팀은 가장 큰 위험 요소부터 작은 위험 요소까지 차례대로 제거하는 전략을 사용한다.

흔히 사람들은 위험한 정도에 따라 위험 요소를 제거하지 않고, 가장 쉽고 편하게 할 수 있는 일부터 먼저 하려는 습성이 있다. 하지만 위험 관리는 가장 핵심이 되는 요소이므로 신경써야 한다. 설계자라면 "이 프로젝트를 성공시키기 위해 무엇을 해야 하는가?"라는 문제를 고민해야 한다. 일단 치명적인 위험 요소가 확인되면 우선순위에 의해 계획을 수립하고 그 위험 요소를 제거하는 데 집중해야 한다.

2.1.5 카노의 고객 만족 모델

설계 프로세스의 실행 결과는 새로운 제품 혹은 프로세스나 시스템으로 나타나는데, 수요자의 요구를 만족시키지 못하면 실패한 설계가 되고 만다. 따라서 수요자의 요구가 정확하게 정의되지 않거나 애매모호하면 수요자의 의견을 수렴해야 한다. 이를 위해 수요자에게 현재의 설계 상황에 대한 정보를 설계가 종료될 때까지 지속적으로 제공해야 한다. 간혹 설계자가 수요자의 요구를 모두 수용하지 못할 수 있는데, 이때는 설계자와 수요자 간에 타협이 필요하다. 설계자는 수요자의 요구를 충족시키기 위해 개발 기간 및 가격, 제조 과정의 제약과 성능 제한을 고려해야 하며, 수요자의 요구 역시 일정 부분 수정되어야 한다.

[그림 2-5]은 카노의 고객 만족 모델(customer satisfaction model)을 나타낸 것으로, 카노 모델이라고도 한다. 카노 모델은 일본의 노리아키 카노(Noriaki Kano) 교수가 개발한 것으로 고객의 만족을 측정하는 데 활용하는 방법 중 하나이다. 이 모델에서는 기능(function)과 만족(satisfaction)의 두 축을 중심으로 '제품에 대한 수요자의 만족도'를 5가지 기준으로 분류한다.

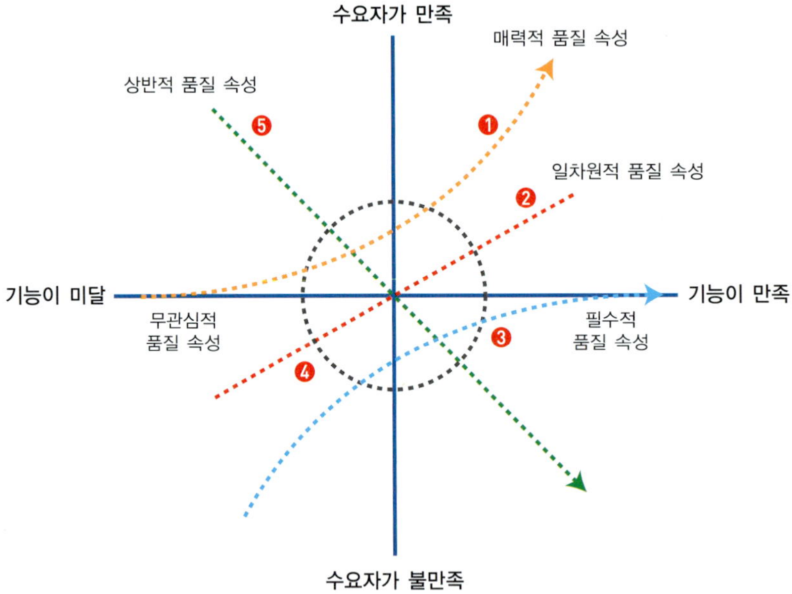

[그림 2-5] 카노의 고객 만족 모델

[그림 2-5]에서 가로축은 기능의 '만족' 혹은 '미달'을 나타내며, 세로축은 제품에 대한 수요자의 '만족' 혹은 '불만족'을 나타낸다. 그림에서 매력적 품질 속성을 보면 기능이 충족될수록 사용자의 만족도가 높아지는 것을 볼 수 있다. 다음은 5가지 고객 만족 속성에 대한 설명이다.

❶ 매력적 품질 속성

매력적 품질 속성은 생각지도 못한 기능이 충족되면 수요자의 만족도가 높아지는 제품의 속성을 뜻한다. 설령 그러한 기능이 충족되지 않는다고 하더라도 수요자의 만족도는 떨어지지 않는다. 본래부터 수요자가 기대하지 못했던 기능이기 때문이다. 예를 들어 우유 용기에 온도계가 붙어있다면 만족스럽게 생각하겠지만, 그렇지 않더라도 불만족스럽게 생각하지 않는다.

❷ 일차원적 품질 속성

일차원적 품질 속성은 수요자의 요구가 충족되는 정도에 비례하여 만족도가 높아지는 제품의 속성을 뜻한다. 따라서 수요자의 요구가 충족되지 않으면 그만큼 만족도도 떨어진다. 본래부터 설계 목표에 그러한 요구가 포함되어 있을 뿐만 아니라 경쟁사와 비교 대상이 될 수 있는 항목이기 때문이다. 예를 들어 가격은 같은데 우유 용기가 다른 것보다 더 크다면 만족스럽게 생각하겠지만, 작다면 불만족스럽게 생각한다.

❸ 필수적 품질 속성

필수적 품질 속성은 기능이 충족되지 않으면 불만족스럽게 생각하지만 기능이 충족되더라도 특별히 만족스러워하지 않는 제품의 속성을 뜻한다. 수요자가 그 기능을 당연한 기능으로 여기기 때문이다. 예를 들어 우유 용기가 샌다면 불만족스럽게 생각하겠지만, 우유 용기가 새지 않는다고 해서 만족도가 올라가지는 않는다.

❹ 무관심적 품질 속성

무관심적 품질 속성은 수요자가 특별히 신경을 쓰지 않는 제품의 속성을 뜻한다. 따라서 어떤 결과가 나타나든지 수요자는 만족스러워하거나 불만족스러워하지 않는다. 예를 들어, 우유 용기를 디자인할 때 필요 이상으로 아름다움을 추구했다고 해서 더 만족스러워하지는 않는다.

❺ 상반적 품질 속성

상반적 품질 속성은 사람에 따라 만족을 느끼는 정도가 달라지는 제품의 속성을 뜻한다. 뛰어난 기능을 요구하는 수요자가 있는가 하면, 기본적인 기능만을 요구하는 수요자가 있기 때문이다. 즉 필요 이상의 기능을 오히려 만족스럽지 않게 생각하는 사람도 있는 것이다. 예를 들어 기능이 다양한 휴대전화를 젊은층은 만족스러워 하겠지만 중장년층과 노년층은 불만족스럽게 생각한다.

Note

노리아키 카노와 카노 모델

동경이과대학(Tokyo University of Science) 명예교수인 노리아키 카노(Noriaki Kano)는 품질관리(quality management) 분야의 권위자이다. 그는 '카노 모델'이라는 고객 만족 모델을 개발했는데, 이는 특정 상품을 기획할 때 각각의 구성요소에 대해 소비자의 기대와 만족의 주관적 관계, 요구사항의 만족과 불만족의 객관적 관계로 설명하는 것이다.

[그림 2-6] 카노 교수
(출처 : http://www.juse.or.jp)

2.2 일반적인 공학설계 프로세스

공학이란 매우 다양한 형태로 이루어지므로 모든 공학설계를 만족시키는 프로세스는 존재할 수 없다. 그러나 모든 공학설계는 반드시 따라야 할 표준 절차가 있으며, 이 절에서는 가장 일반적인 공학설계 프로세스에 대해서 설명한다.

학습 목표

- 수요 파악의 중요성을 살펴보고, 문제 정의의 기술을 이해한다.
- 소비자의 요구 수준 구분을 살펴보고, 정보의 출처를 알아본다.
- 설계 기준과 제한요소를 이해한다.
- 다양한 해결 방안을 모색하기 위한 방법을 살펴본다.
- 분석의 기본 원리와 분석에 의한 의사결정 방법을 알아본다.
- 프로토타입의 구현과 예비설계, 상세설계, 테스트와 평가의 과정을 살펴본다.
- 의사소통을 위한 보고서와 프레젠테이션을 이해한다.
- 제품의 실현과 효율적인 생산 계획의 수립을 알아본다.

일반적으로 공학설계 프로세스는 문제를 정의하는 것부터 시작한다(단계 1). 다음은 정보를 수집하고(단계 2), 설계 기준과 제한요소를 결정하여(단계 3), 다양한 해결 방안을 찾는다(단계 4). 그 다음은 해결 방안에 대한 구체적인 분석과 결정이 따르고(단계 5), 결정 후에는 프로토타입(prototype) 형태로 설계를 구현해야 한다(단계 6). 마지막으로는 의사소통(단계 7)과 생산설계(단계 8)를 거쳐야 한다. [그림 2-7]은 집에서 청국장을 끓이는 과정을 (정확하게 일치하지는 않지만) 설계 프로세스에 비추어 나타낸 것이다. 다만, 집에서 요리하는 과정에는 생산이라는 개념이 없기 때문에 요리하는 과정에서는 생산설계에 해당하는 과정은 찾아볼 수 없다.

2.2.1 문제 정의

설계 프로세스는 해결이 필요한 문제를 인식하고 정의를 내리는 것부터 시작된다. 이 과정은 간단해 보이지만 프로젝트 경험이 부족한 상태에서 문제에 대한 정확한 이해와 정의가 없다면 설계가 실패로 이어지게 될 것이다. 본래 설계 문제는 분석 문제와 달리 처음부터 명확하게 정의되지 않고 추상적인 아이디어에서 시작되기 때문에 명확한 문제 정의를 위해서는 신

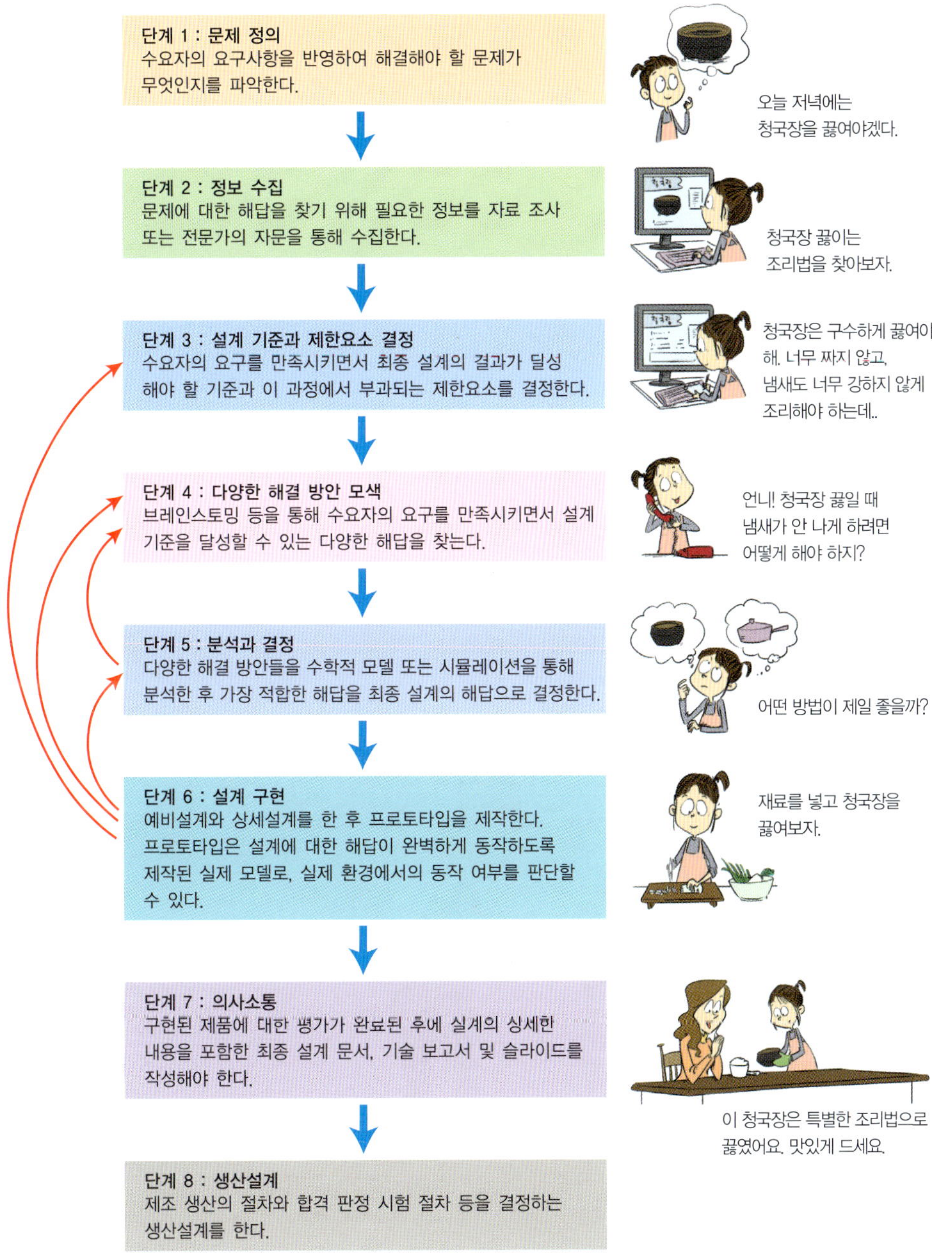

[그림 2-7] 공학설계 프로세스와 청국장 끓이기

중한 관찰과 객관적인 관점이 필요하다. 설계 프로세스는 수요에 대한 인식으로부터 시작하여 완성된 프로토타입(prototype)의 품질이 테스트를 통과했을 때 종료된다. 프로토타입이란 생산 공정 및 설계도면과 규격을 충족시키며 정해진 테스트 절차를 모두 통과한 최초의 완성품을 뜻한다. 비록 시제품이지만 일정한 제조 공정에 따라 생산된 제품과 동일한 의미를 갖는다. 따라서 성공적인 설계 프로세스는 만족스러운 프로토타입의 생산으로 이어진다.

핵심포인트 **문제 정의**

문제 정의는 공학설계의 가장 첫 번째 단계로, 사용자의 수요를 정확하게 파악함으로써 문제를 구체적으로 정의할 수 있다.

수요 파악

공학설계는 수요자의 요구에 대한 응답으로부터 시작된다. 공학자는 설계 문제를 명확하게 정의하기 전에 우선 새로운 제품이나 시스템에 대한 요구사항을 인식하고 이해해야 한다. 보통 새로운 설계에 대한 요구는 시장에서 수립되고, 회사는 이윤을 따져 소비자가 원하는 제품을 생산한다. 궁극적으로 소비자가 수요를 창출하고, 회사는 그들의 요구를 반영하여 제품을 개발한다. 소비자는 자신의 요구를 만족시키는 제품을 구매함으로써 소비자와 회사의 공생관계를 유지한다.

[그림 2-8] 소비자의 요구와 반영

예를 들어 [그림 2-8]에서 보는 것처럼 휴대전화 사용자가 "휴대전화마다 USB 소켓의 크기가 달라 크기에 맞는 젠더를 새로 구입해야 하는 번거로움이 있다."라는 불편을 느끼고 있다면, 소비자의 요구는 "모든 휴대전화에 호환되는 젠더가 필요하다."가 된다. 따라서 휴대전화 개발 업체는 USB 소켓을 모든 휴대전화에 호환되게 하는 방법과 그 모양에 대해 고려하게 된다.

요구사항 인식

설계 프로세스에서 소비자의 요구를 정확하게 인식하는 것은 매우 중요하다. 소비자의 요구가 곧 설계의 방향을 좌우하기 때문이다. 여기에는 다양한 종류가 있지만 대체로 다음과 같은 것들이 포함될 수 있다.

- 공식적인 제안
- 잠재 소비자의 비공식적인 제안
- 수요가 예상되는 잠정적인 제안
- 일상적/비일상적 업무에서 발생하는 필요에 의한 요구
- 새로운 법률에 준거한 요구
- 새로운 시장과 관련된 요구

설계 프로세스는 현재 확인된 요구를 인식하는 일이나 새로운 수요를 창출할 수 있는 아이디어를 떠올리는 일로부터 시작된다고 할 수 있다. 이때 훌라후프는 후자의 좋은 사례이다.

Note

훌라후프의 개발

훌라후프는 1958년 미국의 장난감 회사 웸오(Wham-O)의 리처드 너(Richard Knerr)와 아서 멜린(Authur Melin)에 의해 개발되었다([그림 2-9]). 두 사람은 호주에서 아이들이 가지고 놀던 대나무 고리에서 착안하여 플라스틱으로 고리를 만들었는데, 이것이 바로 훌라후프(hula hoop)이다. '훌라(hula)'는 하와이의 훌라춤을, '후프(hoop)'는 테두리를 의미한다. 훌라후프를 돌리는 모습이 훌라춤을 연상시켜 이렇게 이름이 붙였다.

훌라후프는 출시되자마자 폭발적인 인기를 끌어 1년만에 1억 개나 팔렸다. 훌라후프의 수요가 폭발적으로 증가하자 웸오는 생산을 크게 늘렸으나 수요가 줄면서 거의 파산 직전까지 갔다가 '프리스비(frisbee)'라고 불리는 원반접시형 장난감을 개발하고, 1965년에는 훌라후프 안에 쇠구슬을 넣어 독특한 소리가 나는 제품을 개발하여 다시 회생하였다.

[그림 2-9] 리차드 너와 아서 멜린(출처 : http://www.nytimes.com)

수요의 정확한 예측과 기업의 생존

수요를 정확하게 예측하는 것은 기업의 생존을 결정하는 중요한 계기가 되기도 한다. 코닥(Kodak)은 1880년 유리판 필름을 세상에 내놓았고, 전 세계인의 사랑을 받으며 나날이 번창하였다. 그러나 1980년대 정보기술(IT) 붐이 일던 상황 속에서 코닥은 디지털 시대가 되면 플라스틱 필름이 사라질 수도 있다는 사실을 깨닫지 못하고, 1990년대 중반에 후발주자로 디지털 카메라 사업에 뛰어들었다. 그러나 디지털 카메라의 수요와 필름 카메라의 수요를 정확하게 예측하지 못하여 디지털 카메라보다 기존의 필름 카메라에 사업투자를 늘렸다. 결국 코닥의 경영 상황은 악화되었고, 2004년과 2005년 대규모 구조조정을 단행하여 총 직원의 1/3을 감원하였다.

이로 인해서 직원 수가 14만 5천 명으로 제너럴 일렉트릭(General Electric Company)과 함께 미국을 대표하는 30대 기업에 포함됐던 코닥은 몰락하게 된다. 주된 원인은 필름의 매출 감소에 있었다. 어느 정도 필름 매출이 감소할 것으로 예상했지만 매출 하락 속도가 코닥이 전망했던 것보다 훨씬 빠른 속도로 진행된 것이다. 당초 중국에서는 디지털 카메라의 확산에 다소 시간이 걸릴 것이므로 당분간 필름 수요가 일정 수준을 유지할 것이라는 기대는 완전히 예상을 벗어났으며, 새로 심혈을 기울인 디지털 카메라 또한 중국 시장에서 경쟁사들을 이겨내지 못했다. 거의 독점적으로 전 세계 시장을 장악했다시피 한 기업도 시장 패러다임의 변화에 얼마나 무력하게 주저앉을 수 있는지를 보여주는 대표적인 사례가 바로 코닥이다. 카메라가 기계식에서 전자식으로 바뀌는 정도의 변화가 아니라 필름의 존재 자체를 무시하는 디지털 카메라의 출현과 같은 '혁명적' 변화에 있어서, 코닥과 같은 기존의 강자도 더 이상 경쟁력 확보와 시장 방어가 불가능하다는 것을 극명하게 보여주고 있다.

Note

제안요청서

제안요청서(RFP : Request For Proposal)는 발주기관의 요구를 체계적으로 정리한 문서를 가리키는 말이다. 이는 공급업체가 제안서를 작성할 때 기본 자료로 활용된다. 간단한 제안요청서의 목차는 다음과 같다.

1. 개요
2. 제안요청서의 정의와 구성 항목
   2.1 정의
   2.2 구성 항목
3. 제안요청부터 제안서 작성까지의 절차
   3.1 제안요청에 근거한 제안서 작성
   3.2 제안서 평가
4. 제안요청의 중요성

문제 정의의 기술

문제해결의 첫 번째 단계는 문제를 명료한 용어로 명확하게 정의하는 것이다. 문제를 정의하는 것은 수요를 인식하는 것과 차이가 있다. 수요는 소비자의 요구에 의해 발생하며, 보통 명료한 용어나 객관적인 표현보다 애매하고 추상적으로 표현되는 경우가 많다. 따라서 수요가 발생하면 공학자는 가장 먼저 공학설계에서 사용하는 문제 기술 방법으로 수요를 재정의해야 한다. 명확한 정의를 위해 데이터를 수집하고, 실험을 수행하며, 계산을 통해 수요가 공학적인 문제해결 절차의 한 부분으로 표현될 수 있도록 만든다.

다음과 같은 서술문을 살펴보자.

"더 좋은 쥐덫을 설계하라."

이 문장은 현재의 쥐덫에 대한 불만을 애매하게 표현하고 있기 때문에 공학적 설계 문제에서는 적절한 문제 정의가 되지 않는다. 공학자는 수요와 관련된 이 문장을 보고 현재의 쥐덫에서 부족한 점이 무엇인가를 확인하는 과정을 거쳐야 한다. 예를 들어 기존의 쥐덫을 확인하는 과정에서 기존의 쥐덫에 쥐에 의해 전염되는 한타 바이러스를 방어하는 기능이 없다고 가정해보자. 따라서 더 좋은 쥐덫은 위생적일 뿐만 아니라 사람에게 한타 바이러스에 노출되지 않도록 만들어져야 한다. 이러한 요구로부터 문제 정의는 다음과 같이 수정된다.

**"사람에게 한타 바이러스의 노출을 최소화하고,
덫에 걸린 쥐를 위생적으로 처리할 수 있는 쥐덫을 설계하라."**

문제를 기술하는 것은 실질적인 수요에 초점이 맞춰져야 하며, 어떤 해답을 미리 배제하지 않도록 포괄적이어야 한다. 문제를 포괄적으로 정의함으로써 구체적인 해답을 미리 정하기 전에 광범위하게 대체 해답(alternative solution)을 고려해 볼 수 있다. 이 단계에서 조심해야 할 것은 미리 생각했던 결론을 내리지 않는 것이다. 예를 들어 다음 정의를 살펴보자.

"덫에 걸린 쥐에 살균 소독제를 뿌리는 쥐덫을 설계하라."

이 정의는 명확하고 구체적이지만 너무 협소해서 더 혁신적인 해결 방안을 모두 배제시킨다. 만일 문제를 해결하기 위해 너무 구체적인 아이디어에 초점을 맞추다 보면 더 혁신적인 해결 방안을 찾지 못하게 된다. 문제 정의는 간결하고 탄력적이어서 창조적인 해답을 찾을 수 있어야 한다. 다음은 좋은 쥐덫에 대한 하나의 문제 정의가 될 수 있다.

"개선된 쥐덫 : 쥐와 같은 설치류는 한타 바이러스와 같은 치명적인 바이러스를 전달한다.
사람들은 기존의 쥐덫을 다루면서 이러한 바이러스에 노출될 수 있다.
따라서 쥐가 옮길 수 있는 박테리아나 바이러스에 노출되지 않으면서
쥐를 쉽게 처리할 수 있는 덫을 설계하라."

[그림 2-10] 쥐덫 설계 예시

명확한 프로젝트의 목적

새로운 프로젝트를 수행할 때, 관리자가 우선적으로 해야 할 일은 프로젝트를 분석하고 목적을 명확하게 정의하여 프로젝트 팀이 무엇을 해야 하는지 아이디어를 유도하는 일이다. 아울러 전체 프로젝트에서 부수적으로 해야 할 일이 무엇인지도 이해시켜야 한다. 이러한 과정을 통해 소비자와 생산자는 최종 제품에 대한 합의에 도달할 수 있다. 그러나 대부분 프로젝트나 공학설계는 소비자의 요구에 의해 시작되며, 대체로 서술문과 같은 문장으로 표현된다. 여기에는 소비자가 원하는 새로운 기능이나 개선 사항이 포함되기 마련인데, 종종 매우 단순하거나 명료하지 않은 형태로 표현되기도 한다. 그러므로 프로젝트 관리자는 소비자의 수요를 이해하고 프로젝트의 목적을 명확하게 정의해야 한다.

목적 계층도(objective tree)는 프로젝트의 목적을 정의하는 유용한 도구 중 하나이다. 목적 계층도는 식별이 가능한 모든 목적을 도식으로 보여주며, 이를 계층적인 형태로 구성해서 상호 연관성을 보여준다. 목적 계층도를 개발하는 절차는 다음과 같다.

❶ 소비자와 관리자의 대화 또는 팀원 간 대화를 통해 프로젝트의 목적을 이해하고, 나열하는 문제 기술문을 작성한다.
❷ 나열된 목적을 높은 레벨과 낮은 레벨로 정렬하고 중요도에 따라 그룹을 만든다.
❸ 목적들 사이에 계층적인 연관성을 보여주는 계층도를 그림으로 표현한다.

Note 편리한 교통 시스템의 목적 계층도

편리한 교통 시스템에 대한 소비자의 요구 가운데 '편리하고 안전하며 매력적인 교통 시스템'과 같은 애매한 요구가 있다고 가정하자. 설계 팀은 이러한 요구에서 보다 명확한 설계 목적을 도출해야 한다. 예를 들어 '편리하다'라는 [그림 2-11]의 목적 계층도에 표시한 것과 같이 요구는 '짧은 이동시간'과 '저렴한 요금'으로 재구성할 수 있고, '저렴한 요금'은 '적절한 요금 정책'과 같은 하위 목적(sub-objective)으로 구성이 가능하다. '짧은 이동시간'이라는 요구는 '쉬운 시스템 접근성', '높은 차량 속도', '낮은 지연 확률' 등과 같이 여러 개의 하위 목적으로 구성된다.

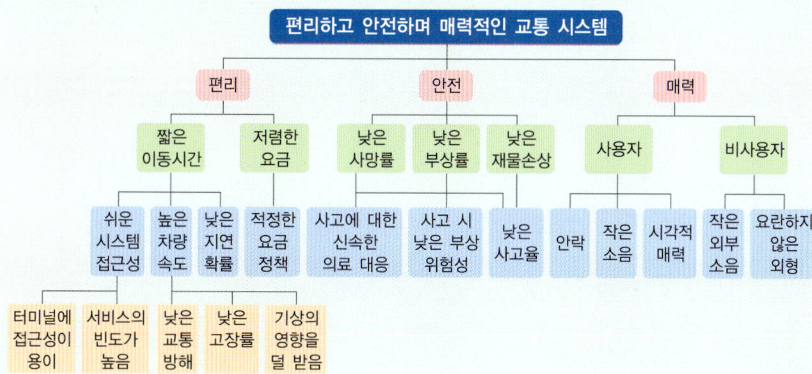

[그림 2-11] 편리한 교통 시스템의 목적 계층도
(출처 : N. Cross, 『Engineering Design Methods』, John Wiley & Sons)

2.2.2 정보 수집

문제해결 과정에서 가장 중요한 것은 정보를 충분하게 수집하는 것이다. 문제와 연관된 데이터를 수집하지 못하면 다음 단계로 나아갈 수 없다. 정보 수집을 하면서 문제 정의에 실수와 오류가 있다는 것을 발견하면 문제를 다시 정의해야 하는 경우도 있다. 정보 수집 단계에서 공식적으로 문제해결 절차가 정해지는 것은 아니다. 이 단계는 문제를 좀 더 깊이 있게 생각하고, 그 문제에 대한 지식을 높여 더 좋은 해답을 찾고자 하는 것이다.

자료를 조사하고 연구하는 과정에서 자신이 맡은 설계 문제와 유사한 이전의 문제해결 방안을 참고하는 것도 많은 도움이 된다. 때로는 이전에 적용된 개념을 찾아내서 자신의 문제에 적용할 수도 있다. 분해공학(reverse engineering)[2]처럼 이미 존재하는 장치를 분석함으로써 새로운 해결 방안을 찾을 수도 있다.

2 분해공학은 어떤 장치 또는 시스템의 기술적 원리를 파악하기 위해 구조, 기능, 동작을 해체하여 분석하는 과정을 말한다. 이러한 과정을 통해 기계적인 장치나 전자 부품 또는 소프트웨어의 상세한 동작 원리를 분석함으로써 기존 장치 및 시스템의 유지 보수에 활용하거나 새로운 장치 및 시스템을 만드는 데 활용한다.

소비자의 요구 수준 구분

다양한 정보 중에 가장 중요한 것은 그 제품의 소비자에게 얻은 직접적인 정보이다. 따라서 실제 소비자가 필요한 것을 정확하게 이해하기 위해서는 소비자와 소통을 잘 해야 한다.

소비자의 요구는 몇 가지 단계로 구분할 수 있다. 요구 정도를 '필수', '권장', '보통'으로 구분하면 소비자의 요구를 좀 더 명확하게 표현하고 평가할 수 있다. '필수'와 '권장'은 설계에 반드시 포함이 되어야 하지만, '보통'은 제한 조건을 고려했을 때 설계에서 제외시킬 수도 있는 수준의 요구이다. 문제를 연구하는 과정에서 소비자의 요구를 구분하는 것은 적용할 기술과 프로세스, 도구를 결정하는 데 도움이 된다. 실례로 새로운 자동차를 개발할 때의 소비자의 요구 수준을 3단계로 구분하면 [표 2-2]와 같다.

[표 2-2] 자동차를 개발할 때의 요구 수준 구분

단계	항목
필수	• 기존의 자동차와 같거나 더 넓은 실내 공간 • 12km/l 이상의 연비 • 전륜 구동 • 5년 이상의 보증기간
권장	• 선택적인 4륜 구동 • 고속도로에서 15km/l 이상의 연비 • GPS 내장
보통	• TV 내장 • MP3 플레이어 내장 • 열선 내장 시트

질의

일반적으로 정보 수집은 질의를 통해 시작된다. 만일 문제가 지금까지와 전혀 다른 새로운 것을 요구한다면 이 문제에 대한 기존의 해결 방안은 적용할 수 없다. 따라서 다음과 같은 질의를 통해 해결 방안에 접근해야 한다.

- 문제가 현실적이며, 기술이 정확한가?
- 현존하는 해결 방안은 무엇인가?
- 해결 방안을 제공하는 회사가 있는가?
- 해결 방안을 결정할 수 있는 경제적인 요인은 무엇인가?
- 이 외에도 안전이나 미적, 환경적 요소 등과 같은 고려사항은 무엇인가?

정보의 출처

오늘날의 정보화 사회는 정보 자체가 유력한 자원이며, 특히 인터넷 공간은 정보의 바다라고 불릴 만큼 정보의 양이 풍부하다. 따라서 정보를 검색할 때는 반드시 출처가 분명한 자료를 중심으로 그 중요성을 판단하여 접근해야 한다. 정보 수집 시, 인터넷을 이용하는 빈도가 점차 증가하고 있지만, 공학자와 과학자에게 전통적인 출판물은 여전히 중요한 자료이다. 따라서 다음과 같은 자료를 이용하면 문제를 쉽게 해결할 수 있다.

■ 백과사전

백과사전은 개념을 알기 쉽게 설명하는 한편, 보다 전문적인 자료를 참고할 수 있는 참고문헌을 제공한다. 이와 관련하여 인터넷 공간에는 무료로 이용할 수 있는 백과사전이 많은데, 그중 대표적으로 '위키피디아(http://www.wikipedia.org)'를 들 수 있다. 다만, 백과사전의 정보는 매우 기본적이므로 전문적인 연구를 위한 출발점으로 삼아야 한다.

■ 전자 카탈로그

전자 카탈로그는 도서관에서 제공하는 모든 도서의 목록을 보여준다. 이 자료는 주제, 저자, 제목으로 검색할 수 있으며, 여기에는 제목, 저자, 출판사, 출판연도, 전체 쪽수 및 개략적인 내용이 포함되어 있다.

■ 인터넷

인터넷에서는 다양한 분야의 연구 자료와 제품 정보를 쉽게 찾을 수 있을 뿐만 아니라, 다양한 전문가 그룹의 도움을 받을 수도 있다. 필요한 정보를 좀 더 빠르게 찾을 수 있도록 돕는 검색엔진으로는 네이버(Naver)와 구글(Google) 등이 있다.

■ 전문 연구기관

전공별로 국내외에는 다양한 학회와 연구기관이 존재한다. 전기전자 분야에는 대한전자공학회와 한국통신학회 등이 있고, 토목공학 분야에는 토목공학회, 기계공학분야에는 기계공학회 등이 있다. 이들 학회나 연구기관에서는 논문집을 정기적으로 발간하며, 국제표준화 동향과 같은 최신 기술정보를 정기적으로 발간한다.

■ 기존의 해결 방안

기존의 해결 방안을 참고하는 것은 가장 손쉬운 방법이다. 만일 유사 제품을 시장에서 구입할 수 있다면 분해공학으로 해결 방안을 찾을 수도 있을 것이다. 따라서 설계를 시작하는 학생이나 공학자에게 이것만큼 유용하게 사용될 수 있는 기술도 없다. 현존하는 제품이나 서비스가 시장의 요구를 만족시키는지 조사하고, 때로는 그것을 직접 이용함으로써 특성을 관찰하는 것은 매우 권장할 만한 방법이다.

■ 기타

특정 상품과 서비스를 소개하는 상업용 간행물을 비롯하여 업체에서 홍보용으로 발간하는 카탈로그에서도 정보를 얻을 수 있다. 특정 분야의 전문 지식을 가진 전문가에게 자문을 구하는 것도 정보를 얻는 좋은 방법이다. 참고문헌은 자료를 참고하는 사람에게 좀 더 상세한 정보를 제공하기 위한 것으로, 참고문헌을 기록할 때에는 일정한 기록 형식을 따르는 것이 좋다.

Note

참고문헌 작성 요령

참고문헌을 나열하는 순서는 작성할 문서에 따라서 달라진다. 일반적으로 국문서적, 국문논문, 외국서적, 외국논문, 웹 사이트의 순서로 작성하거나 본문에서 인용되는 참고문헌의 순으로 나열한다. 참고한 자료의 형태에 따라 참고문헌을 작성하는 요령은 다른데, 이를 간추려 소개하면 다음과 같다.

단행본

저자, 단행본 제목(꺾은 괄호 『 』로 표시), 출판사, 출간연도 순으로 기록한다. 국외 저서는 꺾은 괄호를 대신하여 이탤릭체로 표시하기도 한다.

(예) 노승환, 『VHDL을 이용한 FPGA 디지털 설계 : 실습부터 응용까지』, 한빛미디어, 2009.

논문

저자, 논문 제목(큰따옴표 " "로 표시), 논문지, 게재연도 순으로 기록한다.

(예) Y. Fang and I. Chlamtac, "Analytical Generalized Results for Handoff Probability in Wireless Networks", IEEE Transactions on Communications, vol.50, no.3, pp. 396~399, March 2002.

웹사이트

통일된 형식이 있는 것은 아니지만 대체로 웹사이트 이름(큰따옴표 " "로 표시), URL, 연도 순으로 작성하는 것이 좋다.

예) "The daviko homepage", http://www.daviko.com, 2004.

2.2.3 설계 기준과 제한요소 결정

설계 목표를 정확하게 명세화하는 것을 설계 기준 수립이라고 하고, 이 과정에서 나타나는 제약을 제한요소라고 한다. 설계 기준과 제한요소를 수립하기 전 단계에서는 문제를 명확하게 규정하기 위해 개방형 문제해결을 위한 질문을 하거나 해결 방안에 사용될 기술을 연구하는 등 이론에 치중한다. 반면에 설계 기준과 제한요소를 결정하는 단계는 실질적으로 문제해결에 적용할 수 있는 설계 기준과 제한요소를 결정하는 만큼 매우 복잡하고 실무적인 단계라고 할 수 있다.

설계 기준의 개요

설계 기준이란 마땅히 지켜야 하는 원칙이나 표준을 뜻하는 말로 오랜 경험이나 연구, 시장 조사, 소비자의 선호도 등에 의해 수립된다. 설계 기준을 수립하는 단계는 전체 설계 과정에서 매우 중요하다. 이 과정은 상세설계를 하기 전에 이루어지는데, 일반적으로 설계 개념이 정립된 후에 타당성 조사를 하는 과정과 상세설계 전에 이루어진다. 하드웨어와 소프트웨어의 성능 파라미터, 신뢰성, 유지 보수성, 의존성 및 적합성 등과 같이 설계 기준은 이후 진행되는 상세설계를 진행시키고 제어하는 역할을 한다. 설계 기준은 프로젝트 팀의 가이드라인이 된다는 점에서 설계 초기 단계에 가장 중요한 작업이다.

설계 기준은 상세설계를 하는 설계 팀의 능력 및 비용과 직결되어 있기 때문에 설계자는 효율적인 성취를 위해 이러한 설계 기준을 정확하게 이해하는 통찰력을 가져야 하며, 모든 팀원들이 설계 기준을 완벽하게 이해하고 동의하도록 해야 한다.

일반적으로 공학자들은 상세설계에 따라 개발하는 데만 몰두하기 때문에 설계 기준은 정의한 문제를 분석하여 얻은 결과를 토대로 명확하게 수립되어야 한다. 또한 설계 기준은 시스템과 시스템을 이루는 모든 구성요소의 요구를 구체적으로 포함해야 한다. 그리고 상세설계가 확정되어 모든 목적과 목표가 반영되었다는 확신이 설 때까지 전체 설계 과정에서 지속적으로 검토되고 승인되어야 한다.

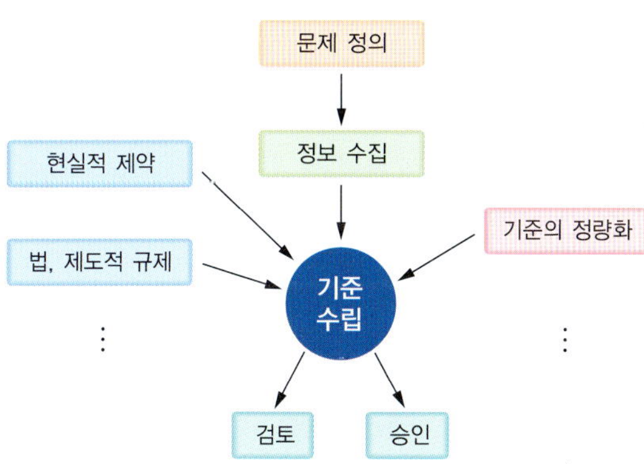

[그림 2-12] 설계 기준의 수립 과정

대체로 설계 기준은 정성적인 방법으로 문제에 대한 기존의 해답을 평가함으로써 수립된다. 그러나 평가가 정량적으로 정의될 수 있다면 최적의 해답과 그에 따른 설계 기준은 이 정량적인 수치에 의해 얻어질 수 있다. '성공적인 설계 기준'이란 수요에 대한 요구를 만족시키는 규격을 말하거나 또는 그 설계 기준이 가지고 있는 특성이 수요를 만족시킨다고 판단되는 규격을 말한다. 설계자는 문제를 제시할 때, 그 문제해결 방향을 제시하는 설계 기준을 포함시켜야 한다.

설계 문제에 대한 해결 방안이 구현됨에 따라 최초의 설계 기준이 개선 또는 수정되어야 하는 경우가 발생한다. 따라서 초기의 설계 기준은 설계 프로세스 과정에서 유연성을 가질 수 있도록 수립되어야 한다. 특정한 설계 문제에 대한 기준은 설계자의 배경지식과 이전에 다른 설계를 통해 얻은 경험에 의해 세워진다. 설계 과정의 문제 또는 프로젝트는 그것만의 고유한 특성을 가지기 때문에 이 문제의 해결에 대한 특성이나 기준을 고려해야 할 필요가 있다.

설계 기준 목록은 설계 팀에서 개발하는데, 설계 팀은 공학적 지식이 풍부한 공학 전문가로 구성되며, 공학자 외에도 경영자나 과학자, 기술자 등이 포함되기도 한다. 설계 과정에서 설계 기준을 수립할 때는 반드시 설계 기준 목록에 대한 가치가 평가되어야 한다. 즉 중요하지 않은 기준을 수립하는 것은 무의미하다. 예를 들어 사람의 생명과 직결된 시스템을 설계할 때 "최저 가격을 책정해야 한다."라는 기준을 세우는 것은 제품의 중요성에 비해 의미가 크지 않다.

각 분야에서 진행되는 설계와 설계 요구가 어떻게 해석되며 적용되는지 논의하기 위해서는 다양한 분야의 협력이 필요하다. 즉 설계 초기 단계에서 각 전공 분야의 핵심 인력을 선택해 시스템의 점검 및 평가 절차를 준비하는 학제 간 협력이 필요하다. 이렇게 팀을 구성한 후, 특정 작업의 서브시스템을 통합함으로써 설계 요구를 일관성 있게 유지해야 한다. 서로 다른 학문 분야의 조화는 감독과 관리가 필요하며, 작업에 함께 참여하는 개인의 일상을 점검하거나 다른 참여자의 계획과 실행을 이해함으로써 개선될 수 있다.

설계 기준의 정량화

설계가 수요를 만족시키고, 설계 목적을 제대로 구현하기 위해서는 설계의 성능을 측정할 수 있는 방법이 있어야 한다. 또한 성능 향상이 의미를 갖는 범위를 결정해야 한다. 성능 효용함수란 투자되는 재화의 가치에 따른 성능의 한계 이득을 나타내는 함수를 나타내며, 여기에서 재화의 개념은 인적투자와 물적투자 모두를 포함한다. 성능의 한계 이득이란 투자에 비례해서 증가를 하는 것이 일반적이나 어느 한계 이상의 투자 조건에서는 성능의 증가가 포화상태가 되며, 포화 이전까지의 구간을 관심 범위로 정의하고 이 구간에서 설계 기준을 정한다. [그림 2-13]은 성능 효용함수의 그래프를 나타낸 것으로, 가로축의 성능 변위가 낮으면 효용성이 너무 낮아서 사용할 수 없으며, 성능 변위가 한계를 넘어서면 그 이상의 성능 범위에서 효용성이 포화상태에 이르게 되므로 성능을 더 높일 필요가 없다.

예를 들어 노트북에서 100MHz 미만의 프로세서 속도가 갖는 효용은 0이다. 그러나 5GHz 이상에서는 사용자 관점에서 컴퓨터의 한계 효용에 이르게 되어 프로세서 속도가 더 빨라져도 그 성능의 향상을 활용할 수가 없다. 따라서 이 컴퓨터의 관심 범위는 100MHz ~ 5GHz 사이이며, 이 범위에서 설계 기준이 결정되어야 한다.

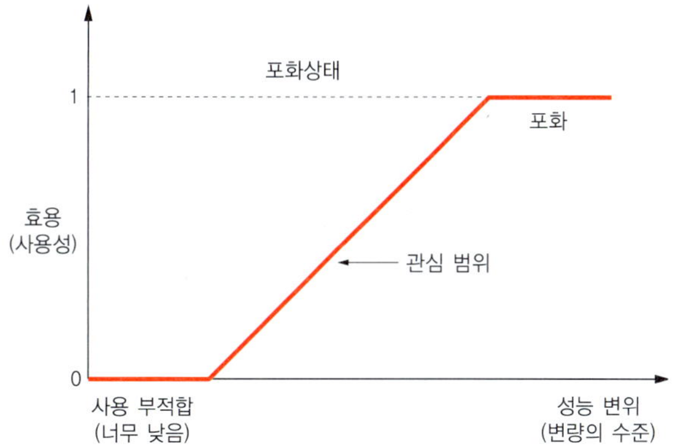

[그림 2-13] 성능 효용함수의 그래프

설계 기준

모든 설계 프로젝트와 설계 문제에는 개별적인 특징과 함께 공통적인 특징이 있다. 일반적으로 모든 설계가 필요로 하는 공통적인 설계 기준은 다음과 같다.

■ 가격

가격(cost)은 대부분의 설계 프로젝트에서 가장 높은 비중을 차지한다. 그러나 가격을 높게 책정하고도 설계 목표를 달성하지 못할 경우에는 가격에 대한 설계 기준이나 제한요소의 비중을 낮춰야 한다.

■ 신뢰성

신뢰성(reliability)은 제품을 사용하는 의도에 맞게 정확하고 안정적으로 동작하는지에 대한 기준이다. 이는 설계 단계뿐만 아니라 제품의 양산 과정과 판매 이후에 소비자의 성향에 의해 영향을 받을 수 있기 때문에 설계의 전 과정에서 매순간 고려해야 하는 중요한 요소이다.

■ 무게

무게(weight)는 단순히 무겁거나 가벼워야 한다는 조건보다 용도에 따라 적절한 무게를 유지하도록 정해져야 한다. 휴대가 필요한 제품의 설계에서는 가벼워야 한다는 설계 기준을 적용해야 하겠지만, 안정성이 있는 휴대용 사다리를 설계할 때에는 휴대성과 안정성을 고려해서 적절한 무게 기준을 적용해야 한다.

■ 동작과 유지관리

동작(operation)과 유지관리(maintenance)가 쉬워야 한다. 아무리 좋은 물건이라도 사용법이 어렵다면 좋은 물건이 될 수 없다. 최근에 휴대전화나 스마트폰 등과 같이 휴대용 전자기기의 사용자 인터페이스(user interface)를 그래픽으로 대체하는 이유 중 하나는 사용법을 쉽게 하기 위해서이다.

■ 외형 디자인

최근에는 제품의 가치가 외관에 의해 결정된다고 해도 과언이 아닐 정도로 외형 디자인(appearance design)의 중요성이 강조되고 있다. 어떤 물건을 선택하고 결정할 때, 실제로 제품을 사용하기 전에는 제품의 성능을 알 수가 없으므로 우선 중시되는 것이 외관이 될 가능성이 매우 높다. 이러한 이유에서 최근에는 디자인 경영을 강조하고 있다.

Note

삼성의 디자인 경영

디자인은 제품의 성능과 상품 가치를 평가하는 중요한 잣대가 되고 있다. 그도 그럴 것이 진열대에 전시된 상품이 소비자의 마음을 빼앗는 시간이 평균 0.6초밖에 되지 않는다고 한다. 따라서 이 시간 안에 소비자를 끌어들이지 못하면 마케팅에 실패하게 된다.

삼성은 자타가 공인하는 세계 일류 기업이다. 그 이면에는 삼성의 '디자인 경영' 철학이 큰 역할을 한 것으로 평가된다. 삼성은 1993년에 디자인 경영을 시작한 이래로 소비자가 원하는 것을 먼저 파악한 후, 제품을 만드는 '선 디자인 후 개발' 경영 방식을 고수해 왔다. 이러한 '디자인 경영'의 성과로 스마트폰과 TV를 세계 최고의 반열에 올려놓을 수 있었다.

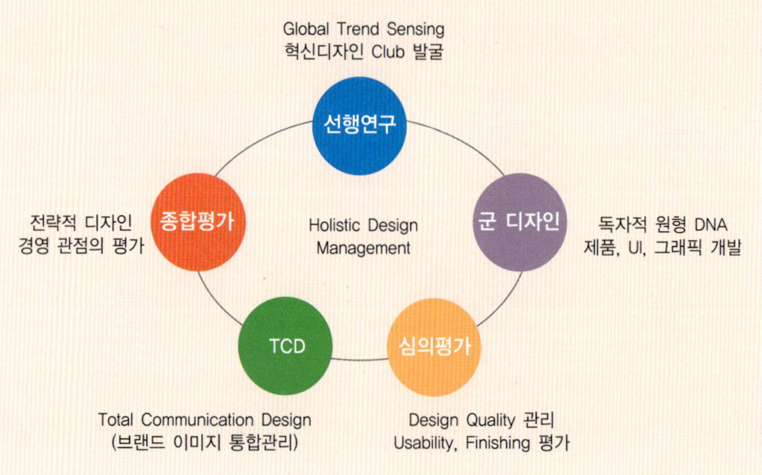

[그림 2-14] 삼성의 디자인 경영

■ 소음

일반적으로는 낮은 소음(noise level)을 기준으로 적용한다. 예를 들어 프린터를 설계할 때 [표 2-3]의 기준을 참고하여 설계 목표를 정한다고 하자. 표에 따르면 사무실에서 사용하는 프린터를 설계할 때 설계 목표는 60dB 미만으로 정하는 것이 적정하다.

[표 2-3] 환경에 따른 소음 기준

수준(dB)	정성적 기술	음원/환경
10	거의 희미함	가청 한계치, 방음실
20	거의 희미함	속삭임, 빈 극장
30	희미함	조용한 대화
40	희미함	보통의 개인 사무실
50	적당함	일반적인 사무실 소음
60	적당함	일반적인 대화
70	시끄러움	라디오, 보통의 도로 소음
80	시끄러움	전기면도기, 시끄러운 사무실
90	매우 시끄러움	악대, 머플러가 고장난 트럭
100	매우 시끄러움	잔디깎는 기계, 공장 내부

Note

소음의 역발상

[그림 2-15] 할리 데이비슨 광고(출처 : http://www.harley-davidson.com)

할리 데이비슨(Harley-Davidson)은 1903년에 설립된 미국의 모터사이클 회사이다. 길거리에서 큰 소리를 내며 달리는 오토바이를 본 적이 있다면 이미 할리 데이비슨을 본 것이다. 일반적으로 소음은 제품의 설계 기준에 포함되어 있으며, 대체로 낮은 소음을 적용하려고 노력한다. 그런데 할리 데이비슨은 엔진에서 나오는 진동과 말발굽 소리 비슷한 큰 엔진 배기음 덕분에 마니아층을 중심으로 인기를 끌고 있다. 즉 소음이 제품에 따라 긍정적인 평가를 받기도 하는 것이다.

■ 안전

안전(safety)의 기준은 설계 목적에 따라 달라질 수 있지만, 기본적으로 모든 제품은 안전해야 한다. 예를 들어 기계적인 동작이 필요한 기기를 설계할 때는 물리적인 관점의 안전이 필요하고, 식음료 등의 제품을 설계할 때는 인체에 해로운 첨가물에 대한 안전 기준이 수립되어야 한다.

■ 내구성

내구성(durability)은 초기 성능을 얼마나 오랫동안 유지하느냐에 대한 기준이다. 영구적인 내구성을 가지고 있는 제품은 없으며 모든 제품은 내구연한을 가진다. 내구연한이 길수록 내구성이 좋다고 말하며, 내구성이 좋은 제품일수록 소비자로부터 호응을 받을 수 있다. 따라서 설계 과정에서 내구연한에 대한 설계 기준을 현실에 맞춰 수립하여 설계에 반영하고, 정해진 기간 동안에 성능의 변화 없이 사용할 수 있도록 설계해야 한다.

■ 호환성

호환성(compatibility)은 기능이나 적합성을 유지하면서 장치나 기기의 부품을 다른 요소와 바꾸어 쓸 수 있는 성질을 말한다. 예를 들어 컴퓨터는 하드웨어나 소프트웨어를 다른 컴퓨터에서도 그대로 사용할 수 있는 편리성을 제공한다. 만일 컴퓨터 간에 호환성을 제공하지 않는다고 가정해보자. 이 컴퓨터에서 작성된 파일을 다른 컴퓨터에서 사용할 수 없으며, 컴퓨터 주변기기를 접속하는 인터페이스 규격이 서로 달라 마이크나 스피커 등의 장치를 서로 바꿔 사용할 수 없게 되므로 사용자의 관점에서는 매우 불편할 것이다.

■ 실현 가능성

설계 기준은 설계 과정에서 실현 가능(feasibility)해야 한다. 시속 500km로 주행하는 자동차나 연비가 1리터당 100km를 주행하는 자동차를 설계 기준을 수립한다면, 이는 비현실적인 일이 될 것이다. 따라서 현실 가능한 범위에서 최소의 비용으로 설계해야 한다.

■ 인증

설계를 마치고 시제품이 개발된 제품은 각종 형식승인과 관련법규 인증(acceptance)을 만족시켜야 한다. 만일 설계된 제품이 방송통신기기라면 이 제품은 상품화되어 판매되기 이전에 '방송통신기기 인증 시험'을 통과해야 한다. 전기통신법 제33조와 전파법 제46조 및 제57조에 따르면 "방송통신기기를 제조, 수입 또는 판매하고자 하는 자는 해당 기기에 적용되는 인증을 받고, 이에 관한 표시를 제품에 부착하여 유통하여야 한다."라고 규정하고 있다. [표 2-4]는 방송통신기기의 종류와 대상 인증을 보여준다.

[표 2-4] 방송통신기기의 종류와 대상 인증

구분	종류	대상 인증	인증 이유
전기통신기자재	전화기, 모뎀, 팩시밀리 등	형식승인	기간 통신망을 외부의 전기 및 기계적 위해로부터 보호하고 사용자의 안전 및 권익 보장
무선설비기기	선박용 경보 자동수신기 등 (인명과 관련이 있는 무선기기)	형식검정	무선기기의 성능과 품질을 보장하여 인명 안전과 관련된 무선기기의 신뢰성을 확보하여 국내의 전파 질서를 유지
	이동가입무선전화 등 (일반인이 쓸 수 있는 무선기기)	형식등록	
정보기기	PC, 프린터, 모니터 등	전자파 적합등록	불필요한 전파에 의한 통신장애, 기기 오동작으로 인한 인명 및 재산의 피해를 최소화하고 국내 전파 환경 보호

프로젝트 종류마다 위의 설계 기준 중에 중요하지 않은 것도 있다. 따라서 설계 팀은 설계에서 어떤 설계 기준이 중요한지 결정해야 하며, 상대적으로 중요도가 낮은 기준은 피해야 한다. 그러나 어떤 설계 기준이 유효하며 각 설계 기준에 어느 정도의 비중을 할당해야 하는지에 대해서는 의견이 일치하지 않을 수 있다. 설계 기준을 선택하고 비중을 할당할 때, 의견 차이를 해결하는 방법 중 하나는 각 설계 기준을 세밀하게 정의하는 것이다. 이렇게 함으로써 둘 또는 그 이상의 설계 기준이 하나로 합쳐질 수 있다. 예를 들어 앞에서 설명한 신뢰성과 내구성은 하나의 의미로 통합될 수 있는 설계 기준이다.

다음은 향상된 쥐덫을 설계하는 데 필요한 기본적인 설계 기준을 열거한 것으로, 이 목록은 문제를 정의하는 단계에 포함될 수 있다.

- **저렴한 가격** : 의료기기와 같이 가격이 중요한 요소가 될 수 없는 경우를 제외하고는 대부분의 설계에 기본적으로 포함되어야 하는 설계 기준 또는 제한요소이다.
- **안전성** : 쥐덫은 독극물이나 기계 구조물을 이용하여 쥐를 잡는 장치인 만큼 사람에게 해를 입히지 않도록 설계되어야 한다. 특히 어린아이에게 위험하므로 설계 기준에 안전에 관한 요소가 반드시 포함되어야 한다.
- **친환경적** : 오랜 시간 동안 방치하여 발생할 수 있는 환경 유해 요소가 없어야 한다.
- **디자인성** : 쥐덫이 혐오스럽다는 인식을 최대한 줄일 수 있도록 디자인을 충분히 고려해야 한다.
- **단순성** : 모든 기계 장치는 단순한 조작으로 동작이 가능하도록 해야 한다. 복잡한 조작으로 인해 쥐덫을 사용하는 것이 불편해진다면 사용하는 것을 꺼리기 때문이다.
- **일회성** : 만일 쥐덫을 재활용할 수 있게 된다면 한 번 구매를 한 후에 다시 구매를 하지

않게 된다. 상업적인 관점에서 판매자는 가능한 한 많은 쥐덫을 판매해야 하지만 재활용이 가능하다면 구매자는 다시 구매하지 않고 재활용을 함으로써 소비를 줄일 것이다.

- **위생적** : 쥐에게 물리적으로 강한 힘이 가해지면 쥐가 훼손될 수 있으므로 시각적으로나 위생적으로 처리하는 것이 곤란하게 된다. 따라서 쥐가 훼손되지 않은 상태에서 잡을 수 있도록 설계하는 것이 중요하다.

쥐덫의 사례에서도 살펴보았듯이 일반적인 설계 기준은 문제의 특성에 따라 달라져야 하며, 각 설계 기준에 할당될 비중도 고려해야 한다. 팀은 해결에 대한 명확한 설계 기준과 요구사항을 다시 정리하여 목록화해야 한다. 이 단계에서 열거된 설계 기준에 의해 프로젝트에서 새로 시도해야 하는 정도와 위험의 수위가 결정된다. 반드시 프로젝트 결과에 결정적인 영향을 미치게 되는 설계 기준만을 목록에 포함시켜야 한다.

Note

울워스의 '더 좋은 쥐덫'

이른바 좋은 제품이란 내구성이 뛰어나 오랫동안 사용할 수 있을 뿐만 아니라 디자인도 아름다워야 한다. 이것이 일반적인 상식이다. 그러나 울워스(Woolworth)의 '더 좋은 쥐덫'은 소비자의 요구보다 우선되는 조건은 없다는 것을 잘 보여준다.

미국의 유명한 쥐덫 제조사인 울워스의 사장 체스터 울워스(Chester M. Woolworth)는 오랜 연구 끝에 한 번 잡힌 쥐를 절대로 놓치지 않는 나무 쥐덫을 만들었다. 그리고 그 나무 쥐덫을 예쁜 모양의 위생적인 플라스틱 쥐덫으로 발전시켰다. 이 쥐덫은 깨끗하고 현대적인 디자인에 위생적이며 값도 기존 제품에 비해 비싸지 않았다. 그런데 이 '더 좋은 쥐덫'은 처음에 잘 팔리는 듯하다가 금세 매출이 떨어지더니 결국 실패한 제품이 되고 말았다. 그 이유를 분석해 보니 소비자들이 나무 쥐덫을 사용할 때는 잡힌 쥐와 쥐덫을 함께 버려 편리했는데, 플라스틱 쥐덫은 모양도 좋고 위생적이라 한 번 쓰고 버리기 아깝다는 생각이 들었다. 그래서 잡힌 쥐만 버리고 쥐덫을 다시 사용하기 시작했는데, 깨끗이 세척하는 일이 점점 귀찮아져서 이전의 나무 쥐덫을 더 선호하게 되면서 '더 좋은 쥐덫'이 팔리지 않게 된 것이다.

설계 제한요소

문제를 정의하고 설계 기준을 정한 후에는 주어진 시간 조건과 팀원의 숙련 정도가 무난하다면 어느 정도까지는 문제에 대한 해답을 얻을 수 있다. 그러나 설계가 완성되기 전까지는 문제가 완전히 해결됐다고 볼 수는 없으며 추가로 해결해야 할 문제들이 남는다. 문제해결에 대한 물리적이고 실질적인 제한을 제한요소(constraint)라고 한다. 설계에서 제한의 정의는 자금과 공간, 재료, 개발자의 능력 등과 같은 것들이 될 수 있으며, 여기에 법적 규제가 포함될 수 있다. 제한요소에 의해 문제에 대한 해답에 제한을 받게 된다. 예를 들어 상품시장에서 경쟁력을 확보하려면 소비자 가격이 50,000원을 넘어서는 안 된다거나 가전제품이 가정 내의 전기 220V에서 작동해야 한다는 제한요소가 있을 수 있다. 실례로 노트북 컴퓨터가 시장성을 확보하기 위해서는 크기와 무게에 제한을 받는다.

제한요소가 적용되면 그만큼 해결 방안의 수가 줄어든다. 따라서 제한요소가 창조적인 해결 방안에 제약이 되어서는 안 된다. 제한요소는 설계의 어느 한 부분에 미치는 영향이라기보다 전체 설계에 미치는 제한을 의미한다. 제한요소는 어떤 특정한 분야의 설계에 대한 제약이라기보다 전반적인 설계 환경과 관련된 특성을 나타낸다. 실례로 전체 프로젝트 예산이 2천만 원이라든가 프로젝트 기간이 6개월이라든가 하는 것은 제한요소이다.

다음에 열거한 사항은 프로젝트를 진행하는 데 나타날 수 있는 일반적인 제한요소들이다.

핵심포인트 **일반적인 제한요소**

- 프로젝트 일정
- 인적자원과 물적자원
- 미적 요소
- 신뢰성
- 인간과 동물, 환경적 안전
- 프로젝트 예산 규모와 조달 방법
- 재료와 설비
- 시장성
- 양산성
- 윤리성

설계 요약

문제를 해결하고 제한요소를 추가하는 것은 전적으로 팀의 결정에 달려 있다. 얼마나 많은 멤버로 팀을 구성할 것인가? 얼마나 많은 시간동안 일을 함께 할 수 있도록 할 것인가? 팀의 예산은 어떻게 조달할 것인가? 이 외에도 크기와 무게 또는 재료 등과 같은 다른 제한요소를 이해해야 한다. 결국 설계 기준과 제한요소를 확인할 때쯤이면 많은 정보를 얻게 되며, 핵심적인 결정을 하기 위해 연구하게 된다. 이러한 핵심적인 결정은 설계 기준과 제한요소 모두를 명확하게 정의내릴 수 있게 한다. **설계 요약**(design brief)은 문제에 대한 설계 기준과 제한요소를 요약한 것으로 주로 설계에 대한 희망치를 나타낸다.

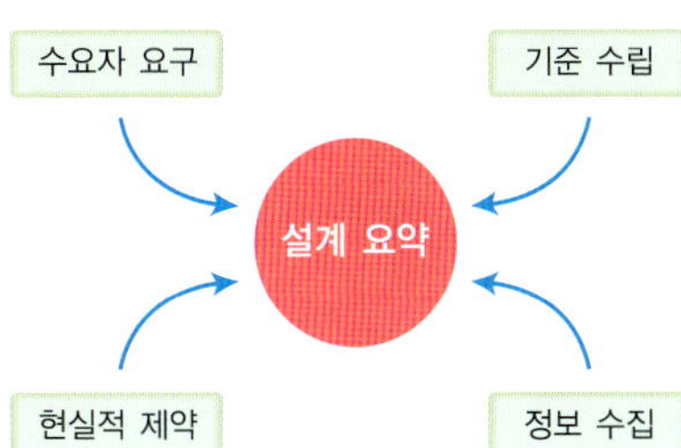

[그림 2-16] 설계 요약

다음은 일반적인 설계 요약서의 한 예이며, 설계 요약은 프로젝트와 설계의 특성에 따라 다른 형태로 변형될 수 있다.

설계 요약
1. 제목 표지
2. 목차
3. 회사 연혁
4. 회사 개요 – 전문 분야, 설계자 개요, 회사 이름 및 과거 실적 등을 기술
5. 문제 정의 – 문제 기술, 제한요소, 예산, 시간 및 문제의 요구사항 등을 기술
6. 목표 – 설계에서 이루고자 하는 목표와 기간을 명시
7. 문제 해답의 분석 – 위험 요소와 이득, 계획된 해결 방안, 스케치
8. 개요 – 평가, 결론 및 요약

설계 요약은 문제에 대해 개방적인 사고를 갖도록 요구하며, 제안이나 해결 방안을 보여주는 것이 아니다. 설계 팀에서 이 문서를 검토함으로써 정확하게 현재 지점까지 진행된 상황과 이후 진행되어야 할 일정을 확인하게 된다.

2.2.4 다양한 해결 방안 모색

설계 문제를 해결하기 위해서는 올바르게 정의된 문제와 설계 기준, 제한요소, 브레인스토밍, 연구를 통해 추가적으로 얻은 지식과 정보를 활용해야 한다. 이 과정의 핵심은 구체적이며 실현 가능한 답을 얻어야 한다는 것이며, 제한요소를 벗어나지 않으면서 얼마나 설계 기준을 충족시킬 수 있느냐를 고려하는 것이다. 따라서 브레인스토밍이나 연구에 의해 도출된 모든 아이디어와 적용 가능한 기본적인 기술과 재료, 디자인, 제조 공정 등을 모두 고려해야 한다. 또한 이 단계에서는 서로 부합하지 않는 항목을 충족시키기 위해 절충을 시도해야 한다.

가능한 해결 방안

기본적으로 설계 요구의 개별적인 항목 기준을 각각 만족시키는 것은 쉽지만 이들을 종합적으로 만족시키는 것은 서로 상충되는 부분이 있어 쉽지 않다. 이와 같은 문제를 해결하기 위해서는 조사 단계에서 설계 기준의 여러 항목을 동시에 충족시킬 수 있는 다양한 해결 방안을 찾아내야 한다. 만약 이러한 문제를 충분히 고려하지 않고 설계를 진행한다면 더 심각한 상황에 빠질 수 있으며, 이는 전체 설계 프로세스에 영향을 크게 미친다. 따라서 다양한 해결 방안을 찾는 과정에는 아이디어를 구체적으로 연구하는 일에 집중적으로 시간을 투자할 필요가 있다. 일반적으로 전체 설계 과정에 별로 중요하지 않거나 해결하기 쉬운 부분은 시간을 소모할 필요가 없으므로 항상 설계 기준이 무엇이고, 특히 까다롭고 치명적인 부분이 무엇인지 염두에 두어야 한다.

초기 단계에서는 크기나 모양, 배치, 재료 등을 선택한다. 또한 기계, 전기, 복잡한 동작이 필요한 시스템 등은 그것들이 어떻게 동작하는지 좀 더 상세하게 분석하는 것이 필요하다. 이를 위해 컴퓨터로 모델링을 하거나 전문가의 자문을 받는 것이 좋다. 이 모든 것들이 해결 방안을 찾는 데 효율적인 방법을 제공할 것이다.

필요한 정보를 수집하고 편집하는 단계에서는 스케치를 하거나 컴퓨터 모델링 결과와 아이디어를 노트에 기록하는 것이 좋다. 노트에 체계적으로 정리된 정보는 설계 팀과 전체 프로젝트 팀에게 유용한 정보를 제공한다. 그리고 공학적 노트에 기록된 아이디어는 그 내용이 잠재적으로 지적 소유권의 증거가 될 수 있다. 즉 특허권을 소유하기 이전이라도 특허와 관련된 분쟁이 발생하면 노트에 기록된 정보를 이용해 지적 소유권을 주장하는 증거물로 삼는 것이다. 따라서 산업계에서는 노트가 '출판물'로서 법적으로 인정된 증거물로 자주 사용되며, 특허권을 인정하거나 방어를 하는 데 결정적인 작용을 한다.

문제해결 방안의 목록을 작성하는 방법에는 여러 가지가 있으며, 그중 하나인 대조 목록(checkoff lists)은 주어진 문제에 대한 기존의 해결 방안 중에서 그대로 사용할 수 있는 것과 수정해야 할 것을 열거한 것이다. 따라서 기존의 해결 방안을 목록으로 먼저 작성한 다음, 무엇을 어떻게 수정할 것인지 구체적인 내용을 검토한다. 이를 토대로 수정했을 때 해결 방안이 더 좋아질지 아니면 나빠질지 고려한다. 이를 토대로 대조 목록에 개선(modify), 재구성(rearrange), 유지(retain) 등과 같은 용어를 사용하여 새로운 해답을 얻을 수 있게 한다. 개선이란 기존의 것을 다른 것으로 교체함으로써 품질을 높이는 것이며, 재구성이란 "휴대전화의 이어폰 잭의 위치를 오른쪽에서 왼쪽으로 이동한다." 혹은 "상표의 로고를 위 중앙에서 위 왼쪽으로 이동한다." 등과 같이 기능의 변경 없이 위치를 변경하는 것을 의미한다. 유지는 현재의 상태를 바꾸지 않고 그대로 사용하는 것이다.

창조적 사고 기르기

우리가 어떤 문제에 대해 현재의 것보다 더 좋은 해답을 얻기 위해서는 어느 정도의 독창성과 창조성이 요구된다. 창조성은 창조적으로 사고하기 위해 의식적으로 노력함으로써 갖게 된다. 모든 사람들은 잠재적으로 창조성을 가지고 있으며, 이는 불확실성에 대한 도전으로부터 시작된다. 따라서 창조적으로 사고하기 위해서는 어느 정도의 위험 부담을 감수해야 한다.

Note

창조적인 사고! 이렇게 하자.

- 알려지지 않은 사실에 대해 폭넓은 관심을 갖는다.
  창조적인 사람은 알려지지 않은 사실에 대해 매우 긍정적인 호기심을 갖는다. 따라서 자신이 모르고 있는 사실에 대해 전혀 두려워하지 않는다.
- 새로운 경험에 대해 개방적인 사고를 갖는다.
  창조적인 사람은 새로운 경험에 대해 긍정적이고 건전한 자세를 갖는다.
- 위험을 감수하는 용기가 필요하다.
  창조적인 사람은 위험을 감수하는 것을 두려워하지 않으며, 새로운 경험에 도전하고 새로운 아이디어를 고안하는 일을 즐긴다. 그들은 자신감을 가지며, 실패를 두려워하지 않는다.
- 구체적으로 관찰하고 포괄적으로 사고할 수 있는 능력을 기른다.
  창조적인 사람은 구체적으로 관찰하고 주의를 기울인다. 또한 한 걸음 뒤로 물러나서 더 넓은 관점에서 관찰하는 능력을 갖는다.
- 문제를 두려워하지 않는다.
  창조적인 사람은 복잡한 문제를 해결하려는 것을 두려워하지 않는다. 그들은 항상 자신의 능력과 경험으로 문제를 해결하려고 노력한다.
- 문제가 해결될 때까지 집중하고 전념한다.
  창조적인 사람은 목표에 도달할 때까지 목표를 정하고 목표에 도달하려고 노력한다. 그들은 문제가 해결될 때까지 결코 포기하지 않는다.

공학에서 설계 문제에 대한 해답은 기적처럼 갑자기 나타나지 않는다. 이를 위해 브레인스토밍(brainstorming)이 필요하다. 이는 주어진 문제에 대해 다양한 해결 방안을 도출하기 위해 다양한 분야의 전문가들이 모여 노력하는 것을 의미한다. 브레인스토밍은 어떤 구체적인 문제를 해결하고자 그 해결 방안을 생각할 때, 판단이나 비판을 보류하고 아이디어의 수준이 높고 낮음을 고려하지 않고 머릿속에서 떠오른 창의적인 아이디어를 얻는 방법으로서 나중에 제안된 아이디어를 결합시키거나 개선함으로써 더 좋은 아이디어를 산출할 수 있게 한다.

브레인스토밍

브레인스토밍이란 아이디어 창출과 아이디어 평가를 분리한 방법으로, 자유분방하게 사고할 수 있는 분위기에서 스스로 아이디어를 만들거나 다른 사람이 만든 아이디어로부터 새로운 아이디어를 만들어내는 기법을 뜻하는 말이다. 이 기법은 제안된 아이디어를 비판하지 않고 '열린 마음' 또는 '자유로운 사고'를 사용할 것을 강조한다.

[그림 2-17] 브레인스토밍하는 모습

브레인스토밍의 목표는 가능한 한 많은 아이디어를 도출하는 데 있다. 브레인스토밍 참가자는 짧은 시간 동안에 떠오르는 생각을 모두 끄집어 내도록 요구받는다. 아이디어의 질을 판단하거나 평가하는 일은 뒤로 미루고, 자유롭게 상상하고 말할 수 있다. 여기에서 모든 제안은 질보다 양에 치중하며, 철저하게 표현의 자유가 보장된다. 다음과 같은 경우에 브레인스토밍을 적용해서 새로운 해결 방안이나 아이디어를 얻을 수 있다.

- 문제의 근본 원인을 찾으려고 할 때
- 문제의 해결 방안을 찾으려고 할 때
- 어떻게 개선할지 찾으려고 할 때
- 프로젝트의 각 단계에 대한 계획을 수립할 때
- 팀의 창조성을 촉진하려고 할 때
- 공정이나 제품, 서비스에 대한 개선안을 찾으려고 할 때
- 팀의 참여를 통해 공정, 제품, 서비스 혁신을 시작하려고 할 때

■ 브레인스토밍의 4가지 기본 규칙

- **질보다 양에 초점을 맞춘다.**

  이 규칙은 다양한 아이디어를 도출해 내기 위해 필요하다. 기본적으로 아이디어의 양이 많으면 많을수록 좀 더 효율적인 해결책을 찾을 수 있다는 가정에서 이루어진다.

- **비판을 금지한다.**

  브레인스토밍에서 제안된 아이디어에 대한 비판은 자제해야 한다. 대신에 참석자들은 아이디어를 확장하거나 추가하는 노력을 해야 한다. 판단을 미룸으로써 일반적이지 않은 아이디어를 자유롭게 제안할 수 있다는 장점이 있다. 비판은 아이디어를 모두 취합한 후에 한다.

- **독창적인 아이디어를 독려한다.**

  좋은 아이디어를 많이 도출하기 위해서는 일반적이지 않은 아이디어를 많이 제안하도록 격려해야 한다. 이런 아이디어들은 관점을 달리하고 가정을 유보했을 때 가능하다.

- **아이디어를 조합하고 개선한다.**

  좋은 아이디어는 몇 개의 아이디어를 조합함으로써 얻을 수 있다. 결합을 통해 더 좋은 아이디어가 도출할 수 있도록 자극한다.

■ 브레인스토밍의 준비 절차

팀이 브레인스토밍을 실행하기 위해서는 사전에 다음 사항을 준비해야 한다.

❶ 문제 정의

브레인스토밍을 하기 전에 문제를 정의하는 것은 매우 중요하다. 문제는 명확해야 하며 너무 방대해서는 안 된다. 예를 들어 "휴대전화 서비스 중에 현재 제공되지 않지만 필요한 서비스에는 무엇이 있는가?"와 같이 구체적이어야 한다. 만일 문제가 너무 광범위하면 진행자가 작은 단위로 쪼개서 각각에 대한 질문을 구성해야 한다.

❷ 백그라운드 메모 작성

백그라운드 메모(background memo)란 브레인스토밍 참가자에게 보내는 초청장이나 비공식적인 편지를 뜻한다. 이 메모에는 주제와 문제, 시간과 장소가 포함된다. 문제는 질문 형식으로 표현되며, 해답에 관한 아이디어가 제공된다. 이 메모를 브레인스토밍이 시작되기 전에 참가자에게 보내서 참석하기 전에 문제에 대해 생각할 수 있는 시간을 갖게 한다.

❸ 참가자 선정

브레인스토밍 진행자는 참가자와 아이디어를 정리할 기록원으로 구성된 패널을 조직한다. 한 그룹은 10명 내외로 하는 것이 아이디어를 만들어내는 데 좀 더 생산적이다. 많은 변수가 발생할 수 있으나 일반적으로 다음과 같이 구성하는 것이 바람직하다.

- 프로젝트에 관여하는 다수의 핵심 구성원
- 프로젝트와 관련은 없지만 관심이 있는 다수의 객원 참가자
- 제안된 아이디어를 기록하는 기록원

❹ 유도 질문 작성

브레인스토밍 과정에서 독창적인 아이디어를 내는 횟수가 줄어들 수도 있다. 이때 진행자는 유도 질문으로 새로운 아이디어를 끌어내야 한다. 예를 들어 "이 아이디어를 앞서 말한 아이디어와 결합할 수 있을까요?" 또는 "이 문제를 다른 관점에서 보는 것은 어떨까요?" 등의 유도 질문을 할 수 있다. 이러한 질문은 브레인스토밍을 시작하기 전에 미리 준비하는 것이 좋다.

[그림 2-18]은 브레인스토밍의 준비 절차를 간략하게 나타낸 것이다. 진행자는 문제 또는 주제를 정의하고, 이 문제가 너무 방대하면 구체적인 질문으로 세분화한다. 그 다음으로 백그라운드 메모를 준비한 후에 참가자를 선정하고, 참가자에게 백그라운드 메모를 보내 브레인스토밍에 참가해줄 것을 통보한다. 동시에 브레인스토밍 세션에서 다루게 될 주제에 대해 미리 생각할 수 있도록 한다.

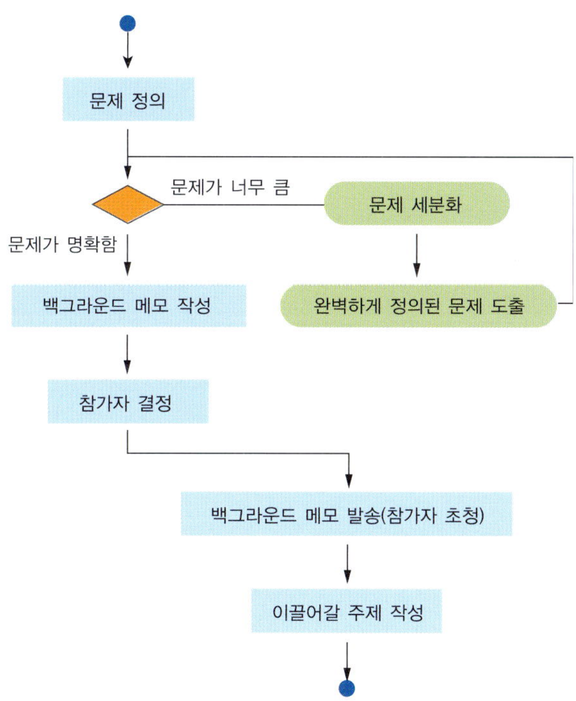

[그림 2-18] 브레인스토밍의 준비 절차

■ **브레인스토밍의 절차**

진행자는 브레인스토밍 참가자에게 기본적인 규칙을 알려준다. 브레인스토밍의 일반적인 절차는 다음과 같다.

❶ 브레인스토밍에 익숙하지 못한 참가자들이 자유롭게 자신의 생각을 말할 수 있도록 사전 예행연습을 한다. 이를 위해 “마이크로소프트 윈도에서 개선할 점은 무엇일까?”와 같은 아주 간단한 주제를 선택한다.
❷ 진행자는 문제 또는 주제를 제시하고 필요하면 추가 설명을 한다.
❸ 진행자는 아이디어를 내도록 브레인스토밍 그룹에게 요청한다.
❹ 만일 아이디어가 도출되지 않으면 독창적인 아이디어를 도출할 수 있도록 유도한다.
❺ 참가자가 아이디어를 제안하면 기록원은 내용을 기록한다.
❻ 참신한 아이디어를 내기 위해 참가자들은 아이디어를 심사숙고해서 제안해야 한다.
❼ 시간이 종료되면 주제의 목표를 중심으로 아이디어를 정리하고 토론하도록 독려한다.
❽ 아이디어를 분류한다.
❾ 모든 사람이 이해할 수 있도록 아이디어를 다시 검토한다.
❿ 중복되거나 현실 가능성이 없는 아이디어는 삭제한다.
⓫ 진행자는 감사의 말과 함께 브레인스토밍을 종료한다.

[그림 2-19]는 브레인스토밍의 절차를 도식화하여 나타낸 것이다. 브레인스토밍 세션이 시작됐는데 만일 참가자 중에 경험이 없는 사람이 있다면 간단한 문제를 가지고 예행연습을 실시한다. 그리고 다루게 될 문제와 브레인스토밍 진행 과정에 대해 간단하게 설명한 후에 아이디어를 내도록 요청한다. 아이디어가 제안되면 이를 기록한 후에 검토한다. 그리고 가장 좋은 아이디어를 선택해서 기록하고 다시 검토하는 과정을 반복한다. 제한된 브레인스토밍 시간이 완료되면 세션을 종료한다.

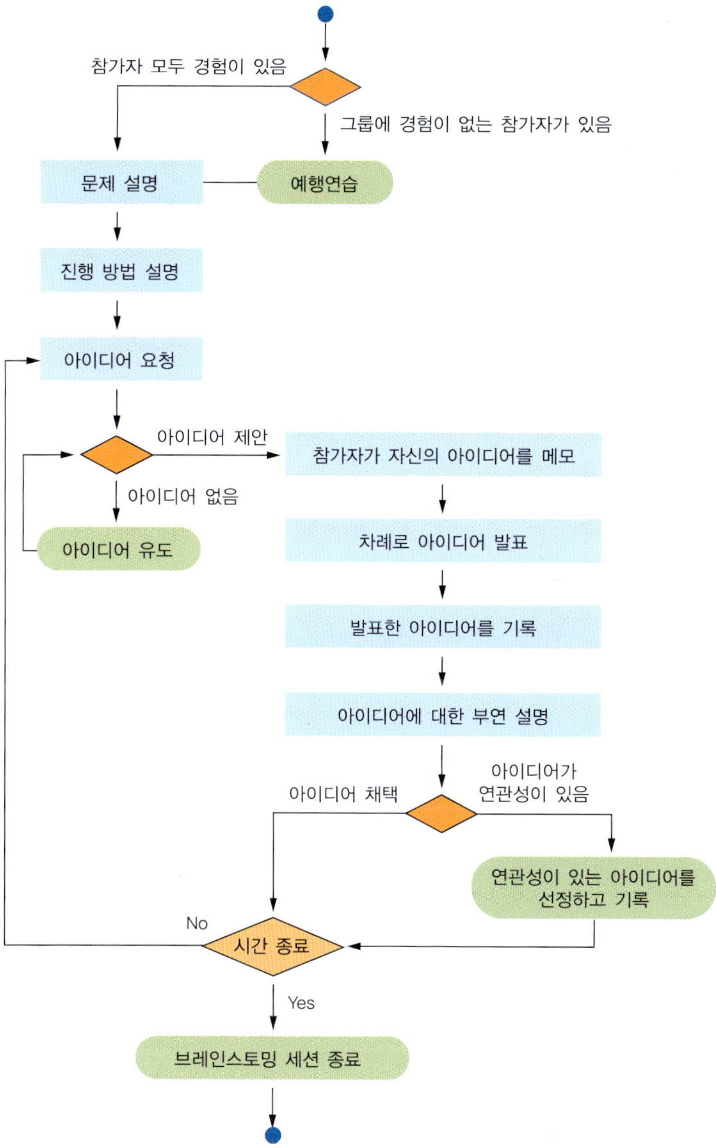

[그림 2-19] 브레인스토밍의 절차

2.2.5 분석과 결정

설계 문제에서 다양한 문제해결 방안을 찾았으면, 이 방안들 중에서 어떤 것이 설계 기준과 제한요소를 만족시키는지 결정하기 위해 분석해야 한다. 분석이란 제안된 설계에 대해 평가하는 것이며, 제안된 해결 방안에 대해 기술적인 지식을 적용하고, 분석한 결과를 이용해서 어떤 해결 방안을 실현할 것인가를 결정한다. 다양한 문제해결 방안을 분석 또는 평가한다는 것은 매우 주관적인 판단이 개입될 수 있으며, 설계에 참여하는 다양한 분야의 그룹에서 경험 많은 사람에 의해 이루어져야 한다. 이 절에서는 체계적으로 다양한 해결 방안을 분석 및 평가하고 결정하는 과정에 대해서 설명한다.

분석의 기본 원리

앞에서 다양한 문제해결 방안에 대한 분석은 매우 주관적인 판단이라고 하였다. 그러나 분석 및 결정된 결과는 실현되었을 때 설계의 초기 단계에서 수립한 설계 기준과 제한요소를 만족시켜야 하므로 논리적인 원칙과 기준이 적용되어야 한다. 여기에서 원칙과 논리적인 기준이란 개발되었을 때 제품 자체의 특성이 되는 재원과 기능을 뜻하며, 출시됐을 때 제품이 얼마나 시장성을 가질지를 모두 포함한다.

가장 좋은 분석 방법은 모든 해결 방안을 프로토타입으로 제작해서 테스트를 하는 것이다. 그러나 모든 해결 방안을 프로토타입으로 제작한다는 것은 사실상 불가능하므로 수학적 모델이나 시뮬레이션 모델 또는 축소 모델과 같은 모델링 방법을 이용하여 평가한다. [그림 2-20]은 축소 모델을 이용해 보잉 787 여객기의 풍동실험(wind tunnel test)을 하는 모습을 보여준다.

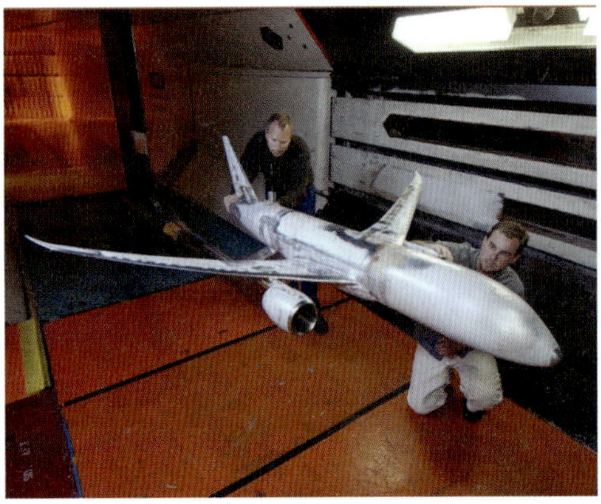

[그림 2-20] 보잉 787 여객기의 풍동실험(출처 : http://corearoadbike.com)

■ 수학적 모델과 프로토타입 모델

제안된 아이디어를 정량적으로 분석하는 방법으로 수학적 모델을 세워서 아이디어가 타당한지 테스트한다. 잘 세워진 수학적 모델은 하나의 입력 파라미터를 변경함으로써 전체 설계에 어떤 영향을 미치는지 관찰할 수 있다. 이런 방법으로 동작시킬 수 있는 범위를 결정하며, 설계 기준에서 정해진 경계 조건을 벗어나는 경우에 아이디어를 수정하거나 다른 아이디어를 선택한다.

일반적으로 수학적 모델에 의한 분석 결과는 그래프 형태로 나타난다. 곡선의 기울기, 곡선의 교차점, 그리고 곡선의 아래, 위 또는 곡선 사이의 면적, 다른 특성이 설계에 반영될 수 있는 데이터를 제공한다. 컴퓨터 그래픽은 스크린 위에 수학적 모델을 표시함으로써 시각적인 분석에 도움을 준다. 그러나 수학적인 모델의 한계는 하나의 수학적 공식으로 시스템 전체를 모델링할 수 없다는 데 있다. 수학적 모델은 시스템의 기능과 성능에 영향을 미치는 핵심적인 요소만을 짧은 시간 동안에 모델링할 수 있기 때문에 수학적 모델만을 이용해서 제안된 다양한 해결 방안을 분석하는 것에 다소 무리가 있다.

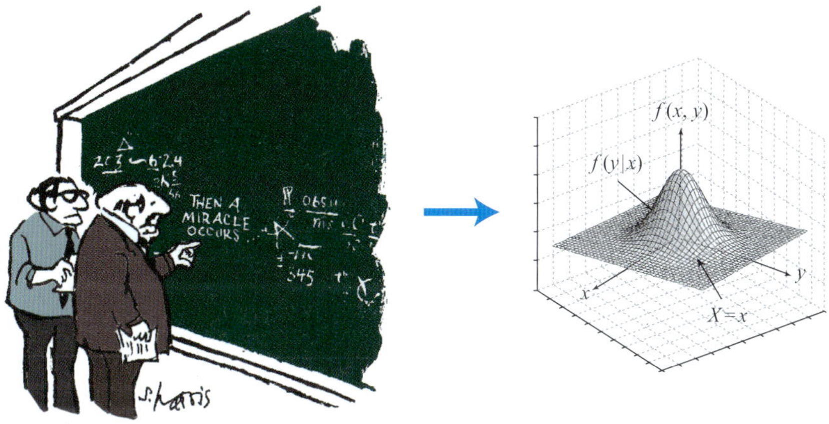

[그림 2-21] 수학적 모델링 과정

수학적 모델로 전체 시스템을 모델링하는 데에는 한계가 있으므로 제안된 아이디어에 대한 축소 모델을 준비하는 것이 효율적일 때가 있다. 이는 단순히 두꺼운 종이를 잘라서 모형을 만들거나 모의실험 조건에서 테스트를 함으로써 실제로 사용될 때를 예측하는 것이다. 설계가 실현됐을 때 실패로 인해 발생되는 비용 손실이 너무 크기 때문에 프로토타입을 사용하여 테스트하는 것이 바람직하다. 이러한 테스트는 수학적 모델링과 같이 비용을 적게 들여서 하는 테스트 방법이 적절하지 않을 때 적용된다. 모델링에 많은 시간과 비용을 투자하면 할수록 모델이 완성품에 가까워질 수 있기 때문에 신뢰할 만한 데이터를 얻을 수 있다. 따라서 많은 비용을 들여서 좀 더 신뢰성 있는 데이터를 얻는 것보다 신뢰성은 다소 떨어지지만 적은 비용으로 짧은 시간 내에 분석 데이터를 얻는 것 사이에서 절충해야 한다.

■ 상식의 우선순위

"상식은 모든 법칙에 우선한다."라는 말처럼 아무리 분석 결과가 뛰어나다고 하더라도 상식적인 판단에서 어긋난다면 어떤 결과를 따라야 할 것인가? 다음 예는 상식의 우선순위를 잘 설명해 준다.

1930년대 미국 경제공황기에 한 잡지사가 유권자를 상대로 여론조사를 실시하여 공화당이 승리할 것을 예측했다. 그러나 그 예측이 빗나갔고, 결국 그 잡지사는 폐간되었다. 이 잡지사의 편집자는 전화번호부에서 임의로 설문 대상을 선택하여 전화조사를 실시했다. 그리고 통계적으로 분석하여 대통령 선거의 결과를 예측했다. 그러나 그 예측이 빗나가 민주당 대통령 후보인 프랭클린 루즈벨트가 압도적인 표 차이로 당선된 것이다. 그런데 왜 그들의 예측이 빗나갔을까? 미국의 1930년대 경제공황은 지금으로서 상상하기 어려울 정도로 매우 심각했다. 심각한 경제난으로 많은 유권자가 빈곤한 생활을 하고 있었으며, 전화를 가지고 있지 않았기 때문에 조사 대상에서 누락됐다. 그러나 빈곤 계층이 선거에 참가하여 상당수가 민주당을 지지한 것이다. 기본적인 전제 조건을 제외하면 이 분석 방법에서 잘못된 것은 없다. 그러나 수학적인 분석 기법이 아무리 발전했어도 상식적인 사고보다 우선할 수는 없다. 그러므로 반드시 분석을 통해 얻어진 답이 논리적인가를 먼저 살펴봐야 한다.

분석항목

각 설계 문제의 해결 방안에 대해서는 다양한 형태의 분석을 실시해야 하며, 모든 설계 문제에는 나름대로의 특성이 있기 때문에 다른 형태의 분석이 이루어져야 한다. 분석 과정에서 고려되어야 할 사항에는 기능적 분석, 인간공학, 제품의 안전성과 법적의무, 경제성과 시장성 분석이 있다. 문제의 본질과 해결 방안에 따라서 각 항목의 비중은 달라질 수 있다.

■ 기능적 분석

기능적 분석(functional analysis)은 주어진 해결 방안이 수요자의 요구대로 동작하는지 판단하는 것이다. 기능적 분석은 모든 분석항목 중에서 가장 기본이며 중요한 항목이다. 제안된 해결 방안이 의도대로 동작하지 않는다면 다른 모든 설계 기준을 만족하더라도 분석의 평가는 실패로 판정된다. 예를 들어 사용하는 볼펜이 잘 써지지 않는다면 경제성이나 내구성, 시장성, 외관은 별로 중요한 요소가 되지 못한다.

> **Note**
>
> **볼펜의 발명**
>
> 볼펜은 제2차 세계대전 당시 발명되었다. 만년필을 사용하다 보면 잉크를 다시 채워야 하고, 잉크가 흐르면 지저분해지는 문제점을 해결하기 위해 볼펜이 고안되었다. 그러나 처음 제안된 볼펜의 설계는 만년필의 문제를 해결하지 못했다. 초기의 볼펜은 잉크가 중력에 의해 회전 볼에 흘러들어가기 때문에 수직으로 세웠을 때에만 글을 쓸 수 있었으며, 잉크가 흐르는 것이 일정치 않아 종이에 잉크 얼룩을 만들거나, 쓴 글씨를 알아볼 수 없을 정도로 너무 적게 흐르기도 했다. 이런 문제를 해결하기 위해 1949년에 탄성 잉크(elastic ink)가 개발되어 모세작용에 의해 부드럽게 볼 주변에 흐르도록 할 수 있었다. 그리고 1950년대가 되어서야 볼펜이 실질적인 필기구로 사용되기 시작했다.

■ 인간공학

인간공학(ergonomics)이란 공학에서 사람이 어떻게 기계와 연동하는지를 연구하는 분야이다. 사람은 기계의 내부 또는 주변에서 공간을 차지하면서 전원을 공급하고 제어하며 센서 역할을 한다. 설계의 해답은 설계가 그것을 사용하는 사람에 부합되면 성공적이라고 할 수 있다. 예를 들어 손으로 잡고 사용하는 도구의 손잡이는 모든 사람의 손에 맞아야 한다. 그러나 인간공학을 고려한 설계의 어려운 점은 사람마다 손의 크기가 너무 다양하다는 것이다. 따라서 성공적인 설계를 하기 위해서는 그것을 사용하는 인체 구조의 분포를 평가하고 분석해야 한다.

■ 제품의 안전성과 법적의무

제품의 안전성(product safety)과 법적의무(liability)는 사람에게 외상을 주는 것을 넘어서 재물 및 환경 파괴 등을 포함한다. 안전하지 못한 제품을 사용할 때에는 법적 문제가 발생할 수 있기 때문에 공학자들은 설계 과정에서 안전을 고려해야 한다. 법적의무란 안전하지 못한 제품을 사용함으로써 발생할 수 있는 피해에 대해서 기계 또는 제품의 생산자가 법적 또는 재정적으로 책임을 진다는 것을 의미한다. 따라서 물리적인 피해를 입히지 않게 하기 위해 안전을 설계에 반영해야 한다. 안전을 설계에 반영하는 방법에는 세 가지가 있다.

❶ **제품에 직접 반영한다.**
스키장에서 활강용 스키와 부츠가 심한 충격을 받았을 때 자동으로 분리되도록 부츠를 설계함으로써 충격이 발로 전달되지 않게 하는 방법이다.

❷ **제품을 사용하는 사람들에게 적절한 보호수단을 제공한다.**
자동차와 같은 운송 장비로부터 사람의 안전을 완벽하게 보장할 수는 없다. 따라서 움직이거나 회전하는 물체의 주변에 보호 차폐물을 두거나 차량에 차량충돌방지 장치를 설치하여 안전성을 높일 수 있다. 실례로 잔디를 깎는 회전 날 위에 보호대를 씌워서 부러진 날이 사용자에게 튀지 않도록 하고, 사용자가 핸들을 놓았을 때 자동으로 멈추게 하는 스위치를 단다.

❸ **경고 문구를 삽입하여 제품의 위험성을 알린다.**
이 방법은 기술적인 문제로 설계에 반영하지 못했지만 제품을 사용하면서 안전수칙을 무시했을 때 발생할 수 있는 상해의 책임이 사용자에게 있다는 것을 알리는 것이다.

> **Note**
>
> **압력밥솥의 안전사고 주의 경보**
>
> 2002년 한국소비자보호원에서는 압력밥솥에 많은 양의 음식을 조리함으로써 발생하는 안전사고가 증가하는 것에 대해 소비자 경보를 발령했다. 이 경보에 따르면 당시 최근 2년 동안에 압력밥솥과 관련하여 접수된 안전사고는 총 63건으로 폭발사고가 50.8%, 뜨거운 증기에 의한 사고가 39.7%, 화재가 6.3%였다고 한다. 따라서 소비자보호원에서 "소비자들은 압력밥솥 사용 시 사용설명서의 주의사항을 잘 지켜야 하며, 업체 측은 제품의 폭발 위험성 등 안전사고에 대한 경고 표시를 제대로 이행해야 한다."라고 주의 경보를 발령하였다.

■ 경제성과 시장성 분석

대부분 공학설계의 목적과 결과는 회사에 이익을 가져다 줄 제품을 생산하는 것이므로 제안된 모든 문제해결에 대해 경제성(economic)과 시장성 분석(market analysis)이 이루어져야 한다. 대기업에서는 대중들이 어떤 제품을 구매할 것인지 시장조사를 실시한다. 이 조사는 임의로 선정된 사람들과 전화 인터뷰를 하거나 제품의 잠재적인 수요자와 개별 면담을 함으로써 이루어진다. 아이디어가 아무리 좋아도 상품화가 되었을 때 수요자들이 기대하는 가격의 수준을 넘어서 생산으로 이어지지 못하는 경우도 있다. 따라서 시장성 분석에서는 설계에 대한 수요자의 기능적인 요구뿐만 아니라 기대하는 가격 수준까지 상세하게 포함시켜야 한다. 또한 조사 대상으로 선택된 사람의 그룹이 일반적인 수요자들의 의견을 대표할 수 있는지를 검증하기 위해 확률과 통계 기법을 적용해야 한다.

분석 결과에 의한 의사결정

모든 설계 프로세스의 목적은 허용된 시간 내에 가장 적합한 해답을 찾는 것이다. 결정을 하는 이전 단계는 최적의 해답을 찾기 위한 정보를 주는 단계이다. 만일 연구가 부실하거나 선택의 폭이 작거나, 혹은 분석이 부적절하면 별로 좋지 못한 해답을 선택할 수 있다.

만일 설계 기준이 오직 한 개뿐이라면, 이 설계 기준에 만족하는 해답을 찾는 것은 어렵지 않고 평가 결과에 의해 적합한 해답이 여러 개 나올 수 있다. 그러나 여러 개의 설계 기준을 동시에 만족해야 하는 경우라면 모든 설계 기준을 동시에 만족시키는 해답을 찾는 것이 쉽지 않아 최종 결정을 하는 단계에 이르기가 어렵게 된다. 또한 같은 설계 기준에 대해 제안된 해결 방안을 평가하더라도 평가에 참석하는 사람들 모두 같은 평가 결과를 내리기가 쉽지 않다. 따라서 몇몇 설계 기준에는 다소 떨어지는 해답일지라도 최종 설계에 대한 해답으로 결정해야 하는 경우도 있다.

선택한 해결 방안은 좀 더 상세하게 정제하고 발전시켜야 하며, 선택한 것을 기반으로 다음 단계에서 구체적인 설계를 하고 이를 이용하여 제품의 프로토타입 또는 견본을 제작할 수 있어야 한다. 그러나 이 과정에서 설계 기준이 미흡하다는 등의 다른 문제점을 발견할 수도 있다. 이 경우에는 다시 이전의 분석 단계를 반복해야 하며, 조사 분석하는 단계와 그 이전 단계에서 했던 과정을 반복함으로써 모든 선택 사양이 명백해지고 잘 정의된다. 따라서 팀은 많은 선택 중에서 다시 선택을 해야 하고, 이러한 반복 과정을 통해 평가를 하고 설계 방향을 정해야 한다. 제안된 설계 아이디어는 이런 방식으로 선택과 평가를 반복함으로써 정리된다.

■ 의사결정 방법

다양한 아이디어와 해결 방안을 분석한 후에는 어떤 해답이 가장 좋은지 결정해야 하며, 선택한 해결 방안은 다시 상세히 기술하고 발전시켜야 한다. 이 단계에서는 각 해답이 제시한 설계 기준과 요구에 부합하는지 평가하기 위해 각 해결 방안에 대해 정량적인 데이터를 기본으로 판단하고 평가해야 한다. 의사결정을 하는 방법 중에 가장 널리 사용되는 것이 **결정 매트릭스**(decision matrix)이다. 결정 매트릭스는 가장 적절한 결정을 이끌어내기 위해 사용하는 수학적인 접근 방법이다.

결정 매트릭스의 한 축에는 설계를 요약하기 위해 도출한 설계 기준과 규격을 나열하고, 다른 한 축에는 다른 해결 방안을 나열한다. 매트릭스의 각 칸에는 제안된 해답이 각 설계 기준과 규격을 얼마나 만족시키는지 정량적으로 채워 넣는다. 결정 매트릭스에서는 다음과 같이 점수화할 수 있으며, 설계 팀은 점수화하는 방법을 결정한다.

- 각 칸을 '예' 또는 '아니오', '좋다' 혹은 '나쁘다'와 같이 두 등급으로 평가하거나 '상', '중', '하' 혹은 '+', '0', '−'와 같이 세 등급으로 평가하는 방법이 있다.
- 여러 등급으로 점수를 매기거나 등수를 점수로 표시하는 방법이 있다.

가중치를 이용하면 어떤 설계 기준이나 요구사항이 나머지 다른 요구사항보다 더 중요하다는 것을 정량화할 수 있다. 다음은 가중치를 할당해서 결정 매트릭스를 만드는 절차이다.

❶ 중요도와 좋은 속성 또는 설계 해결에 대한 기준 순으로 순위를 정한다. 이러한 속성은 안전, 양산할 때의 고려사항, 제조 과정의 편리성, 가격, 운반성과 규제의 부합여부 등을 포함한다.

❷ 각 속성과 설계 기준에 그 속성의 상대적인 중요도 가중치를 할당한다. 예를 들어 안전성이 가격보다 두 배 중요하다고 결정했다면, 안전에 중요도 가중치 20을 할당하고 가격에 10을 할당한다.

❸ 다양한 해답을 대상으로 제시된 설계 기준에 대한 평가를 실시한다. 해답이 주어진 설계 기준을 얼마나 만족하는지를 기본으로 각 해답에 평가 점수가 할당된다. 평가 점수

는 0에서 10 사이의 값을 가지며, 10은 주어진 설계 기준을 가장 잘 만족한다는 것을 의미한다.

설계 제안서 작성

설계 팀에서는 다양한 해결 방안 중에 문제해결을 위한 접근 방법을 선택하고, 모델이나 프로토타입을 개발할 준비를 해야 한다. 그러나 제안된 아이디어만으로는 프로토타입을 제작할 수 없고, 설계를 명확하게 표현할 수 있는 문서를 작성해야 한다. 이러한 문서를 **설계 제안서**(design proposal)라고 하며, CAD를 이용한 그림, 텍스트, 손으로 그린 그림 등으로 구성된다. 그림은 재질과 치수가 정확하게 표시되어야 하고, 프로토타입이나 모델을 만드는 데 필요한 절차 등이 구체적으로 명시되어야 한다. 프로토타입을 제작하기 위해서는 좀 더 구체적으로 모든 규격이 정해져야 하며, 팀에서는 프로토타입 제작에 필요한 사소한 결정까지 분석을 통해서 완료해야 한다. 예를 들어 결정 과정에서 제품의 무게를 줄이기 위해서 알루미늄 재질을 사용한다고 하면, 설계 제안서에 어떤 알루미늄을 사용할 것인가, 알루미늄의 두께를 어느 정도로 할 것인가에 대한 구체적인 규격을 명시해야 한다. 만일 이런 부분이 정해지지 않으면 제작 팀에서 작업을 진행할 수 없다.

■ 규격

제작에 참여하는 사람들이 최종 제품의 모양과 재료, 재료의 두께, 시스템의 동작, 어느 정도의 유격과 오차가 필요한지 알기 위해서는 설계도면을 포함하는 데이터베이스가 작성되어야 한다. 일반적으로 상세설계에 필요한 규격을 나타내기 위한 데이터베이스는 다음과 같은 사항을 포함한다.

- 각 부속품의 모양과 크기
- 유격과 동작의 특성을 설명하는 배치도
- 부속품 간의 관계를 보여주는 조립도
- 품질과 오차에 관한 노트, 표준, 규격
- 자재 명세서

공학의 각 분야에는 그 분야에 대한 표준이 있으므로 공학자가 설계의 상세 규격을 결정할 때 표준 규격은 정해진 코드를 따르고, 그 코드의 범위에 포함되지 않는 항목에 대해서만 구체적인 규격을 기술하는 것이 바람직하다. 이 절차는 생산자나 개발 기술자에게 균일성과 통일성을 제공하기 때문에 시간과 비용적인 면에서 매우 경제적이다.

2.2.6 설계 구현

설계 프로세스의 최종 단계는 설계를 구현(implementation)하는 것이다. 구현이란 설계 문제에 대한 해답을 테스트하고 실현하며, 생산하는 것을 의미한다. 이 단계에서는 프로토타입의 구현, 동시공학, 문서 작성 및 특허 출원과 같이 구현하는 과정에서 발생할 수 있는 제반 사항을 고려해야 한다.

프로토타입의 구현

새로운 제품을 테스트하고 실현하는 첫 번째 단계는 프로토타입을 제작하는 것이다. 프로토타입을 제작하는 목적은 문제에 대한 해답이 실제 환경에서 어떻게 동작하는지 알아보기 위한 것이다. 처음으로 제작된 프로토타입은 테스트가 되지 않은 상태이며, 의도한 대로 동작하지 않을 수 있다. 예를 들어 항공기를 새로 개발하면 축소 모델을 제작하여 풍동에서 먼저 테스트를 한다. 풍동실험을 통해 실제 크기의 항공기를 제작하는 데 필요한 정보를 얻을 수 있으며, 예상되는 모든 조건과 비정상적인 동작 조건에서 테스트를 마친 후에야 생산을 할 수 있게 된다.

동시공학

동시공학은 앞에서도 살펴봤듯이 새로운 설계관리 기법으로 최적화된 공학설계 순환을 위해 잘 정의된 시스템 접근법이다. 동시공학의 전제 조건은 두 가지 중심 개념으로 구성된다. 첫째 개념은 기능과 생산성, 조립, 테스트, 유지 보수, 환경 영향 및 폐기 처분에서 재활용까지 제품의 라이프사이클을 구성하는 모든 요소들이 설계의 초기 단계에서 주의 깊게 고려해야 한다는 것이다. 둘째 개념은 선행되는 설계 활동이 모두 동시에 발생해야 한다는 것이다. 이러한 동시성의 본질은 프로젝트가 아직 개념 시점인 설계 프로세스의 초기 단계에서 에러를 발견하고 재설계가 가능하도록 함으로써 생산성과 제품의 질을 향상시키는 데 있다. 따라서 동시공학에 의해 문제점들을 발견하고 수정함으로써 프로젝트가 좀 더 구체적인 모델로 실현되면서 발생할 수 있는 문제들을 피할 수 있다.

앞에서 설명한 것과 같이 설계 프로세스에서는 제품의 라이프사이클이 고려되어야 한다. 이는 소비자의 요구 수집과 초기 개념설계의 수립, 모델링에 의한 분석, 프로토타입의 구현 및 최종적으로 제품을 생산하는 과정을 포함한다. [그림 2-22]는 기존의 설계 프로세스와 동시공학이 적용된 설계 프로세스의 차이를 보여준다. 기존의 설계 프로세스는 설계가 시작되고 기본설계, 상세설계 및 생산설계가 순차적으로 진행되어 제조 공정을 거치게 되지만, 동시공학이 적용된 프로세스에서는 설계가 시작됨과 동시에 생산에 필요한 설계가 진행되므로 설계의 시작에서 제조까지 걸리는 시간을 크게 단축시킬 수 있다.

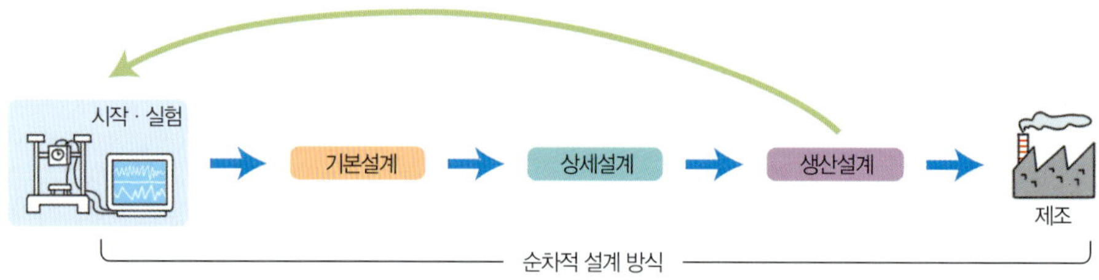

(a) 동시공학이 적용되지 않은 기존의 설계 프로세스

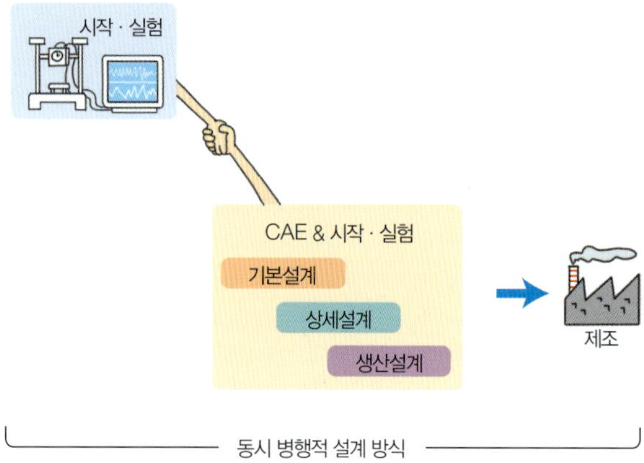

(b) 동시공학이 적용된 설계 프로세스

[그림 2-22] 동시공학과 설계 프로세스

동시공학에서는 계획을 미리 세움(forward planning)으로써 예측하지 못했던 문제를 초기에 발견하여 제품으로 완성되는 단계에 들어서기 전에 초기 개념설계 단계에서 수정이 가능하게 하였다. 이렇게 함으로써 상당한 액수의 예산을 절약할 수 있다는 것이 입증되었으며, 이를 계기로 수많은 회사에서 동시설계를 채택하게 되었다. 동시공학이 성공하게 된 가장 중요한 이유는 과거의 설계 프로세스 구조를 다시 정의했기 때문이다. 과거에는 순차적으로 설계 프로세스를 진행했는데, 이를 워터폴 모델(waterfall model)이라고 한다. 동시공학에서는 이 모델을 크게 바꿔서 반복적 또는 통합 개발 방식을 채택했다.

워터폴 프로세스는 소비자의 요구에서부터 제품을 완성할 때까지 순차적으로 설계가 진행된다. 그러나 이 방식은 설계 시스템이 문제를 해결하기 위해 현재 진행 중인 단계에서 전방이나 후방으로 이동하기 때문에 어떤 문제가 발생했을 때 설계가 폐기되거나 크게 변경되어야 한다. 반면에 반복적인 설계 프로세스는 순환적인 구조를 갖는다. 앞에서 언급한 것과 같이 이 방식은 설계 프로세스에서 제품의 모든 라이프사이클이 고려된 진화된 접근법을 사용하였다. 이 두 설계 프로세스의 차이를 [그림 2-23]에서 보여주고 있다.

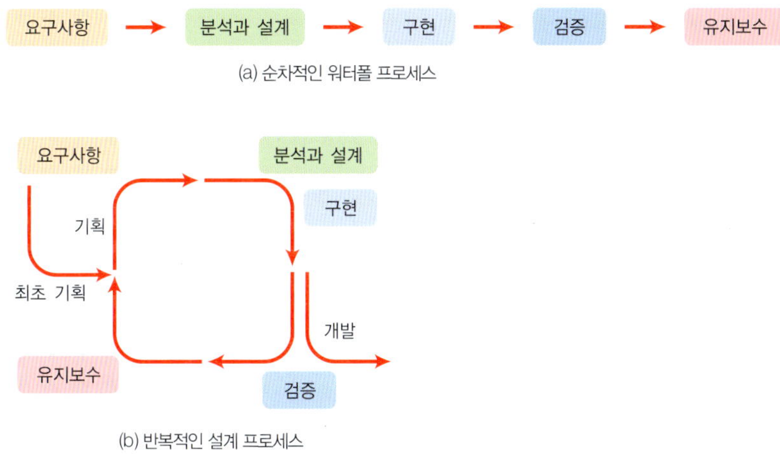

[그림 2-23] 워터폴 프로세스와 반복적인 설계 프로세스

동시공학에서 중요한 점은 프로세스 과정이 공동작업에 의해 진행된다는 것이다. 따라서 전체 설계 프로세스 기간에는 공학자들에게 결정권이 많이 주어진다. 설계자에게 주인의식을 부여하고, 단순 피고용자에게는 생산 활동에만 집중하게 함으로써 생산성과 제품의 품질을 높일 수 있다. 동시공학의 성공 여부는 공학자들이 어느 정도 협력해서 잘 할 수 있느냐하는 능력에 좌우되기 때문에 견고한 팀워크를 기반으로 이루어져야 한다. 이러한 문제는 해결하기 어려운 장애요인이 될 수 있으나 나중에 더 큰 문제를 발생시키지 않기 위해서는 초기에 해결되어야 한다.

문서 작성

설계 프로세스의 내용을 문서화하는 것은 매우 중요한 일이다. 문서화는 설계 문제에 대한 해답을 명확하게 전달함으로써 어떤 것들이 어떻게 만들어졌는지 다른 사람들이 쉽게 이해할 수 있도록 한다. 일반적으로 문서는 설계 또는 기술문서로 구성되는데, 설계를 구현함에 있어서 설계 문제에 대한 해답은 문자 또는 구두 형식의 언어로 전달해야 한다. 일반인과 공무원, 사업가와 같은 대부분의 사람들은 전문적인 기술과 능력이 없으며, 설계 담당자와 설계 내용에 대해 의사소통을 해야 하는 경우가 있다. 영업사원은 전문적인 설계에 대한 기술 내용을 모르지만 의사소통을 통해 설계의 해답을 다른 사람에게 판매해야 한다. 따라서 해결 과정과 그 결과를 다른 사람에게 요약해서 전달하기 위해서는 그래프, 차트, 컴퓨터를 이용한 애니메이션 등과 같은 멀티미디어 기술의 다양한 시각적인 도구를 사용할 수 있다.

특허 출원

만일 어떤 설계 문제에 대한 해답이 독창성이 있으며 고유하다면 실현 단계에서 특허를 신청하는 것이 바람직하다. 특허란 한 사람이 개발한 것을 다른 사람들이 복제하지 못하도록 보호해 주는 것이며, 일정 기간 동안 해당 설계에 대해 생산하고 판매할 수 있는 독자적인 권한을 부여하는 것이다. 특허는 발명자와 정부 간의 협약이며, 특허 문서를 통해 발명 기술에 대한 구체적인 내용과 기술을 공개해야 하고, 그렇게 함으로써 누구나 특허 문서를 보고 그 발명에 대한 실용 모델을 제작할 수 있어야 한다.[3]

특허를 출원하기 전에는 특허와 관련된 전반적인 사항을 이해하고, 어떤 항목이 특허가 될 것인지 결정해야 한다. 아이디어 자체는 특허가 될 수 없다. 특허를 취득하기 위해서는 공정을 개선하거나 기계의 생산 및 물질의 합성 등과 같은 아이디어를 활용할 수 있어야 한다.

대부분의 공학설계 문제는 실용 특허 또는 디자인 특허와 관련이 있다. 모든 기계적, 전기적인 장치는 실용 특허 범주에 포함되고, 20년 동안 독점적으로 제조해서 판매할 수 있도록 보장을 받는다. 특허 기간이 종료되면 보장이 소멸되고, 특허료나 승인 절차 없이 누구나 복제 생산해서 판매할 수 있다. 디자인 특허는 디자인의 스타일 또는 장식을 보호하기 위한 권리가 부여된다. 디자인 특허는 제품의 동작과 관련 없이 외형에 대해서만 권리가 주어진다. 예를 들어 자동차 모양의 휴대전화를 디자인했을 때에는 디자인 특허를 출원한다. 디자인 특허는 휴대전화의 외형에 대해 부여되며, 전기나 기계적인 동작과 아무런 상관이 없다.

특허는 모든 정보를 공개하기 때문에 경우에 따라서는 특허 권리를 취득하기 위해 정보를 공개하는 대신에 발명의 구체적인 내용을 비밀로 붙이는 경우가 있다. 만일 아무도 발명한 것의 주요 내용을 알지 못한다면 그것을 동일하게 복제할 수 없기 때문에 보호를 받을 수 있다는 것이다. 그 좋은 예로 코카콜라를 들 수 있는데, 코카콜라의 제조 방법은 특허를 출원하지 않아 그 비밀은 회사의 핵심 인원만 알고 있다.

특허를 출원하기 위해서는 다음과 같은 항목을 준비해야 한다.

- 발명의 내용을 상세하게 서술한 특허 명세서
- 다른 사람이 참고해서 제작이 가능할 정도의 정보
- 다른 발명과 차별화된 청구항
- 특허 명세서에 포함시킬 특허도면

3 특허 검색은 포털 사이트를 활용할 수 있고, 또는 민간 회사에서 제공하는 검색 툴 윕스(http://www.wips.co.kr)를 유료로 이용하거나 특허청에서 무료로 제공하는 키프리스(http://www.kipris.or.kr)를 이용해서 직접 검색할 수 있다.

특허가 등록되면 특허증서 발행등록비가 청구된다. 특허의 등록 여부는 특허청 심사관이 이 발명과 기존 특허의 중복 여부를 광범위하게 검토한 후에 결정된다. 특허를 출원하기 전에 이미 다른 사람이 같은 발명으로 특허 권리를 받지 않았는지 조사하는 것이 바람직하다. 따라서 많은 발명가들은 대리인을 고용해서 사전 특허 검토를 의뢰한다.

Note

코카콜라의 비밀

우리가 즐겨 마시는 코카콜라는 1886년 애틀랜타의 약국에서 판매하기 시작해 현재까지 세계에서 가장 많이 팔리는 음료수로 알려져 있다. 그러나 코카콜라의 제조 비법은 공개를 꺼려해 특허를 내지 않았으며, 주요 임원들만 알고 있어 비밀이 유지되고 있다. 일설에 의하면 현재 그 비법은 사장과 부사장만 알고 있으며, 그 두 사람은 심지어 같은 비행기도 타지 않는다고 한다. 만일 사고로 두 사람이 모두 사망하면 그 비법을 전수할 사람이 사라지기 때문이다. 만일 비법을 보호받기 위해 특허를 등록하려면 제조 방법을 모두 공개해야 하는데, 보호 기간은 20년이기 때문에 그 이후에는 누구나 코카콜라와 같은 음료수를 제조해서 판매할 수 있다. 국내 식품법상 모든 수입식품은 원료 및 사용된 첨가물을 밝혀야 하지만 코카콜라는 그 특수성 때문에 예외를 인정받고 있다.

코카콜라 제조 방법에 관한 일화로 1977년 인도 집권당이 바뀌면서 인도 정부에서는 코카콜라에 대해 콜라 원액의 비법을 포함해서 세 가지 사항을 요구했다. 그러나 코카콜라는 당시 인도의 청량음료 시장이 급속하게 성장하고 있었음에도 인도 시장에서 철수했다. 그 결과 코카콜라의 '신비주의' 마케팅은 효과를 발휘했지만 경제적 타격이 만만치 않았다. 그 후 코카콜라는 16년이 지난 1993년이 되어서야 다시 인도에 진출할 수 있었다.

작업분해도

프로젝트가 실행 가능한 단계가 되면 일을 분장하고, 그 일을 조직적으로 수행할 작업단위 그룹을 구성해야 한다. 이를 **작업분해도**(WBS : Work Breakdown Structure)라고 한다. 정부가 시행하는 대부분의 프로젝트는 예비 작업분해도가 제안요청서(RFP)에 포함되고 계약이 체결될 때 완성된다. 프로젝트 관리에서 작업분해도는 분리된 작업 구성요소를 정의하고 분류해서 전체 프로젝트 범위와 실행 주체를 정하는 데 도움을 줄 수 있다. 작업분해도의 구성요소는 제품, 데이터, 서비스 또는 그 조합이 된다. 작업분해도는 구체적인 소요 비용을 추정하고 개발 일정과 제어를 하는 지침이 되며, 프로젝트 관리자에 의해 개정될 수 있다.

작업분해도는 트리 구조(tree structure)를 가지며, '프로그램', '프로젝트', '계약' 등과 같이 다시 세분화된다. '프로젝트' 또는 '계약'은 최종 목적을 달성하는 데 필요한 모든 절차를 포함하는 규모, 기간, 책임 등과 같이 관리가 가능해지도록 다시 세분화된다. 작업분해도는 계약을 전체적으로 기획하고 제어하는 일반적인 프레임 워크를 제공하며, 작업을 정의 가능한 단위로 분리해서 작업 내용이 진행되고, 기술적, 일정, 소요 비용 그리고 노동 시간에 대한 보고가 수립될 수 있도록 한다.

[그림 2-24]은 시스템 개발 프로젝트를 위한 작업분해도의 형식을 보여준다. 그림에서 레벨 1은 시스템 개발 프로젝트를 뜻하며, 레벨 2는 하드웨어, 소프트웨어, 시스템 엔지니어링, 프로젝트 관리, 시스템 테스트 및 데이터 관리 등의 작업 항목으로 분해가 가능하고 각 항목을 다시 서브시스템으로 분해할 수 있다. 그림에는 표시하지 않았지만, 레벨 2에는 시스템 개발과 직접적인 관련은 없으나 물류 및 운송, 교육훈련, 설치와 시동 등과 같은 환경적인 요소가 포함되어야 한다.

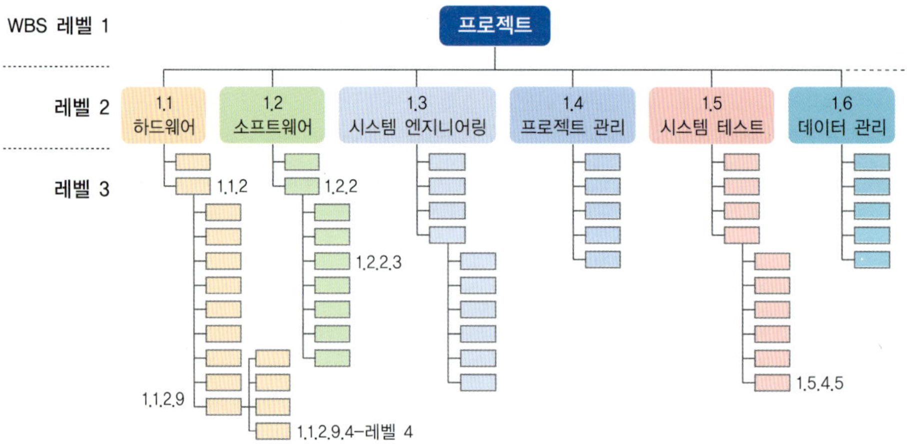

[그림 2-24] 시스템 개발 프로젝트의 작업분해도 형식

작업분해도를 통해 하부 작업 및 재료에 소요되는 모든 비용을 산출할 수 있다. 작업분해도의 모든 구성요소에서는 산출되어야 할 작업이 설명되며, 이 방법은 전체 프로젝트의 범위를 정의하고 조직하는 데 사용되므로 매우 구체적인 작업 범주를 정의한다. 또한 이 작업이 성공적으로 실행되도록 필요한 비용이 산출되어야 한다. 잘 정의된 작업분해도는 각각 분리한 작업을 작업분해도의 최하위 레벨에 각각 할당할 수 있다.

[그림 2-25]는 작업분해도의 한 예를 보여준다. 작업분해도의 첫 번째 수준에서는 자전거를 설계하고 제작하는 프로젝트의 전체 범주를 100개의 단위 작업으로 분류했다. 두 번째 수준에서는 100개의 단위 작업이 7개의 요소로 분류했다. 각 단위 작업은 소요되는 노력과 비용을 기반으로 각 요소로 할당되며, 작업에 소요되는 기간은 고려하지 않는다. 두 번째 수준에서 가장 큰 요소(1.1 프레임 세트, 1.3 휠, 1.6 시스템 통합)가 다시 세분화된다. 세 번째 수준에서 가장 많이 차지하는 두 개의 큰 요소(1.3.2 후방 휠, 1.6.4 테스트)는 전체 프로젝트 범주에서 각각 17%씩 차지하고 있으며, 이 요소는 다시 세분화할 수 있다.

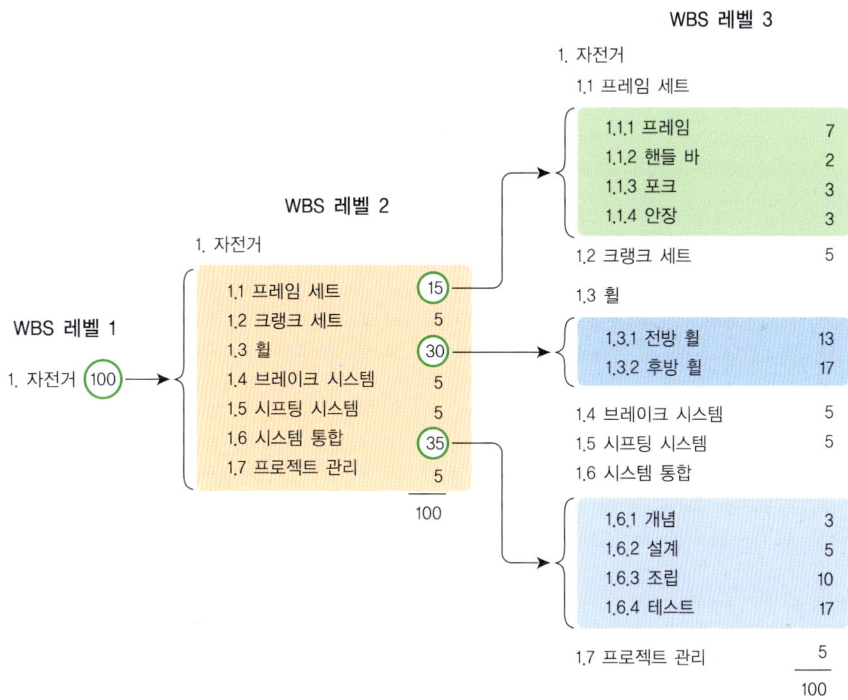

[그림 2-25] 자전거 개발을 위한 작업분해도

예비설계

예비설계(preliminary design) 단계는 개념설계를 마치고 상세설계를 하기 전에 이루어진다. 예비설계 과정에서는 설계 개념이 좀 더 구체적으로 정의되어야 하며, 만일 기존 개념에 추가적인 개념이 더해진다면 상세설계 이전에 필요한 해답을 선택하기 위해서 그 해답에 대한 평가가 이루어져야 한다. 예비설계 단계에서는 설계 개념이 정제되어짐에 따라 전체 프로젝트 비용이 좀 더 상세하게 산출된다. 이 단계에서는 전체 시스템 구성이 정의되고 개략도와 부품의 배치도 및 관련 문서가 작성된다. 예비설계 과정에서 이런 산출물을 통해 초기 단계의 프로젝트를 관리할 수 있고 구체적인 설계 단계에서 다른 분야와 기술이 융화되고 조정될 수 있다.

이 단계에서 시스템 차원과 구성요소 차원의 설계 요구사항이 수립되어야 한다. 요구사항을 수립한다는 것은 계산과 분석, 문헌조사, 사전의 경험, 특정한 분야의 전문가가 포함된 그룹 토론, 필요한 경우에는 테스트를 포함한다. 일반적으로 테스트를 하는 것은 시간과 비용이 많이 소요되므로 예비설계 단계에서 테스트를 최소화하는 것이 바람직하다. 예비설계 단계에서 수립된 요구사항은 상세설계 단계에서 개발된 구성요소의 규격을 정할 때 기본이 된다. 만일 요구사항이 너무 엄격하면 프로젝트에 소요되는 비용이 증가해서 외부에서 제작되어야 하는 제품 공급자가 나서지 않을 수 있지만, 반대로 요구사항이 너무 느슨하면 전체 시스템의 요구사항을 만족시키기 어려워 프로젝트가 부실해질 가능성이 높고 나중에 요구사항이 강화되면 비용이 더 증가할 가능성이 생긴다. 따라서 착수 단계에서 현실적인 설계 요구사항을 수립하는 것은 매우 중요하며, 설계의 초기 단계에서 시스템을 테스트 및 검토하고 유지관리하는 절차를 준비하는 것이 매우 효율적이다. 이러게 함으로써 많은 파라미터를 정량화하고 요소설계를 하는 데 유용한 기반을 제공할 수 있다. 추상설계(abstract desing)는 설계 프로세스의 예비설계 단계 과정에서 서브시스템을 수립하고 각 요소의 조건을 구체화하는 데 이용되는데, 이 개념은 다음과 같이 기술될 수 있다.

- 개발 착수 단계에서 시스템의 모든 요구사항을 정확하게 명세화하고 반복해서 수정/보완한다.
- 컴퓨터 모델이나 자동화된 도구를 사용하는 것은 수정/보완 단계에서 핵심이 되는 부분이다. 서브시스템과 구성요소의 인터페이스를 포함하는 최종 개발품에 대한 컴퓨터 모델을 이용해서 데이터를 확인하고 파라미터를 제어할 수 있으며, 서브시스템과 구성요소의 요구 조건을 수립하는 데 매우 유용한 도구이다.

예비설계는 핵심 인력으로 프로젝트에 포함된 다양한 설계 분야를 반영함으로써 이루어진다. 이 핵심 인력은 예비설계 그룹으로 조직되고, 같은 공간에서 함께 작업한다. 그리고 예비설계가 종료되면 자신의 원래 소속으로 복귀하여 그 다음 단계인 상세설계 프로젝트를 진행하게 된다. 이 방법은 각기 다른 전공 분야의 전문가로 구성된 설계 그룹이 독립적으로 예비설계를 진행하는 것이다. 이 방법의 장점은 각 기술 분야를 대표하는 개인으로 구성된 소그룹이 긴밀한 협조관계를 유지할 수 있고, 관리를 단순화하면서 통합된 구성요소로 작업을 할 수 있다는 것이다. 또한 작업을 조직에 분산시키는 것보다 소규모의 통합된 그룹을 운영함으로써 비용을 절감할 수 있다는 것이다.

상세설계

상세설계의 목적은 생산에서 사용될 검증 및 테스트를 마친 설계도면과 규격을 작성하는 것이다. 이 단계는 프로젝트가 전면적으로 시작되는 단계로서 모든 통합과 분석 절차에 다양한 전문 조직이 참여하여 시스템 설계의 개념을 물리적인 부속품으로 실현될 수 있도록 한다. 또한 구성요소들을 평가해서 앞에서 수립한 요구사항을 검증하며, 미처 정의되지 않은 설계 요구를 명세화하고, 요소설계 요구가 전체 시스템 요구에 미치는 영향 등을 분석한다. 요소설계 요구가 마무리되면 외부에서 조달해야 하는 구성요소에 대한 규격이 마련되어야 한다. 보통 이러한 규격은 도면으로 작성되며, 내부에서 생산되는 부품과 함께 도면번호와 부품번호가 할당된다. 일반적인 규격은 다음과 같은 항목을 포함해야 한다.

- 동작에 영향을 미치는 요소와 환경이 동작에 미치는 영향
- 외관 치수와 인터페이스 규격
- 유지 보수와 테스트 항목
- 재료와 재질 및 표면처리
- 신뢰성 요구사항
- 외부 도장(painting) 및 표시(stamp)

규격이 잘 작성되면 공급자가 규격을 잘못 해석해서 발생하는 문제를 없앨 수 있으며 전체 프로젝트 진행을 원활하게 할 수 있다. 이런 관점에서 능력 있고 신뢰도가 높은 공급자를 선택하는 것이 매우 중요하다. 최근에는 무조건 저가에 공급하는 공급자를 선택하기보다 자체적으로 적절한 품질관리 프로그램을 가지고 있는 공급자와 장기적인 관계를 수립하는 추세이다. 따라서 공급자는 생산 공정, 품질관리 프로그램 및 경영철학을 심도 있게 검토한 후에 발주자로부터 적정한 공급자임을 검증받아야 한다.

아울러 내부에서 제작되는 부품과 다른 시스템 요소에 대한 치수와 재료, 표면처리, 기계가공 기술, 테스트 요구사항, 제조에 필요한 다른 정보를 상세하게 명시한 구체적인 그림을 준비해야 한다. 상세도면은 생산, 테스트, 선적에 필요한 포장 정보를 포함해야 하며, 생산자에게 제공할 수 있도록 적절한 크기와 모양을 볼 수 있는 외관도를 포함해야 한다. 상세도면의 다음은 조립도면으로, 각 구성요소들이 서로 어떻게 연결되는지 상세하게 보여준다. 조립도면은 각 부품에 대한 필요 정보와 각 부품들이 연결되는 모양을 제공한다. 조립도면에 나타난 치수와 다른 정보들은 조립 과정에 필요한 내용만을 포함하는 것으로 제한된다. 자재 명세서는 보통 도면의 우측 아래에 위치하며, 조립에 필요한 구성 부품을 열거한다. 이름과 필요한 번호 그리고 각 부품에 필요한 번호가 부여되고 만일 구매한 부품이면 생산자도 함께 명시된다. 특별한 조립 설명과 테스트 요구사항이 여기에 표시된다. 최종 조립도면에는 공급 가능한 최종 제품이 그려진다.

테스트와 평가

이 단계에서는 설계가 프로젝트 초기에 설정된 설계 기준에 얼마나 부합하는지 평가하기 위해 모델 또는 프로토타입을 사용한다. 팀에서는 모델이나 프로토타입을 테스트하는 방법, 테스트 조건, 테스트와 평가하는 과정에서 필요한 정보와 테스트 기간에 대한 계획을 세워야 한다. 산업체에서는 테스트와 평가가 매우 중요하기 때문에 별도의 팀을 구성해서 테스트 절차를 수립하고 실시한다. 특히 인체의 생명과 연관되는 의학 분야에서 테스트와 평가는 매우 엄격해서 의약품의 경우 수년 동안 회사 자체적으로 내부 테스트를 한 후에 식품의약품안정청에서 오랜 기간 동안 검사 과정을 거쳐 의약품으로 승인을 받는다. 이런 까다로운 테스트

과정을 통해 안전과 신뢰성을 높일 수 있다. 일반적으로 테스트와 평가 과정에서 고려해야 할 사항들은 다음과 같다.

- 테스트 대상이 될 수 있는 중요한 특성
- 테스트하기 위한 절차
- 테스트 데이터의 수집과 분석/설계 기준 및 규격과의 비교
- 테스트 결과의 요약과 결론, 재설계

모델 또는 프로토타입이 제작되면 팀은 단순히 설계 기준을 만족하는지 안하는지를 검토하는 것 이상으로 어느 정도 만족하며, 또 어느 정도 만족하지 못하는지 데이터를 얻는 것이 매우 중요하다. 만일 설계 기준을 초과한 성능을 보이면 다음 프로젝트에서 설계 기준을 높일 수 있고, 이후 단계에서 다른 항목이 설계 기준에 미흡한 성능을 보이더라도 어느 정도 절충할 수 있는 여분을 제공한다. 만일 설계가 기준과 규격을 만족하는 데 실패했다면 어느 정도 만족을 못하는지 원인을 파악해서 재설계가 필요한지 아니면 약간의 재정비를 통해 규격 또는 기준을 만족시킬 것인지 결정해야 한다.

설계 또는 제품을 테스트를 할 때에 최종적으로 수요자가 직접 참여할 필요가 있다. 일반인이 참여해서 테스트를 하는 경우에는 개발한 장치를 일정 기간 동안 테스트 참여자에게 나누어주고, 설계 팀은 이 장치를 사용하는 것을 관찰하거나 비디오 녹화를 해서 그 결과를 좀 더 구체적으로 연구하는 데 사용될 수 있도록 한다. 또한 테스트에 참여한 수요자와 면담을 통해 변경 또는 개선에 활용될 수 있는 의미 있는 정보를 얻을 수 있다.

2.2.7 의사소통

구현된 제품에 대한 평가가 완료되고 제품이 의도한 대로 동작한다고 확신하면, 설계와 관련된 상세한 내용을 최종 설계 문서 형태로 작성한다. 최종 문서에는 슬라이드, 기술 보고서, 상세설계도면, 또는 스케치 등이 포함된다. 최종 설계 문서에서 어떤 설계이며, 어떻게 설계가 되었는지에 대한 내용을 명확하게 전달하기 위해서는 차트와 그래프, 계산, CAD 도면, 모델링, 그리고 시뮬레이션 결과가 포함되어야 한다. 일반적으로 최종 설계 문서는 매우 광범위해서 최종 제품에 대해 포괄적인 정보로 구성되어 있다. 또한 최종 설계 문서에는 마케팅, 유통, 최종 제품의 판매에 대한 정보를 포함할 수 있다.

최종 설계 문서는 공학자와 설계 팀이 작성하는 것이므로 공학자의 의사소통 능력은 매우 중요하다. 여기에서 의사소통은 일반적인 의미의 의사소통 중에서도 특히 설계 결과에 대해 설

명하는 것과 설득을 하기 위한 의사소통을 의미한다. 이러한 의사소통은 설계 프로세스의 한 과정으로 볼 수 있으며, 의사소통에 능한 사람은 아이디어가 개발에 반영되어 실현된 내용을 잘 알고 있다고 볼 수 있다. 의사소통을 하는 목적의 한 예로 공학자는 프로젝트를 시작하기 전에 프로젝트를 관리하는 관리자에게 프로젝트에 소요되는 시간과 경비를 이해시켜야 하며, 후에 제품이 테스트되어 생산되는 시점에는 관리자에게 생산할 수 있도록 설득해야 한다. 그러나 개발에 참여한 개발자는 자신이 설계한 제품의 장점에 대해 명확하게 알고 있으므로 설명의 필요성을 느끼지 못할 수도 있고, 실제 상황에서는 관리자가 구현된 제품에 대해 이해를 잘 못하는 경우도 있다. 개발된 제품이 생산되도록 하기 위해서는 다양한 방법으로 여러 차례에 걸쳐서 관리자를 설득하고 이해시켜야 한다.

여기에서는 의사소통 방법으로 보고서와 프레젠테이션을 다루고 있으며, 의사소통 기술에 대한 구체적인 내용은 4장에서 다루기로 한다.

보고서

공학 보고서는 보고서를 보는 대상을 기준으로 두 가지 종류로 나눌 수 있다. 하나는 조직 내에서 개별적으로 사용하는 형태이고, 다른 하나는 소비자가 사용하는 형태이다. 공학 보고서의 양식은 다양하지만 일반적으로 조직 내에서 사용하는 보고서는 엄격한 형식을 따르며, 소비자를 위한 양식은 상황에 따라 형식이 달라진다. 일반적으로 보고서는 표지, 요약, 목차, 서론, 본론, 결론, 부록, 참고문헌 순으로 구성된다.

■ 초록

초록(abstract)은 연구 목적과 결과를 간추려 적은 글이다. 초록은 본래 내용을 축약하고 있어 다른 사람들이 짧은 시간 동안에 전체적인 내용을 포괄적으로 이해할 수 있게 한다.

■ 본문

본문(body)은 보고서의 주된 내용 부분이다. 본문은 문제 인식, 배경, 해결 방안을 포함하는 제반 활동에 대한 소개로 시작하여 테스트, 연구, 조사, 결과 및 그 중요성에 대해 설명한다. 기본적으로 본문은 프로젝트 수행을 위한 구체적인 실행 내용으로 구성된다.

■ 결론

결론(conclusions)에서는 연구 결과와 본문에서 논의된 작업 결과를 설명하고, 그 결과와 관련해서 후속으로 진행되어야 할 연구 내용이나 보완사항에 대해서 언급한다.

■ 부록

부록(appendixes)은 본문에서 너무 상세하게 다루어 전체 내용을 파악하기 어려울 때 흐름을 방해하지 않을 목적으로 사용한다. 부록은 본문에서 다루기에 너무 깊은 내용이나 일반적이지 않은 내용을 포함하며, 본문의 내용을 보충해서 설명할 수 있는 내용을 포함한다. 부록이 포함되어야만 보고서 내용이 완성되지만, 보통 부록은 보고서의 전체 내용을 이해하는 데 핵심적인 내용은 포함하지 않는다.

모든 보고서가 특정한 형식을 따르지는 않는다. 실례로 내용이 많은 보고서는 요약문을 보고서 처음 부분에 하나의 단원으로 구성하는 경우도 있다. 그러나 전체 보고서를 읽을 시간이 없는 경영자는 요약문을 읽고 전체 내용을 파악해야 하기 때문에 요약문은 문제와 해결책, 예상 소요 비용과 경제성 등에 대해 간결하게 설명해야 한다.

프레젠테이션

프레젠테이션의 목적은 정보를 제공하고, 듣는 사람을 확신시킨다는 관점에서 보고서와 동일하지만 방법에는 큰 차이가 있다. 보고서는 시간적 여유를 갖고 볼 수 있지만 프레젠테이션은 신속하게 한 번에 마치는 것이므로 간단해야 한다. 프레젠테이션에서는 상세한 내용을 설명하기도 어렵고, 보고서에 포함된 복잡한 그래프나 표를 보여줄 시간도 없다. 따라서 짧은 시간에 목적을 달성하기 위해 많은 준비를 해야 한다. 보통 발표는 제한된 시간 내에 진행되기 때문에 시간을 측정하면서 수없이 연습해야만 내용을 잘 전달할 수 있다.

발표를 할 때에는 청중을 바라보면서 해야 하고, 목소리가 잘 들리지 않으면 흥미를 잃어버릴 수 있기 때문에 큰 목소리로 발표해야 한다. 발표에 얼마만큼의 시간이 할당되었는지 확인해야 한다. 또한 발표 장소에 따라 슬라이드와 비디오, 마이크 등의 사용에 영향을 받을 수 있기 때문에 발표장의 형태를 미리 알아둘 필요가 있다. 시각적인 발표는 청중의 관심을 유도하는 데 많은 도움을 준다. 그리고 전달하고자 하는 내용이 분산되지 않도록 슬라이드 내용이 너무 상세하지 않게 작성해야 한다.

2.2.8 생산설계

견본을 대상으로 품질 테스트를 해서 만족할 만한 결과를 얻으면 설계 프로세스는 거의 완료되어 제품을 최종적으로 제작할 수 있는 단계가 된다. 그러나 설계 프로세스가 완료되어도 생산 과정에서 문제가 발생할 수 있다. 생산 과정에서 발생하는 문제는 설계 팀과 협조를 함으로써 해결되기 때문에 설계 팀은 지속적으로 생산 및 제조 과정을 지원해야 한다. 가장 먼저 생산 과정에서 제작된 제품이 견본 모델과 일치하는지 확인하고 어떤 항목에서 견본 모델과 차이를 보이는지 알아내기 위해 합격 판정 시험을 실시해야 한다. 합격 판정 시험은 생산 과정에서 이루어지며, 다음과 같은 두 가지 방법이 있다.

- **전수검사** : 각각의 생산 라인에서 모든 항목에 대해 실시하는 방법
- **샘플검사** : 통계적인 분석에 기반을 두고 선택적인 테스트를 실시하는 방법

검사 방법으로 어떤 방식을 사용할 것인가를 결정하는 것은 생산 및 제조 과정에서 결정된다. 일반적으로 자동차와 같이 가격이 비싸고 안전과 직결되어 제품은 모든 생산품에 대해 합격 판정 시험이 뒤따라야 하며, 제조 공정에 크게 영향을 받지 않는 제품에 대해서는 통계적인 테스트 방법이 적용된다.

품질 제어 계획도 생산 단계에서 수립되는데, 품질 제어란 제조공정의 부품과 같은 구성요소를 검사해서 생산품으로 공급될 수 있도록 하는 것이다. 품질 제어에서는 치수를 측정하고 정밀도를 검사하며 계측기를 사용해서 파라미터를 평가하거나 시각적인 검사를 하기도 한다. 품질 검사에는 부품의 치수, 마감 및 기능 검사 등이 있으며, 검사자는 제작된 부품이 도면과 규격의 준수 여부와 기능을 확인한다.

제품 생산에는 두 가지 방식이 사용된다. 첫 번째는 양산 방식이고, 두 번째는 맞춤제작 방식이다. 양산 방식이란 설계 또는 제품을 동일한 모양으로 여러 개 복제하는 것을 말하고, 맞춤제작 방식은 수요자의 요구에 맞춰 소량 단위로 생산하는 것을 말한다. 양산 방식은 그 자체가 매우 엄격한 제한요소이다. 제품의 설계와 양산 시스템이 밀접하게 관련되어 있으므로 양산 방식을 사용할 것이냐는 설계 초기에 결정되어야 한다. 이때 처음부터 양산을 위해 설계되지 않는다면 나중에 제품 양산으로 이어지는 것이 불가능하다. 테스트 결과는 재료의 선택, 치수, 테스트 절차에 크게 영향을 받기 때문에 견본 또는 프로토타입과 동일하게 제품을 생산하는 것이 매우 중요하다. 그리고 제품을 구성하는 요소들은 특별한 이유 없이 변경하면 안 되고, 만일 변경이 필요하다면 생산설계 팀에서 그 변경으로 인해 제품에 미칠 수 있는 영향 등을 확인해야 한다.

[그림 2-26]은 선박을 설계하는 프로세스의 예를 보여준다. 모든 설계가 동일한 과정을 거치지 않기 때문에 앞에서 설명한 프로세스와 차이는 있지만 설계 대상에 따른 과정을 잘 보여준다.

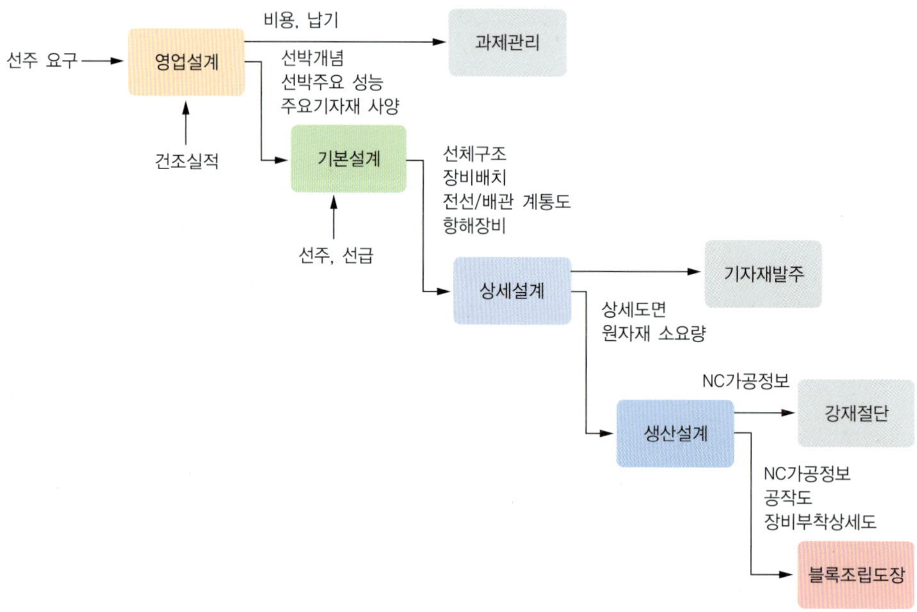

[그림 2-26] 선박 설계 프로세스의 예

제품의 실현

회사에서는 수요자의 요구와 제품의 성능을 확인하고, 설계와 생산 계획을 세우는 과정에서 제품의 라이프사이클, 공급, 유지 보수, 재활용, 폐기처분 등을 고려하여 제품의 개선 계획을 수립한다. 산업체에서는 이런 경험을 갖고 있는 개인으로부터 자문을 구하거나 모범 사례를 연구함으로써 제품을 실현화하는 과정의 경영 모델로 삼고 있다.

제품의 최종 가격에서 설계가 차지하는 비중은 높기 때문에 생산 조립을 위한 설계의 중요성은 매우 크다. 따라서 생산 조립 절차를 설계 과정에서 고려하여 제품의 제작과 조립을 향상시킬 수 있는 방법을 포함시켜야 한다. 이는 동시공학을 통해 제품을 설계하고 생산하는 절차를 개발할 수 있는 학제 간 팀워크를 구성함으로써 가능하다. 생산 조립 설계를 하기 위해서는 재료의 선택, 취급, 공정, 품질 관리, 물품 구매와 조립 등과 같은 다양한 생산 공정 간 상호작용을 이해해야 하며, 특히 다음과 같은 내용을 포함해야 한다.

- 제품의 설계와 생산 시스템의 상호 작용
- 생산 비용을 낮출 수 있는 설계와 시장에 신속하게 출시할 수 있는 방안

단기적으로는 로봇을 이용해 생산성을 향상시킬 수 있으나 장기적으로는 설계가 변경되었을 때 단순히 로봇만으로는 생산성 향상을 기대하기 어렵다. 설계의 변경과 함께 생산 시스템의 변경이 동반되기 때문이다. 다음은 설계가 생산에 미치는 영향을 나타낸 것이다.

- 설계 초기에 생산 계획을 수립하는 것이 개념설계와 상세설계 이후에 이루어지는 생산 개선보다 비용 절감 효과가 더 크다. 예를 들어 설계 단계에서 부품을 하나 제거하면 생산 단계에서 작업 공정을 줄일 수 있고 생산 과정에서 위험 요소를 제거할 수 있다.
- 최근 생산기술 경향은 제조 환경의 변화에 신속하게 적응함으로써 생산의 유연성을 높이는 것이다. 생산의 유연성은 프로그램을 이용해서 제어가 가능하도록 자동화를 하고 자재들을 관리하며 부품을 조립함으로써 이루어진다.
- 제조 공정 방식은 생산이 시작되기 전에 결정되어야 한다.

조립의 효율은 생산성을 높이는 데 큰 영향을 미친다. 예를 들어 부품 자체가 조립이 어렵다면 조립에 많은 시간이 들게 되고 결과적으로 생산성이 떨어진다. 따라서 설계 초기 단계에서 부품을 설계할 때부터 조립 과정을 고려하는 것이 향후 생산성에 큰 영향을 미친다. 또한 생산성을 높일 수 있는 방법으로 자동화 프로그램을 구현하는 방법이 있다. 조립을 하기 위한 자동화 프로그램을 구현하기 위해서는 조립 과정에서 필요한 기본적인 동작을 이해하고 적용 가능한 로봇이나 다른 자동화 기능에 대해 이해하는 것이 설계의 핵심이다.

설계자는 자동화 기계의 속도, 반복, 정확도, 센서, 동작의 형태, 자유도 등과 같은 특성을 고려해서 자동화 프로그램을 구현해야 한다. 자동화된 조립 장비의 기능 중에서 중요한 것은 동작의 정확도와 에러가 발생했을 때 복구 능력이다. 만일 제품이 자동 조립 장치에 의해 생산된다면 설계자는 자동화와 관련된 사항을 설계에 반영해야 한다. 다음은 생산과 조립을 위한 설계 과정에서 고려되어야 할 사항들이다.

- 설계를 단순화한 후에 생산 자동화를 고려한다.
- 고난이도의 기술이 필요한 동작을 제거하여 누구나 조립 작업을 할 수 있도록 설계한다.
- 제품을 구성하는 부품 수를 줄임으로써 작업이 필요한 공정과 공정에 필요한 정보의 양을 줄여 전체 생산 비용을 줄일 수 있으며, 자재와 작업의 복잡도도 줄일 수 있다.
- 모듈 단위의 설계를 통해 자동화가 용이하도록 한다. 설계 단계에서 완성된 제품이 몇 개의 모듈로 구성되게 하고 다시 하나의 모듈은 몇 개의 부품으로 구성하는 것이 자동화에 적합하다. 그리고 일반적이지 않은 모듈은 가장 나중에 조립하도록 설계한다.
- 표준 부품을 사용하면 특수 부품을 설계 또는 제조, 검사할 필요가 없어지므로 그만큼 생산에 필요한 시간을 줄일 수 있다. 특히 볼트와 너트, 나사못, 저항, 커패시터 등의 부품은 반드시 표준 부품을 사용하도록 한다.

- 단순한 기능을 갖는 부품은 한 군데 이상에서 사용되도록 한다. 이렇게 함으로써 전체적으로 사용되는 부품의 수를 줄일 수 있다.
- 부품을 정합할 때의 정렬과 조립할 때 접합 과정에서 발생할 수 있는 문제를 극복하기 위해 끝이 가느다란 테이퍼를 사용하거나 모서리를 둥글게 깎고, 가이드를 사용해 부품이 지정된 위치에 잘 고정될 수 있도록 한다.
- 생산 과정에서 부품을 제 위치에 고정시키거나 끼우는 작업으로 인해 상당한 비용 손실이 발생한다. 따라서 부품을 제 위치에 쉽게 고정시키거나 조립할 수 있도록 설계가 되어야 하며, 이를 위해 대칭 설계를 하거나 부품이 위치할 부분에 적당하게 표시를 한다.
- 유연성이 있는 부품은 조립 과정에서 다루기가 어렵다. 단단한 플러그 또는 커넥터로 전선을 교체하고 전기선 대신에 회로 보드를 사용함으로써 이 문제를 해결할 수 있다.
- 테스트를 자동화시키는 설계 기술을 적용한다. 테스트 포인트(test point)는 외부에서 접근이 가능하도록 설계한다.

효율적인 생산 계획의 수립과 생산도구

1900년대 후반 각 대학 및 기업체 연구소에서 제조 및 생산과 관련된 연구 활동이 강화됨에 따라 CAD/CAM과 동시공학을 생산 및 제조 과정에 적용하게 되었다. 제조 계획은 필요한 기구와 장치를 확인하고 사용될 공정을 결정하기 위해 설계도면을 검토하는 것으로부터 시작된다. 이때 형상, 치수, 허용오차, 재료, 표면처리 등과 같은 생산설계에 필요한 데이터를 점검하며, 검토한 사항을 기반으로 상세한 생산 공정을 수립하고, 공정이 초기화되면서 작업 지시 문서가 각 작업공간으로 제공된다. 일반적으로 제품 공정 계획에 포함되는 작업들은 다음과 같다.

- 설계도면과 규격에 대한 설명
- 재고 자재의 선택
- 사용될 장비 선택
- 공정 절차 결정
- 정장치, 공구 및 참고자료 결정
- 작업 지시문서 작성

설계 공학자는 생산 계획을 수립하고 생산 제어를 하기 위해 생산 인력과 함께 공동작업을 해야 한다. 동시공학과 CAD/CAM의 장점은 상세설계와 생산 계획의 기능을 통합함으로써 전체 개발 시간과 비용을 절감하는 것이다. 예를 들어 부품 설계에 대한 정보가 컴퓨터에 입력되면 다음 단계에서는 부품 형태를 제작하는 수치제어(NC : Numerical Control) 공작기계를 프로그램하기 위해 이 정보를 이용한다. NC 공작기계는 컴퓨터에 연결되어 있으며, 컴퓨터에서 공작기계에 데이터를 전송해 줌으로써 개발 시간을 단축시킬 수 있다. 또한 CAD/CAM은 회사 또는 하청업체에서 사용할 수 있도록 데이터를 저장하고 분배하는 수단을 제공한다.

생산 계획에서 생산 라인을 배치하는 것은 설계자의 몫이다. 생산 라인의 배치는 부품을 제조하는 데 필요한 사항을 고려해서 현재 진행되고 있는 다른 생산에 영향이 미치지 않도록 생산설계를 하는 것을 의미한다. 과거에는 이러한 배치도를 종이에 그리면서 했으나 지금은 CAD를 이용함으로써 좀 더 효율적이고 융통성 있는 배치가 가능해졌다. 또한 동시공학설계 방법으로 설계와 생산을 통합함으로써 생산 라인의 계획과 배치가 설계 프로세스 초기에 이루어지며, 전체 생산 개발 시간을 단축시킬 수 있게 되었다.

생산 제어는 작업의 일정을 조절하고, 제조 과정에 필요한 재료와 기술 데이터를 제공하는 것을 말한다. 이 제어는 부품과 모듈 그리고 조립 부품을 공급하는 것과 중요한 조립 절차에 대한 일정을 수립해서 무리 없는 생산 활동이 이루어지도록 필요한 작업 지시서와 데이터를 제공해 주는 것이다. 생산 제어는 생산 활동의 핵심이다. 따라서 제조 절차와 관련된 문서를 신속히 준비하고 제공하기 위해 컴퓨터를 이용하여 문서를 생성하고 전송한다. 또한 이 시스템은 생산 라인의 모든 생산 활동을 결정하는 문서를 생성, 유지, 전달하고 저장하는 역할을 한다.

컴퓨터 통합생산시스템(CIM : Computer Integrated Manufacturing)이란 전체 제조 공정을 통합하는 시스템을 뜻하는 용어이다. CIM은 CAD/CAM을 통합하는 것뿐만 아니라 공학설계의 모든 과정과 생산을 통합하기 위해 제공된다. 또한 CIM에는 자재관리, 비용 산출, 선적, 교육훈련의 기능들이 포함된다. [그림 2 27]은 CIM의 구성요소를 보여준다.

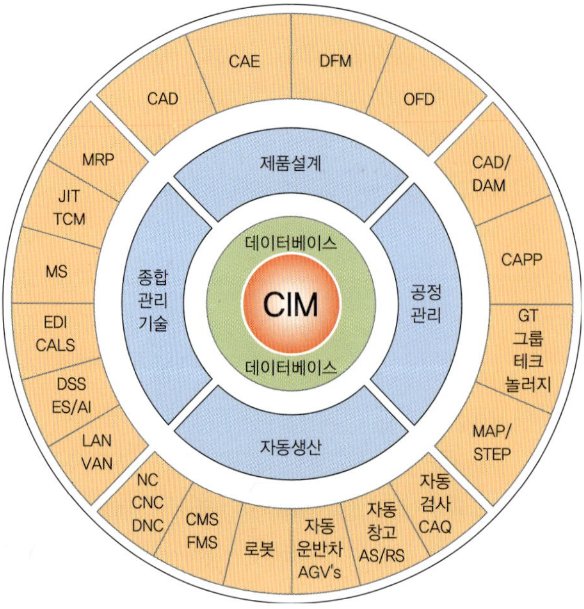

[그림 2-27] CIM의 구성요소

JIT(Just-In-Time)라고 하는 재고관리 계획은 생산성을 향상시키는 가장 중요한 경영 혁신으로 알려져 있다. 재고물량을 남기지 않고, 그때그때 필요한 물량만 외부에서 받아 생산하는 시스템이다. 공장 창고에 재고물량이 많으면 생산을 할 때 언제든지 꺼내어 사용할 수 있는 장점이 있는 반면에 물량을 확보하는 데 자금이 들어가고 창고에 남아 있는 물량으로 인해 재고 비용 부담이 발생한다. 따라서 많은 회사들이 당일 생산에 필요한 물량만 들여와 생산함으로써 불필요한 자금 투입이나 재고 비용 지출을 막을 수 있다. 그러나 이 시스템의 문제는 제시간에 자재가 공장에 공급되지 않아 생산을 계획대로 할 수 없는 상황이 발생할 수도 있다. 따라서 JIT를 운영하기 위해서는 부품 공급업체에 대한 철저한 사전 협의와 관리가 필요하다. 국내 자동차 회사인 현대자동차도 이러한 시스템을 운영하고 있다. 특히 일본 도요타 자동차는 JIT 시스템을 적용해서 성공한 가장 대표적인 사례이다. [그림 2-28]은 JIT 시스템의 개념을 보여준다.

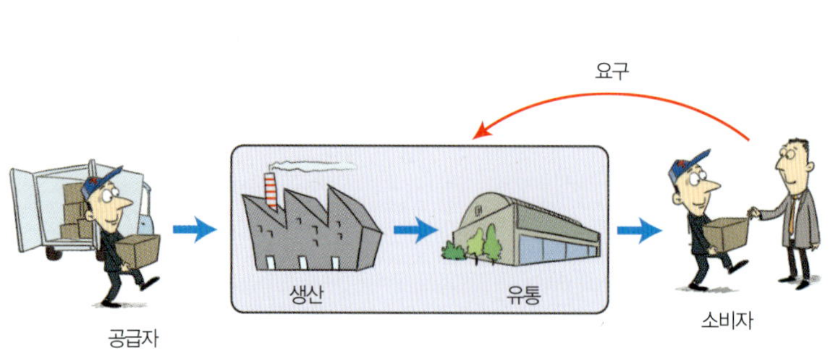

[그림 2-28] JIT 시스템의 개념

경영정보시스템(MIS : Management Information System)은 또 다른 관점에서 중요한 생산 제어 방식이다. 생산 제어에서 MIS는 생산 관리 및 경영과 함께 작업의 일정을 유지 관리함으로써 경영 활동에 필요한 일정과 정보를 제공할 수 있도록 한다. 일반적으로 MIS란 기업 경영에 관한 정보를 제공해 주는 컴퓨터 시스템을 말한다. 전통적으로 대기업에서 말하는 MIS 또는 MIS 부서란 전문적인 컴퓨터 기술 및 관리 시스템을 말하는데, 종종 메인프레임 컴퓨터뿐만 아니라 기업의 컴퓨터 자원을 이용할 수 있는 전사적 네트워크(enterprise-wide network)로 확장된 개념을 포함한다. 초창기 기업의 컴퓨터는 단순한 업무처리에만 사용됐지만 판매, 재고, 기업 경영에 도움을 주는 여러 데이터에 대한 정보를 관리자들에게 제공할 수 있는 업무 프로그램이 개발되면서부터 MIS라는 용어는 여러 종류의 업무 프로그램을 총칭하는 용어로 발전되었다. 최근에 이 용어가 폭넓게 사용되고 있는데, 때로는 의사결정 지원 시스템이나 인적자원관리 시스템, 프로젝트관리 시스템, 데이터베이스검색 시스템 등을 모두 포함하는 폭넓은 개념으로 쓰이는 경우도 있다.

Note

도요타 자동차와 JIT

제2차 세계대전 이후 일본 도요타(Toyota)의 창업주 기이치로는 구미 선진국의 자동차 산업과 경쟁하기 위해 생산성은 높지만 가격을 낮출 수 있는 독자적인 생산 방식을 찾아내야 했다. 당시 일본의 자동차 시장은 수요가 적어 대량 생산하는 미국식 방식이 부적합했기 때문이다. 그래서 생각해 낸 독자적인 방식 중 하나가 JIT(Just In Time), 즉 "필요한 것을 필요할 때 필요한 만큼만 생산한다."라는 것이다. 미국보다 땅과 자원이 부족했던 일본은 한정된 자원으로 인해 철저한 자원관리 정책을 받아들여야만 했고, 하루에도 수차례 공급자가 원료를 공급해야 하는 JIT 방식이 공간적으로 집중되어 있는 일본에 훨씬 더 유리했던 것이다.

도요타의 오노 다이이치 역시 미국과 경쟁할 수 있는 유일한 방법은 두 나라 사이에 존재하는 거대한 생산성의 차이를 없애는 길뿐이라는 생각으로 원가 절감을 목표로 불필요한 부분을 과감히 제거해야만 가능한 일이라고 생각했다. 이에 따라 도요타는 그때그때 수요에 맞추어 공급할 수 있는 생산 방식인 다품종 소량생산 방식을 선택하였고 이것이 바로 JIT 방식이 되었다. 그러나 2010년 미국에서 발생한 도요타의 대규모 리콜사태는 도요타 생산 시스템(Toyota Production System, TPS)의 한계에서 비롯됐다는 지적이 있다. 도요타 생산 시스템의 핵심인 JIT는 재고를 없애는 것이 목적인데, 결과적으로 미국 현지에서 생산하고 현지에서 부품을 조달하는 데만 집중하다가 부품 업계의 경쟁력을 떨어뜨려 부품에 결함이 발생했다는 분석이다.

연습문제

01 문제 정의는 수요자의 요구로부터 시작되며, 수요자의 요구사항은 다양한 형태로 나타날 수 있다. 요구사항이 나타날 수 있는 형태를 나열하고 설명하라.

02 '안전한 사다리'에 대해서 "전기공사와 건설현장에서 사용할 수 있는 안전하고 견고하며 내구성이 강한 사다리를 설계하라."와 같은 고객 기술문이 주어졌다고 하자. 이 기술문을 목적과 목표가 명확한 문제 정의를 할 수 있도록 좀 더 구체적이고 상세한 기술문으로 바꿔라.

03 [연습문제 02]에서 주어진 '안전한 사다리'에 대한 요구의 수준을 '필수', '권장', '보통'으로 구분하라.

04 정의된 문제에 대한 정보를 얻을 수 있는 출처 가운데 '기존 해결 방안'은 어떻게 정보를 얻을 수 있으며, 이 방법에서 얻을 수 있는 정보와 방법의 장단점에 대해서 설명하라.

05 설계 기준과 제한요소의 차이점과 유사점을 '안전한 사다리'를 예로 들어서 설명하라.

06 일반적으로 설계 기준과 제한요소가 될 수 있는 항목을 나열하여 간단하게 설명하고, '안전한 사다리'에 적용할 수 있는 설계 기준과 제한요소를 결정하라.

07 브레인스토밍이란 아이디어 창출과 평가를 분리해서 가능한 한 많은 해법을 도출하는 방법이다. 브레인스토밍의 4가지 규칙 중에서 창조적인 사고와 관련이 있는 항목이 무엇이며, 어떻게 관련이 있는지를 설명하라.

08 '안전한 사다리' 설계에 대해서 주어진 설계 기준과 제한요소를 해결할 수 있는 다양한 해결 방안을 찾고자 한다. 이를 위해 브레인스토밍을 실시하고 도출된 아이디어를 나열하라.

09 다양한 문제해결 방안을 분석하기 위해 해야 할 항목에는 어떠한 것들이 있으며, 이 가운데 가장 중요한 것과 그 항목이 중요한 이유를 설명하라.

10 브레인스토밍에 의해 도출된 '안전한 사다리'에 대한 다양한 해결 방안을 각 분석항목들에 대해서 정량적으로 분석하라.

11 많은 해결 방안 중에서 최적의 해답을 찾기 위해 사용하는 결정 매트릭스에서 점수화를 하는 방법을 설명하라.

12 '안전한 사다리' 프로젝트의 작업분해도를 작성하라.

Engineer Design

3장
공학설계 사례

Engineering Design Case

실링팬 공학설계

내화성 빌딩 공학설계

공학자는 공학적 설계 능력과 함께 다양한 분야에 대한 종합적 안목을 갖추어야 한다. 왜냐하면 공학설계가 다양한 분야에서 이루어지기 때문이다. 이 장에서는 기존의 기능을 향상시킨 실제 공학설계 사례를 살펴볼 것이다. 이를 통해 각기 다른 분야에서 공학설계 프로세스가 적용되는 과정을 이해하고, 가정용 실링팬과 내화성 빌딩의 실제 공학설계 사례를 통해 설계 프로세스가 어떻게 적용되는지 이해할 수 있기를 바란다.

3.1 실링팬 공학설계

이 장에서는 에너지 소모를 줄이면서 바람을 많이 일으킬 수 있는 실링팬의 날개를 개발하는 과정을 공학설계 프로세스의 관점에서 살펴보고자 한다.

학습 목표

- 실링팬의 일반적인 개요를 살펴본다.
- 예비설계를 거쳐 안전과 에너지 효율성 등의 요인을 고려하여 제품을 수정하는 단계를 이해한다.
- 최종 제품을 시장에 출시하기 전에 고려해야 하는 여러 가지 요인을 이해한다.

3.1.1 개요

실링팬(ceiling fan)을 설계할 때는 에너지 효율성을 높일 수 있도록 에너지와 환경을 모두 고려해야 한다. 기존의 실링팬을 설계할 때도 에너지 효율성을 고려했겠지만, 본 사례에서는 날개 모양을 개선하여 에너지 효율성을 최대화하는 데 초점을 맞추었다.

여기에서는 일반 가정에서 사용하는 실링팬에 대해 설명하지만, 상업용이나 공업용에도 동일한 개념을 적용할 수 있다. 설계 과정은 다음과 같이 크게 세 부분으로 나눌 수 있다.

❶ 예비설계 단계 : 앞선 연구를 살펴보고, 기본적인 설계를 진행한다.
❷ 두 번째 설계 단계 : 안전, 효율성, 환경, 규격(code), 표준화 등과 같은 중요한 문제를 고려하여 설계를 변경한다.
❸ 마지막 설계 단계 : 법 제도와 인적 요소, 미적 요소, 소비자의 기대, 시장성, 제조 방법 및 경제성 등을 고려한다.

3.1.2 예비설계 단계

실링팬은 공통적으로 평평한 날개를 갖고 있는 것이 특징이다. 실링팬을 연구했던 파커(Danny. S. Parker)는 공기의 흐름을 고려하여 실링팬의 날개를 제작하면 실링팬의 효율성이 향상될 것이라고 생각하고 팬의 날개를 공기역학적으로 설계하였다. 그 결과, 더 효율적인 가정용 실링팬을 만들 수 있었다.

Note

실링팬이란?

실링팬(ceiling fan)은 천장에 달린 선풍기를 말한다. 일반적으로 천장의 중앙에 위치하기 때문에 팬의 중앙에 조명을 삽입하기도 한다.

[그림 3-1] 여러 가지 모양의 가정용 실링팬

예비 구성요소 설계

전형적인 실링팬은 모터, 날개, 전등과 같은 간단한 기본 구성요소로 이루어져 있다. 본 설계에서는 팬의 날개를 공기역학적으로 개선하는 데 중점을 두었지만, 날개 모양을 변형하면 다른 구성요소의 설계에도 영향을 줄 수 있으므로 다른 구성요소에도 세심한 주의를 기울여야 했다. 구성요소와 관련된 예비설계 사항은 다음과 같다. 설계가 진행되면서 부가 요소를 고려하면 아이디어를 수정하고 다듬을 수 있다.

- 팬은 모터로 구동되므로 실링팬의 효율성을 증가시키기 위해서는 고효율 모터를 사용하는 것이 중요하다.
- 대부분의 실링팬은 방의 중간에 위치하는데, 전등도 방의 중간에 위치하므로 팬에 전등을 내장하는 설계가 고려되었다.
- 기존 실링팬에서 사용하는 모터보다 저렴할 뿐만 아니라 낮은 전력을 사용하는 모터이므로 공기역학적인 날개의 효율성을 높일 수 있을 것이라고 생각하였다.

평평한 날개는 바깥 부분의 날개 끝이 중심보다 빠르게 움직이기 때문에 기존의 팬 날개에서 공기의 흐름은 중심축에서 가장 낮고, 바깥 부분에서 가장 높다. 그러나 팬 날개를 공기역학적으로 설계하면 공기 흐름의 편차를 줄여 날개의 모든 부분에서 똑같이 공기를 나를 수 있게 만들 수 있다. 실링팬의 표준은 날개의 회전 속도를 50rpm에서 200rpm으로 제한하고 있으므로 이 조건을 만족시켜야 했다. 그러나 날개가 매우 빠르게 회전하기 때문에 이 조건을 지키는 것이 어려웠다. 더욱이 저속의 날개를 적용한 경험이 있는 공기역학 전문가를 찾는 것이 어려워 관련 연구 또한 쉽지 않았다.

파커는 수소문 끝에 2명의 저속 날개 공기역학 전문가를 에어로바이런먼트(Aero-Vironment) 사에서 찾아냈다. 그들은 컴퓨터 시뮬레이션 실험을 통해 여러 개의 실링팬을 조사한 결과, 대부분의 실링팬이 공기를 약 2m/s의 속도로 움직인다는 사실을 알아냈다. 따라서 성능을 개선한 실링팬이 경쟁력 있는 상품이 되기 위해서는 새로운 날개 모양이 공기를 2m/s의 속도로 움직여야 한다는 설계 목표를 세웠으며, 최대 회전수는 200rpm을 넘지 않아야 한다는 목표를 함께 세웠다.

낮은 속도의 날개를 만들기 위해 NASA의 헬리오스(Helios)에 적용된 컴퓨터 프로그램을 사용하였고, 헬리오스 프로펠러에 사용했던 것과 같은 프로펠러를 적용하여 새로운 실링팬 날개를 설계하였다. 처음에는 일리노이 대학교에서 공기 터널을 이용하여 개발한 GM15라고 불리는 날개를 팬 날개 모양으로 선택했으나 이는 실링팬으로 쓰기에 너무 얇았다. 따라서 다른 대안을 찾기 위해 세 가지 비행기 날개를 이용하여 8개의 팬 날개를 개발했다. 그리고 여러 번의 실험 결과, 실링팬의 설계에 가장 적합한 항공기 날개의 형태는 뒤틀리면서 바깥쪽으로 점점 얇아지는 모양이라는 결론을 얻게 되었다.

[그림 3-2]는 날개 부분의 시뮬레이션 결과를 보여준다. 시뮬레이션 결과, 이러한 모양의 날개는 같은 양의 공기를 흐르게 하기 위해 다음과 같아야 할 것이라고 예상했다.

- 모터에서 팬의 축에 전달되는 8W의 전력만으로도 성능 요구 조건을 만족할 것이다.
- 새로운 팬 날개의 효율은 기존의 평평한 팬 날개보다 두 배가량 향상될 것이다.

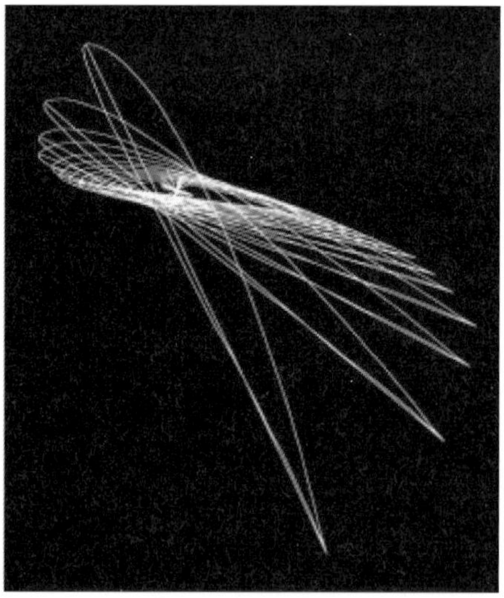

[그림 3-2] 날개 부분의 시뮬레이션 결과
(출처 : http://www.fsec.ucf.edu/en/ publications/html/FSEC-CR-1059-99/)

헬리오스 태양열 비행기

헬리오스(Helios)는 NASA가 에어로바이런먼트(Aero–Vironment) 사와 함께 태양열로 날 수 있도록 개발한 비행기로 62,000개의 태양전지에 의해 전원을 공급받는다. 헬리오스는 2001년 8월 무인으로 29,000m 상공에서 40분간 비행한 기록이 있다. 그러나 헬리오스는 2003년 6월 시험 비행 도중 태평양에 추락하여 파괴되었다.

(a) 태양열을 이용하여 나는 헬리오스

(b) 비행 중 추락한 헬리오스

[그림 3-3] 헬리오스 태양열 비행기

프로토타입 제작 및 테스트

개발 팀에서는 새로운 실링팬의 날개 프로토타입을 제작하여 테스트하였다. 첫 번째 프로토타입은 나무에 섬유 유리를 입히는 방법으로 제작했는데 이는 실패로 끝났다. 이 실패로 공학설계 과정에서 사용하는 재료와 표면처리 방식을 결정하는 것이 가장 중요하다는 것을 알게 되었다. 그리하여 개발 팀은 금속성 재질과 나무를 이용하여 지지대를 만들고 표면을 발사 나무로 처리하는 방식으로 재료의 결정과 표면처리 방식을 개선하였다. 이 방식으로 4개의 날개를 제작했으며, [그림 3-4]는 부분적으로 제작된 날개를 보여준다.

[그림 3-4] 새로 제작한 실링팬의 날개
(출처 : http://www.fsec.ucf.edu/en/publications/html/FSEC-CR-1059-99/)

파커는 상업용 팬에 사용되는 평평한 날개와 프로토타입으로 제작한 날개의 성능을 다음과 같은 항목을 기준으로 테스트하였다.

- 열선 풍속계로 측정한 공기 흐름 비율
- 디지털 전력측정계로 측정한 전력 사용
- 적외선 회전 속도계로 측정한 팬 중심의 회전 속도

전체 팬을 대상으로 다양한 위치에서 공기의 흐름을 측정하였다. 축의 중심으로부터 15cm 간격으로 12곳의 공기 흐름을 측정하였다. 팬의 반지름이 66cm를 넘지 않기 때문에 측정 위치의 반은 날개 밑에서 이루어졌고, 나머지 측정은 팬이 어느 정도까지 공기의 흐름에 영향을 주는지 측정하기 위해 팬의 날개가 미치지 못하는 위치에서 이루어졌다.

4개의 팬에 대하여 1.8m 지점에서 공기의 흐름과 모터의 전력 소모, 모터의 회전 속도를 비교하였으며, [표 3-1]에서 보듯이 비교 결과 새로 제작한 실링팬의 날개가 다른 날개에 비해 성능이 우수하다는 사실을 확인할 수 있었다.

[표 3-1] 실링팬의 성능 비교 실험

성능지표	실링팬			
	Emerson CF705	Emerson CF4852	Hunter Summer Breeze	FSEC/Aero-Vironment CF-1
공기 흐름율(CFM*)	3,110	6,057	5,339	6,471
소비전력(W)	50.2	93.1	74.8	49.6
소비전력당 공기 흐름율 (CFM/W)	61.9	65.1	71.4	130.5

* CFM : Cubit Feet per Minute

두 번째 테스트는 2개의 팬 날개를 같은 모터에 장착한 후에 이루어졌다. 그 결과, 같은 전기 에너지를 사용했을 때 성능을 개선한 팬 날개가 기존의 평평한 날개보다 두 배나 많은 공기 흐름을 일으킨다는 사실을 확인하였다. 이 테스트의 결과로 개발자들은 날개를 개선하기 위해 다시 설계할 필요가 있다고 확신하였다.

3.1.3 두 번째 설계 단계

안전 문제

가정용 실링팬을 설계할 때는 안전과 관련된 몇 가지 제약이 따른다. 예를 들어 팔을 뻗었을 때 팔이 실링팬에 닿으면 매우 위험하므로 미국의 대표적인 제품안전규격 시험기관인 UL(Underwriters Laboratories Inc)은 다음과 같은 제한을 두고 있다.

- 날개 속도를 50~200rpm 으로 제한한다.
- 팬 날개의 앞부분이 3.175mm보다 얇아서는 안 된다.

날개의 앞부분이 얇은 상태에서 팬이 반대 방향으로 회전하면 마치 칼날과 같아서 매우 위험하기 때문에 추가적으로 수정해야 한다. 따라서 날개의 끝부분을 무디게하는 것으로 설계를 변경하였다. 이처럼 실링팬이 전기 접합박스에 의해 지탱되어야 한다는 미국 전기규약(U.S. National Electric Code)과 실링팬 날개의 회전 속도를 50~200rpm으로 제한하는 UL 기준 등은 공학설계 과정에서 매우 중요한 제약 조건이라고 할 수 있다.

가정용 실링팬은 주로 전문적인 지식이 없는 사용자가 설치하기 때문에, 전문가와 비전문가 모두 다음과 같은 설치 설명서를 따라야 한다.

- 팬의 날개는 바닥에서 최소한 2.1m 위에 설치하고 벽에서 0.6m 이상 떨어져야 하며, 천장에서는 0.3m 아래에 위치해야 한다.
- 실링팬은 '사용 가능'이라는 라벨이 붙은 승인된 전기 콘센트에 연결해야 한다.

그러나 2.1m 위에 설치하더라도 동작할 때 손을 뻗거나 긴 물체가 날개에 접촉하면 다칠 수 있다. 따라서 가능한 한 바닥 가까이 설치할 때와 높이 설치할 때, 어느 쪽이 더 위험한지 장단점을 비교해야 한다.

실링팬의 무게는 5~15kg이므로 천장은 이 무게를 견딜 수 있어야 한다. 따라서 미국의 전기규약에 따르며 실링팬에 사용되는 전기 접합박스가 실링팬의 정지 상태와 운행 상태 모두 팬의 무게를 지탱할 수 있어야 한다. 그리고 실링팬을 운반하는 과정에서도 다칠 수 있으므로 일반인도 쉽게 운반할 수 있는 정도의 크기와 무게로 실링팬을 포장해야 한다.

에너지 효율성

실링팬의 설계를 개선하는 가장 중요한 목적은 효율성을 높이는 데 있다. 그러나 안전과 관련된 몇 가지 설계 제한요소로 인해 효율성에 제한을 받을 수도 있다. 일반적으로 실링팬 사용자들은 팬이 사람을 시원하게 하는 게 아니라 팬이 공기를 순환시켜 피부의 땀을 증발시킴으로써 더 시원함을 느끼게 한다고 생각한다. 따라서 방 안의 공기를 순환시키기 위해 방에 아무도 없을 때 팬을 작동시키기도 한다. 그러나 이것은 잘못된 인식이며 다음과 같은 이유에서 비효율적이다.

- 사람이 없을 때 작동시키는 것은 쓸데없이 에너지를 낭비하는 것이다.
- 사람이 없을 때 작동시키면 모터에 의해 발생하는 열 때문에 오히려 방 안의 온도를 올릴 수 있다.

따라서 실링팬의 설계를 개선할 때 효율성을 높이기 위해서는 제어 장치가 필요하다. 온도조절이 되는 빌딩에서는 온도조절 장치의 온도가 올라갈 때만 실링팬을 사용함으로써 에너지를 절감할 수 있다. 한 조사에 따르면 온도조절 장치의 온도를 몇 도만 높여도 25%의 에너지가 절감된다고 한다. 따라서 앞서 연구를 통해 성능을 개선한 실링팬이 기존의 실링팬보다 40% 이상 공기를 움직이며, 공기조절 장치를 사용하여 전력 소모를 35%까지 감소시킬 수 있다는 것을 예상할 수 있었다.

효율성과 관련된 또 다른 문제는 실링팬에 전등을 포함시키는 것이다. 만약 다른 곳에 따로 달려 있을 전등을 대신해서 실링팬에 전등을 단다면 에너지 효율에는 변함이 없겠지만, 그렇지 않고 실링팬에 포함된 조명 외에 별도의 조명이 있다면 전기를 많이 사용함으로써 빌딩의 에너지 효율을 떨어뜨릴 것이다. 또한 에너지를 효율적으로 사용하는 전등도 있지만 그렇지 못한 것도 있다. 따라서 실링팬에 비효율적인 전등을 포함시키는 것은 더 많은 전력 소모를 가져 올 수밖에 없다. 그러나 대부분의 실링팬은 전등이 필요한 곳에 위치하고, 또 많은 실링팬에 전등을 달아달라는 요청이 있기 때문에 여기서는 실링팬에 전등을 포함시켰다.

환경과 지속 보전성

효율성을 높여 성능을 개선한 실링팬은 여름에 냉방이 필요한 주택에서 전기 사용을 줄이는 데 효과적이다. 전기 사용을 줄인다는 것은 전기 에너지 소모를 줄인다는 것과 전력량을 낮춘다는 두 가지 의미를 갖는다. 이는 주택 소유자뿐만 아니라 전기 공급자 및 전기를 공급할 책임이 있는 자치단체에도 이득이다. 낮은 전력을 사용함으로써 전기를 발전시킬 때 사용하는 에너지 자원을 절약하고, 그에 따라 배기가스도 감소시킬 수 있기 때문이다.

3.1.4 마지막 설계 단계

법적 책임

실링팬 설계 시 잠재적인 법적 책임 문제를 피하기 위해 설계에 적용할 수 있는 모든 규약과 기준이 상조되었으며, 안전에 세심하게 주의를 기울였다. 법적 책임에 대한 문제는 기본 기술설계에 다양한 영향을 미친다. 성능을 개선한 팬 날개가 평평한 날개보다 같은 공기 양을 움직이는 데 더 적은 전력을 소모했기 때문에 상업적 경쟁을 위해서는 작은 모터를 사용해야 했다. 그러나 이 작은 모터는 표준 부품이 아니었고 새로운 모터의 품질을 보장할 수 없기 때문에 다른 실링팬에 사용한 모터를 사용하기로 했다. 결과적으로 최종 상품은 기존 실링팬과 거의 비슷한 양의 전력을 사용하지만, 공기 흐름 속도는 크게 향상시킬 수 있었다. 이 실링팬은 같은 양의 전력을 사용해서 더 많은 공기를 움직일 수 있었으며, 기존의 실링팬보다 에어컨의 사용을 줄이고, 가정에서 전기 사용도 줄일 수 있었다.

인적 요소와 미적 요소

실링팬의 설계는 어느 정도 인적 요소와 관련이 있다. 인적 요소 중 안전에 대한 내용은 앞에서 이미 설명한 바 있다. 여기에 덧붙여 상품이 일반 대중에 의해 사용되고 그들에 의해 설치될 가능성이 있다는 것을 고려할 때, 안전에 관련된 인적 요인은 다음과 같다.

- 이삿짐과 설치를 위한 수송
- 설치 중 전기 작업
- 움직이는 날개에 접촉했을 때의 사고

미적 판단을 통해 다양한 실내장식에 어울리도록 실링팬의 외형을 변화시켰으며, 프로토타입에서 거칠었던 끝부분을 부드럽게 다듬는 등 미적 요소는 성능을 개선한 실링팬의 설계에 많은 영향을 미쳤다. 게다가 제조회사는 상업적인 성공을 위해 미적 요소를 설계에서 강조했다. 때로는 미적 요소가 공학설계에서 소홀히 다루어지기도 한다. 공학자들에게 미적 요소는 기능과 같은 요인에 비해 상대적으로 덜 중요하게 여겨지기 때문이다. 종종 공학자들은 미적으로 바람직한 것에 대해 일반인과 다른 견해를 갖는다.

고객의 기대와 시장성

성능을 개선한 실링팬의 설계가 시장성을 갖추기 위해서는 다음과 같은 잠재고객의 기대를 충족시켜야 했다.

- 사용자들은 장치를 쉽게 조작할 수 있기를 원했다. 실링팬을 조작하는 것이 번거로운 것은 많은 사람들이 오랫동안 팬을 켜 두는 이유 중에 하나이기도 하다.
- 많은 사용자들은 가정용 전등이 달린 실링팬을 원했다.
- 대부분의 사람들은 반대 방향으로도 회전하는 팬을 원했다. 냉방효과와 전기의 효율성을 고려할 때 기술적으로 별 이득이 없지만 반대로 회전하는 방식이 더해졌다.

특히 마지막 항목은 단지 기술적 요인만을 고려한다고 해서 상업적인 성공을 보장하는 것이 아니라는 사실을 보여준다. 이 설계에서는 성능을 개선한 팬 날개가 한쪽 방향으로만 움직이는 것이 효율성 면에서 가장 좋은 선택이었지만, 제조업자는 반대로 회전하는 모드를 추가하면 더 잘 팔릴 것이라고 예상한 것이다.

제조와 재료

일반적으로 팬의 제조 방법과 어떤 재료를 사용할 것이냐 하는 점은 설계에 큰 영향을 줄 수 있으므로 설계 과정에서 특히 주의를 기울여야 한다. 실링팬을 설계할 때, 공기역학적인 팬 날개를 제작하는 것은 무척이나 어려운 일이라고 알려져 있었다. 비록 한 제조업체가 입체석판술(stereolithographic)을 이용해 프로토타입을 제작했지만, 이 방법은 양산에 적합하지 않았다. 결국 사출성형(injection molding)으로 플라스틱 날개를 제작하는 방법을 선택했다. 실링팬 제조업체인 킹스 오브 팬스(King of Fans) 사는 플라스틱 날개로 팬을 제조한 경험이 있었기 때문에, 결국 플로리다 태양에너지연구소(FSEC)와 에어론바이런먼트는 킹스 오브 팬스와 계약했다.

제어

성능을 개선한 팬 날개를 설계할 때, 실링팬이 비효율적으로 작동되지 않도록 다음과 같은 실링팬 제어 장치를 고려해야 했다.

- 방 안에 사람이 없을 때 팬을 끌 수 있는 센서 회로
- 온도에 따라 팬의 작동을 조절할 수 있는 온도조절 장치
- 미리 설정된 시간 동안 팬이 작동되도록 하는 타이머

처음에는 적외선 감지기를 이용하여 사람의 움직임을 감지하는 프레넬(fresnel) 렌즈를 사

용하려고 했으나 이를 채택하지는 않았다. 그래서 상용 실링팬은 팬을 자동으로 끌 온도를 사용자가 지정할 수 있는 온도조절 장치와 사용자가 시간을 정해서 일정 시간 후에 팬과 전등을 자동으로 끄게 하는 타이머를 적용했다. 이러한 제어 장치를 통해 사람들이 안락함과 효율성 면에서 편리하게 팬을 사용할 수 있도록 했다. 결과적으로 사람들이 가능한 한 쉬운 방법으로 사용하려고 하는 인적 요소가 이 설계에 반영되었다.

실링팬을 제어할 수 있는 사용자 인터페이스는 팬의 속도를 3단으로 제어할 수 있도록 고안되었다. 또한 벽이나 팬 자체에 부착된 스위치 대신 리모컨 제어 장치를 실링팬 제조 모델에 적용했다. 리모컨 장치를 사용함으로써 더 안전한 제어가 가능해졌으며, 팬 날개에 가까이 접근하여 발생할 수 있는 위험을 줄일 수 있었기 때문에 안전성 면에서도 크게 향상되었다.

경제성

성능을 개선한 실링팬의 가격은 시장에 있는 다른 실링팬과 비교해서 가격 경쟁력이 있어야 했다. 비록 다른 실링팬에 비해 같은 전력으로 약 두 배의 공기를 움직일 수 있게 개선되었지만, 소비자들이 이 장점에 가격을 얼마나 지불할지는 명확하지 않았다. 성능을 개선한 실링팬이 기존의 모델보다 전기를 효율적으로 사용한다는 점을 고려하여 에너지 효율성이 높아 소비자들이 전기 사용을 줄일 수 있다는 점에 초점을 맞춘다면 판매율을 높일 수 있을 것이라고 예상했다.

천장 공기의 흐름을 증가시키기 위해 실링팬을 빠른 속도로 가동시킬 수도 있고, 공기의 움직임을 원활하게 하면서도 동시에 낮은 전력을 사용하기 위해 속도를 낮춰 가동시킬 수도 있다. 따라서 소비자를 위한 최상의 경제적 특징은 "같은 전기로 더 많은 공기를 흐르게 한다."라는 것과 "같은 공기 양을 흐르게 하기 위해 더 적은 전기를 사용한다."라는 것이다.

3.1.5 최종 제품과 상업적 결과

[그림 3-5]와 같이 두 가지 가정용 실링팬 모델이 제품으로 만들어졌다. 하나는 평평한 모터 덮개가 있는 현대적인 감각의 매끈한 스타일을 살려 디자인했고, 다른 하나는 좀 더 전통적인 스타일을 살려 디자인했다.

- 5개의 공기역학적 팬 날개를 사용한다.
- 지름은 1.4m로 한다.
- 기존의 실링펜보다 40%가량 공기 흐름을 크게 향상시킨다.

(a) 현대적인 감각의 주택용 실링팬 (b) 전통적인 스타일의 주택용 실링팬

[그림 3-5] 성능을 개선한 가정용 실링팬의 형태

성능을 개선한 실링팬은 2001년에 판매를 시작했는데, 판매량은 당초 예상을 훌쩍 뛰어넘었다. 기존 실링팬에 비해 성능이 향상된 실링팬은 작동할 때 에너지를 절반만 사용하여 1년에 약 20달러의 전기료를 절약하게 하였고, 더 효율적인 빛과 뛰어난 공기 흐름을 제공하여 호평을 받았다.

3.2 내화성 빌딩 공학설계

빌딩을 건축할 때에도 공학설계 프로세스가 적용된다. 이 절에서는 내화성을 갖는 영국의 리즈 너필즈(Leeds Nuffield) 병원의 설계 사례를 통해 공학설계 프로세스를 살펴보고자 한다.

학습 목표

- 내화성에 기반을 둔 빌딩의 설계 개요와 설계 접근법을 살펴본다.
- 영국의 리즈 너필즈 병원의 설계 사례를 살펴본다.

3.2.1 개요

2001년 9월 11일 뉴욕 국제무역센터의 붕괴는 화재로부터 인명과 건물의 안전을 보장할 수 있는 빌딩 설계 방법에 대해 심각하게 고민하는 계기가 되었다. 이와 관련하여 2002년 5월 미국의 연방응급관리국(FEMA : Federal Emergency Management Agency)에서는 국제무역센터의 붕괴와 관련하여 연구 보고서를 간행하며, 다음과 같이 내화공학(structural fire engineering)[1]과 관련하여 몇 가지를 권고하였다.

- 설계 과정에서 화재 상황에 대한 구조적인 시스템 동작은 중요하게 고려되어야 한다.
- 구조적인 시스템은 화재에 충분히 견딜 수 있어야 하며, 다양한 형태의 화재도 극복할 수 있어야 한다.
- 방염재(fire protection material)는 화재 노출 시에도 변형되지 않아야 한다.
- 세로 기둥과 가로 기둥 사이의 연결이 화재 시 어느 정도까지 유지될 수 있는지 알아야 한다.

안전을 보장하기 위해서는 체계적인 화재 진화 작업과 대응 및 대피 방법을 마련해야 하고, 화재 안전 시스템을 구축하는 한편, 소방서 화재 작업과 공조할 수 있는 해결책을 채택해야 한다. 일반적으로 화재에 대한 구조체의 내화는 다음 조합에 의해 결정된다.

1 내화공학은 화재가 발생했을 때 건물을 화재로부터 안전하게 보호하기 위한 융합 학문이다. 내화공학은 구조적인 안정성을 가지고 능동적 혹은 수동적으로 화재를 방어함으로써 화재가 번지는 것을 제어하는 기술을 포함한다.

• 화재에 대한 구조적인 저항성
• 구조에 적용되는 재질의 내화성

설계자는 구조물의 화재에 대한 내화 목표를 달성하기 위해 구조적으로 화재를 견딜 수 있도록 할 것인가, 아니면 내화재를 사용해서 화재를 견딜 수 있게 할 것인가를 결정해야 한다. 화재에 대한 내화성과 신뢰성은 내화재(불에 잘 타지 않고 견딜 수 있는 재료)를 증가시키지 않고도 향상시킬 수 있다. 더구나 빌딩 구조는 내화재를 사용하지 않으면 손상을 덜 받아 빌딩 수명이 길어지기 때문에 정기적인 유지 보수가 문제가 되는 경우에 설계자는 구조 자체의 저항성을 향상시키는 방법을 선택할 것이다.

3.2.2 설계 접근법

규약 준수와 전통적 설계

국가는 화재 안전 기준을 규정하고, 그 기준에 따라 건물을 설계하도록 하고 있다. 이러한 화재 안전 기준은 건물 설계 시 필요한 전형적인 지침으로 이루어지며, 대피와 구조적인 내화력, 내화 차단막, 소방 활동 등에 필요한 장치를 설명한다. 일반적으로 규정에서 정한 지침을 준수한 건물은 화재의 위험으로부터 안전하다고 인식된다. 그러나 규정의 지침을 따랐다고 해서 반드시 안전하다고 할 수는 없다. 건축공학이 점차 발전하면서 건축 설계자들은 다양한 형태로 설계함으로써 건물은 점점 높아지고, 더 복잡해지기 때문에 기존에 일반적으로 적용하는 안전 기준이 미흡할 때가 많다. 따라서 때로는 안전 문제를 해결하기 위해 더욱 엄격한 접근법이 필요하다.

내화 기반의 설계

안전 기준은 기본 지침으로 활용할 수 있지만 그것들 중에는 구체적이지 않은 것이 있으며, 때로는 큰 건물에 적합하지 않은 것도 있다. 따라서 그 대안으로 내화 기반 접근법을 사용할 필요가 있다. 이 접근법은 새로운 개념은 아니지만, 이해가 부족하고 적용 기술이 많지 않아 사용하는 데 제한을 받았던 것이 사실이다. 그러나 시간이 지남에 따라 새로운 기술과 지식, 지침들이 늘어나 널리 사용할 수 있게 되었으며, 그로 인해 비용 면에서 훨씬 더 효율적이면서 더욱 유연하고 건축할 수 있게 되었다. 내화재의 규격을 계산하는 데 적용되는 내화성 평가는 내화공학 영역에서는 매우 현실적인 접근법이다. 이 방법으로 충분히 화재에 안전한 건물을 지을 수 있다는 것을 보여 주었고, 전체적으로 화재 정책에 대한 가정과 영향이 철저하게 검증되었다.

화재에 대한 내구 기간을 보장하기 위한 전통적인 방법은 구조물이 임계온도에 도달하는 것을 막기 위해 내화재를 사용하는 것이다. 그러나 일반적으로 임계온도는 550℃에서 620℃ 사이로 추정하였고 열에 대한 내화력은 용광로에서 한 번의 테스트에 의해 결정되었다. 그러나 이 방법은 용광로 테스트를 통과했다고 해서 화재를 견딜 수 있다고 볼 수 없다는데, 그 이유는 다음과 같다.

- 용광로의 온도는 시간이 지남에 따라 무한히 증가하므로 결국에는 타서 없어지는 실제 건물을 나타낼 수 없다.
- 용광로 테스트를 통과했다는 단 하나의 이유로 구조 골격(structural frame)이 화재에 견딜 수 있다고 볼 수는 없다.

현재 공학자들은 화재 시간과 자연에서 발생하는 화재를 감안한 접근법 덕분에 구획의 실제 온도를 구획의 기하학적 구조와 화재 하중 및 공기의 유통에 대한 함수로 예측할 수 있게 되었으며, 화재 조건에서 건물의 구조적인 성능을 설명할 수 있게 되었다.

철골구조협회(steel construction institute)와 건축연구기관(building research establishment)에서는 카딩톤(cardington)에서 수행된 실물 모형의 테스트 연구 및 개발에 따라 새로운 설계 방법을 제시한 매뉴얼을 출간했다. 이 새로운 방법은 주요한 단계를 보여주고 있기는 하지만, 이 방법으로 3차원적인 상호작용을 예측하는 것은 불가능했다. 큰 건물은 전체 구조 간의 상호작용이 중요하기 때문에 일반적으로 수치 분석이 필요하다. 또한 Vulcan과 같은 컴퓨터 프로그램을 사용하면 기둥의 내화력과 차단막, 현수선 동작(cartennary action)의 효과를 포함하여 구조 프레임과 3차원 동작을 예측할 수 있다. 이에 따라 공학자는 3차원적으로 견고함을 조사할 수 있고, 통합된 화재 안전 평가를 수행할 수 있었다. 이 프로그램의 장점은 전반적으로 안전성을 계량화할 수 있고, 구조적으로 화재에 대한 저항성을 높일 수 있다는 것이다.

통합 접근법

화재에 대한 내화력을 가장 적절하게 나타내는 기준은 시간이다. 시간 기준을 가지고 대피 과정과 구조적인 내화력의 척도, 소방 활동이 개입할 수 있는 정도 등을 통합해서 설계할 수 있다. 화재를 방지하기 위한 모든 정량적 기준을 통해 화재 진압 시간을 줄이고, 전체적인 구조물의 안정성을 높이며, 대피 시간을 줄일 수 있다.

3.2.3 리즈 너필즈 병원 사례

영국의 리즈 너필즈(Leeds Nuffield) 병원은 리즈 시(Leeds City) 중심가에 위치해 있다. 혼잡한 시내에 총 11층 규모로 들어서 있는 이 건물은 처음에 콘크리트 구조로 건축할 계획이었지만, 설계자와 시공자가 결정된 후, 90주의 짧은 기간 안에 건축하기 위해 철강 구조를 선택했다.

건물의 길이는 60m이고, 폭은 18.6m, 높이는 30m에 달한다. 중앙에 콘크리트 코어(concreate core)을 세우고 각 건물 끝에는 콘크리트 벽으로 지지하여 측면의 안정성을 강화했다. 중요한 것은 그 건물이 바닥의 평석과 대들보 설계에 영향을 줄 수 있는 바닥 진동에 대한 엄격한 기준을 만족시켰다는 점이다. 또한 병원 건물은 화재 하중이 잘 관리되어야 하고, 내부 기둥은 방화막으로 보호되도록 한다.

평가 기준과 분석

공학 문제를 해결함에 있어 반드시 그 해결 방안을 평가할 수 있는 기준을 설정해야 한다. 화재가 나면 건물 구조는 건물을 지탱해야 하고, 모든 구획은 안전하고 온전한 상태를 유지해야 하며, 화재로부터 인명과 재산을 보호해야 한다. 이를 위해 기둥은 수직 하중을 지탱해야 하고, 대들보와 바닥은 BS476ref(내화성에 관한 영국 공업 규격)에서 규정한 굴절 기준을 지켜야 했다. 굴절 기준을 지킨다고 해서 해결책이 보장되는 것은 아니지만, 이는 구조물과 재질의 내화력을 평가하는 기준으로 사용된다.

분석하는 데는 다음과 같이 몇 가지 방법이 있다.

- 각 재질에 따라서 열을 가했을 때 시간에 따른 온도 변화를 보여주는 표준 화재 곡선(standard fire curves)을 그려 본다.
- 시간에 따른 간단한 공식으로 표준 화재에 노출되는 시간과 동일한 시간 동안 자연 화재에 노출되었을 때의 영향을 판단할 수 있다.
- 실제 대기 온도를 구획의 기하학적 구조와 공기의 유통, 화재 하중 및 시간과 관련하여 계산할 수 있다.

병원에서는 60분을 기준 시간으로 계산했다. 표준 화재 곡선을 이용한 계산에 의해 보호된 철강의 온도는 가장 최악의 화재에도 임계온도를 넘지 않는다는 것을 알 수 있었다. 이 결과는 단순히 시간만을 고려해 계산한 결과보다 더 엄격한 평가이다.

화재에 대한 구조 분석

구조는 대부분 영국 셰필드 대학(Sheffield University)에서 개발한 Vulcan이라는 무한 요소 분석(finite element analysis) 프로그램을 이용하여 분석되었다. 이 분석 프로그램은 비선형적인 프로그램이며 큰 규모의 화재를 통해 검증되었다. 처음에는 작은 하부 구조부터 분석하였는데, 분석의 목적은 정해진 기준에 도달하기 위한 최적 내화의 정보를 얻는 것이었다. 따라서 방화막의 두께를 변화시키고, 가해지는 열과 구조물의 크기를 변화시켜 가면서 변화 감도를 분석했다.

해결 방안이 결정되고 나서 작은 모델로 실제 건물을 나타낼 수 있는지 보여주기 위해 강화 그물, 콘크리트 등급, 대들보의 크기 등 더 큰 구조물에 대한 분석이 실시되었다. 성능 기준이 달성되었는지 확인하기 위해 이동량과 가해지는 힘을 세밀하게 분석하였다. 예를 들어 대들보와 평판의 수직 이동은 수직 구획이 있는 곳에서 제한 이동 값을 넘어서는지 검사해야 했다. 이러한 접근법을 통해 대들보와 기둥, 그리고 이들 간 연결의 상호작용을 포함한 전반적인 구조적 안정성을 보장할 수 있었다. [그림 3-6]은 Vulcan을 이용한 분석 결과로, 다양한 파라미터를 갖는 대들보에 대해 열을 가했을 때 시간에 따른 변형 정도를 보여준다.

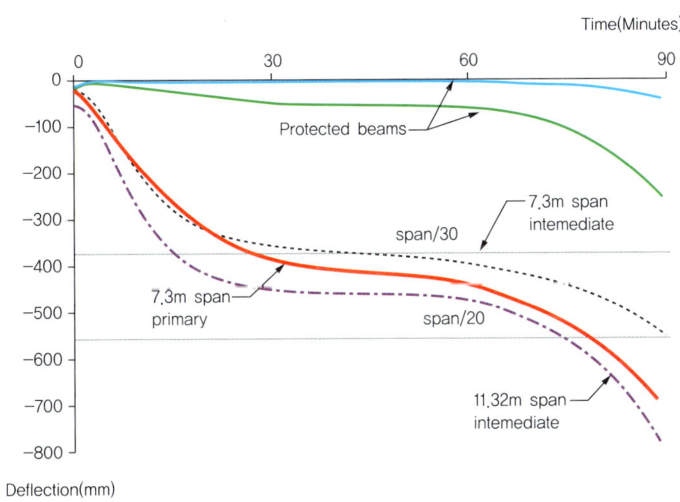

[그림 3-6] Vulcan으로 예측한 시간별 구조물의 변형 정도

하나의 대들보가 보호막으로 완전히 보호되지 못하더라도 서로 연결되는 부분은 완전하게 보호되어야 했다. 이를 위한 가장 최적의 해결책은 평판의 내화력을 높이는 대신 중간에 기둥과 연결되지 않는 대들보를 보호막으로 보호하지 않는 것으로 결정되었다.

내화성이 필요한 곳에는 성능 기준을 충족시키기 위해 그 내화성 물질의 두께를 세심하게 결정하였다. 이 방법은 재료 자체의 내화성이 증가하기 때문에 구조에 손상을 입힐 가능성이 줄어들며, 견고한 해결책이 될 수 있었다. 또 다른 부수적인 이득은 내화성 물질을 줄임으로써 전체 건축 비용을 절감할 수 있다는 점이다. [그림 3-7]은 Vulcan으로 예측한 온도가 상승했을 때 평판이 뒤틀린 모습을 보여준다.

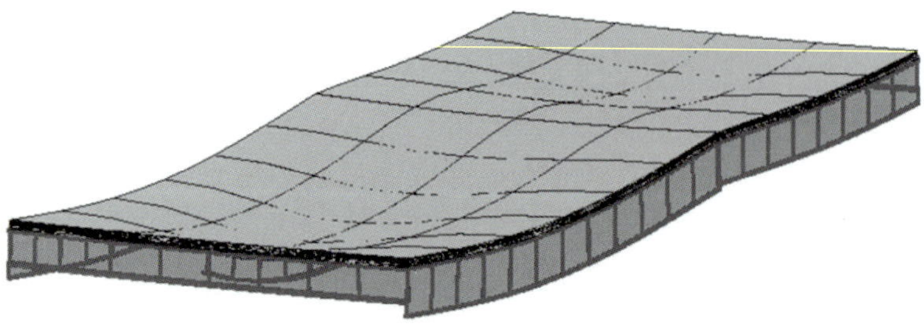

[그림 3-7] 온도가 상승했을 때 평판이 뒤틀린 모습

3.2.4 비교와 이득

[표 3-2]는 규범의 기준과 채택된 해결 방안을 따랐을 때의 비용을 비교한 것이다. 표에서 알 수 있듯이 이러한 공학적 해결 방안은 화재가 발생했을 때 성공적이었으며, 약 25만 파운드의 비용을 절감할 수 있었다.

[표 3-2] 규범을 준수한 경우와 공학적 해결 방안을 따르는 경우의 비용 비교

항목	규범을 준수한 경우		공학적 해결 방안을 따르는 경우	
	필요 조건	비용/m^2	필요 조건	비용/ m^2
기둥의 내화력 주대들보의 내화력 중간대들보의 내화력	120분 120분 120분	40파운드	60분 60분 0분	20파운드
평판의 강도	A193 (바닥의 강도 규격)	3파운드	A393 (바닥의 강도 규격)	4.2파운드
화재 내화강도와 비교 비용 (바닥 : 8,500m^2)	120분 (표준 화재 곡선에 의함)	327,000파운드	무한	123,000파운드
			순수 절감비용	249,000파운드

3.2.5 개선점

비록 가장 최신 공학과 연구 지식을 설계 과정에 반영했지만, 다음과 같이 개선해야 할 몇 가지 요소가 남아 있었다.

- **복합적인 위험 요소**

  안전을 위해 화재 이후의 폭발과 같은 복합적인 위험 요소를 고려해야 한다.

- **위험에 기반한 접근법**

  정량적 위험 분석은 화재 안전 척도를 결정하는 가장 적절한 방법이며, 비용 및 성능과 안전 사이의 균형을 적절하게 맞추기 위해 사용될 수 있다. 현재의 기술로 공학자가 화재 결과를 예측할 수는 있지만, 특정 화재의 확산 가능성을 결정할 수 있는 통계적인 데이터는 부족하다.

- **연결 부위의 성능**

  대들보와 기둥 연결의 내화력은 전체적으로 구조물을 견고하게 하는 데 결정적인 역할을 한다. 현재 연결 부분의 성능을 컴퓨터로 상세하게 모델링하는 것은 비용이 많이 들기 때문에 Vulcan을 이용하여 효율적으로 연결 부위의 성능을 모델링하는 연구가 진행되고 있다.

- **전체 구조에 영향을 미치는 부분적 성능**

  반드시 대들보의 성능이 전체 구조물의 성능에 영향을 미치는 것은 아니다. 하지만 분명히 부분적인 결함은 전체 구조물에 영향을 미칠 수 있다. 따라서 부분적으로 모델링을 하는 방법이 개발되어야 한다.

- **극단적으로 높은 온도에서의 재료 특성**

  몇몇의 화재에서는 주위 온도가 매우 급격하게 올라가는 경우가 있다. 이렇게 극단적으로 온도가 올라가는 것은 짧은 시간 동안에만 발생하지만 높은 온도에서 내화성 물질의 성능은 어떠한지 조사할 필요가 있다.

3.2.6 결론

공학자들은 단순하게 전통적인 방법으로 강철 구조물의 내화성을 측정하는 방법을 점점 사용하지 않기 시작했다. 이 방법은 간단하지만 직접적으로 전체 골조의 안전성과 견고성을 고려하지 않기 때문이다. 과학기술과 지식이 발달함에 따라 규범보다 분석된 데이터를 기초로 하는 성능 기반의 공학적 접근법이 주목을 받고 있다. 올바르게 적용된 내화공학의 접근법은 규범적인 방법보다 더 견고하다는 사실이 입증되었기 때문이다.

결론적으로 리즈 너필즈 병원의 사례를 통해 내화공학을 적용함으로써 건물의 안전을 보장하면서 건축 비용 또한 절감할 수 있다는 것을 확인할 수 있었다. 이는 내화물질의 내화력을 덜 강조하는 대신 구조물 자체의 화재에 대한 저항성을 강화함으로써 달성할 수 있었다.

PART

02

공학커뮤니케이션과 공학윤리

Engineering Communication and Engineering Ethics

공학설계 프로세스를 잘 실행하기 위해서 공학자가 갖춰야 할 능력 중 가장 중요한 것이 의사소통 능력이다. 현재 공학설계는 한 명의 유능한 공학자가 설계를 모두 진행하는 것이 아니라 주로 팀 단위로 진행한다. 따라서 팀원 간의 의사소통이 반드시 필요하다. 최근에는 공학자가 공학윤리를 기본 소양으로 갖추고 있어야 하는 것으로 인식되고 있으며, 이를 통해서 좀 더 향상된 공학적인 자질을 갖게 된다. Part 02에서는 공학설계 프로세스에서 필요한 의사소통 능력, 즉 공학커뮤니케이션과 공학윤리에 대해서 설명하고, 실제 공학윤리의 사례를 살펴보고자 한다.

CHAPTER

4장

공학커뮤니케이션

Engineering Communication

4.1 의사소통의 이해

4.2 보고서 작성법

4.3 프레젠테이션 방법

연습문제

공학설계 과정에서는 설계 팀원뿐만 아니라 생산에 관여하는 기술자와 경영자, 소비자가 지속적으로 의사소통을 해야 한다. 그 결과물로서 보고서는 설계 프로젝트의 전 과정을 정리한 것이다. 보고서가 프로젝트를 의뢰한 사람이나 경영자에게 전달되지 않는다면 프로젝트를 종료한 것으로 보기 어렵다. 최종 설계 결과는 설계도와 제조명세를 포함한 최종 보고서, 프레젠테이션 등의 형태로 전달된다. 이 장에서는 의사소통의 구성요소를 알아보고, 의사소통 과정에서 발생할 수 있는 문제점과 해결책을 제시하는 한편, 프로젝트가 종료됐을 때 보고서를 작성하는 일반적인 방법과 프레젠테이션 방법 등에 대해 살펴볼 것이다.

4.1 의사소통의 이해

의사소통은 공학설계 프로세스를 효율적으로 수행하기 위해서 반드시 필요하다. 이 절에서는 커뮤니케이션 모델을 살펴보며 의사가 전달되는 과정을 이해하고자 한다.

학습 목표

- 의사소통의 정의를 살펴본다.
- 클램핏의 의사소통 프로세스 모델과 각 구성요소를 이해한다.

4.1.1 의사소통의 정의

설계 과정에서 한 개인이 설계에 대한 모든 책임을 지는 일은 없다. 설계는 혼자서 할 수 있는 작업이 아니기 때문이다. 따라서 설계 팀원과 기술자뿐만 아니라, 기업 경영진과 생산직 근로자에게 일정한 의사소통 능력이 필요하다. 설계의 최종 단계에서 요구되는 것이 보고서와 프레젠테이션이라는 점에서 더더욱 그러하다. 기본적으로 의사소통(communication)이란 상대의 생각을 이해하는 데 목적이 있으므로 의사소통의 부재는 결과적으로 이해의 부족을 의미한다. 그럼에도 대부분 공학자들은 글쓰기와 말하기에 익숙하지 못하다. 그 가장 큰 원인은 상대적으로 언어 과목에 무관심하기 때문이다. 이러한 문제점을 해결하지 못하는 한, 보고서를 제대로 작성하거나 프레젠테이션을 설득력 있게 하기는 어렵다.

글쓰기 능력의 향상은 언어 지식의 향상과 무관하지 않다. 다시 말해 한글맞춤법 규정부터 문장 구성의 일반 원리에 이르기까지 기본적인 언어 지식이 부족하면 글을 제대로 쓸 수 없다. 설령 글을 쓴다고 해도 설득력을 기대하기는 어렵다. 그러므로 오늘날 대학 교육과정에서는 보고서 및 논문 작성법 강의를 늘려서 학생들의 글쓰기 능력을 향상시킬 수 있도록 돕고 있다.

실제 산업 현장의 공학자들은 의사소통하는 데 많은 시간을 할애한다. 얼굴을 맞대고 미팅을 하거나, 전화 통화를 하지 않고서는 비즈니스를 할 수 없다. 제안서나 보고서를 작성하는 일도 많다. 자기 생각을 명확하게 표현하지 못하거나 이해시킬 능력이 부족한 공학자는 설계 프로젝트에서 정보를 받아서 처리하는 일만 하고 정보를 생성하는 일은 하지 못한다. 따라서 자기 뜻을 얼마나 명료하고 효율적으로 전달할 수 있느냐에 따라 공학자로서의 평가가 달라질 수 있다.

4.1.2 클램핏의 의사소통 프로세스 모델

의사소통을 원활하게 하기 위해서는 의사소통의 기본적인 절차를 이해하는 것이 중요하다. 아울러 효율적인 의사소통을 위해서는 메시지를 명확하게 만들어내는 전략이 필요하고, 듣는 사람이 메시지를 어떻게 받아들였는지 반드시 피드백을 통해 확인해야 한다. 왜냐하면 대부분 사람들은 의사소통하는 과정에서 상대방의 메시지를 자기중심적으로 이해하는 경향이 있기 때문이다. 이와 관련하여 필립 클램핏(Phillip G. Clampitt)은 2005년에 의사소통 프로세스 모델로 [그림 4-1]과 같은 '일반적인 커뮤니케이션 모델(typical communication model)'을 제안하였다.

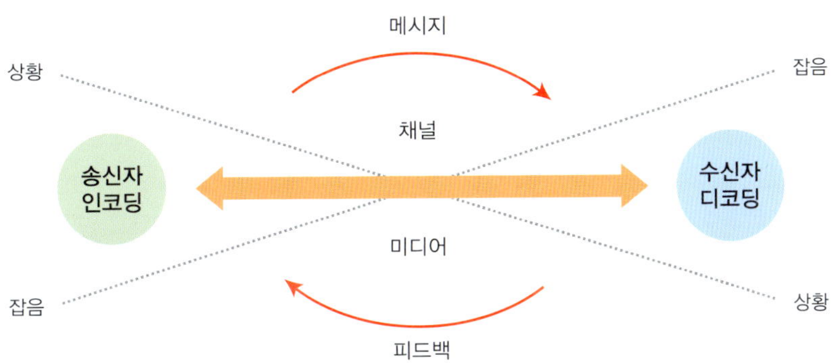

[그림 4-1] 클램핏의 일반적인 커뮤니케이션 모델

이 모델에 따르면 송신자는 자신이 전달하고자 하는 메시지를 말이나 글로 인코딩(encoding)하여 채널(channel)을 통해 수신자에게 전달하고, 수신자가 메시지를 디코딩(decoding)함으로써 의사소통이 이루어진다. 이 과정에서 메시지는 의사소통 상황과 전달과정에서 잡음(noise)의 영향을 받게 된다. 따라서 송신자는 수신자로부터 의미의 전달이 제대로 이루어졌는지 반드시 피드백을 통해 확인해야 한다. 클램핏이 제안한 의사소통 프로세스 모델의 구성요소를 좀 더 자세히 살펴보자.

메시지

메시지(message)는 송신자가 전달하고자 하는 생각이나 느낌을 말한다. 이를 전달할 때에는 시각적인 방법(문자 언어, 몸짓), 청각적인 방법(음성 언어, 어조), 촉각적인 방법(신체 접촉), 후각적인 방법(화장품, 향수) 등이 사용된다. 즉 메시지를 전달하기 위해서는 언어뿐만 아니라 준언어(말투나 억양 등)와 비언어(얼굴 표정 등) 등을 적절하게 활용해야 한다. 예를 들어 말하는 사람이 심각한 말을 하면서 목소리나 얼굴 표정을 밝게 한다면 듣는 사람이 메시지를 받아들이는 데 어려움을 느낄 수밖에 없다.

채널

채널(channel)은 메시지를 전달하는 수단을 말한다. 의사소통은 얼굴을 마주 보고 대화하는 방법만 있는 것이 아니라 전화기를 이용하거나 문서를 이용할 수도 있다. 얼굴을 마주 보고 대화를 할 때도 시각, 청각, 후각 등 다양한 채널을 이용하며, 경우에 따라 촉각을 적절하게 사용하기도 한다. 따라서 의사소통 능력이 뛰어난 사람이란 대화 상황에 따라 적절한 채널을 효과적으로 사용하는 사람이라고 할 수 있다.

수신자 디코딩

의사소통 과정에서 송신자가 인코딩(encoding)을 아무리 바르게 했어도 수신자가 어떻게 디코딩(decoding)을 하느냐에 따라 메시지가 제대로 전달되지 않을 수도 있다. 메시지에 담긴 의미는 해독하는 사람이나 맥락 등에 의해 얼마든지 달라질 수 있다. 따라서 수신자는 송신자의 의도를 질문이나 다양한 방법을 통해 적극적으로 확인함으로써 메시지가 의도하지 않은 의미로 잘못 해독되는 것을 막아야 한다.

피드백

수신자는 송신자의 메시지에 반응하는데, 이 반응은 수신자에게 그대로 전달된다. 이를 피드백(feedback)이라고 한다. 피드백은 언어뿐만 아니라 준언어와 비언어의 형태로 나타나기도 하는데, 이를 통해 메시지가 제대로 전달되었는지 확인할 수 있다. 송신자의 관점에서 보면 수신자의 적극적인 피드백은 매우 중요한 의미가 있다.

상황

의사소통은 결코 진공 상태에서 이루어지지 않는다. 일정한 상황(context)과 불가분의 관계에 있으며, 이것은 메시지의 의미를 좌우한다. 클램핏은 '상황'을 그림의 캔버스처럼 메시지의 배경 역할을 한다고 말한다. 똑같은 표현이라도 어떤 상황에 놓이느냐에 따라서 다르게 해석될 수 있다. 예를 들어 "심장이 멈추었다."라는 표현은 대화 상황에 따라 감동을 뜻하는 말이 될 수도 있지만, 죽음을 뜻하는 말이 될 수도 있다. 즉 깜짝 놀란 사람이 한 말이냐 혹은 환자를 진료한 의사가 한 말이냐에 따라 그 의미가 달라지는 것이다.

잡음

잡음(noise)은 메시지의 의미를 간섭하거나 왜곡시키는 모든 요인을 아우르는 말이다. 딕슨(Dickson)은 의사소통의 정확성과 효율성에 장해가 되는 요인을 다음과 같이 분류하였다.

■ 심리적 요인

심리적 요인은 특정 메시지를 이해하는 데 영향을 미치는 지각적인 편견으로, 고정관념이 한 예이다. 예를 들어 학생들은 교사가 권위적이며 비판적일 것이라는 선입관 때문에 교사가 긍정적인 메시지를 보내도 부정적으로 이해하는 경우가 종종 발생한다.

■ 의미적 요인

의미적 요인은 언어나 문화의 차이에 의해 메시지가 왜곡되거나 간섭받는 것을 의미한다. 효율적인 의사소통을 하기 위해서는 메시지가 갖는 기본적인 가치나 동기, 암시 등을 추론하고 이해하는 것이 필요하다. 만일 시간이나 공간, 사생활에 관한 문화적인 차이가 있다면 그로 인해 오해가 발생할 수 있는 소지가 있다.

■ 환경적 요인

환경적 요인은 방의 크기나 가구의 배치, 온도와 습도, 소음, 조명 등과 같은 요인을 의미한다. 이러한 환경적 요인이 의사소통에 영향을 미치지 않을 것 같지만 때로는 상호작용을 고무시키기도 하고, 때로는 방해하기도 한다.

■ 인적 요인

인적 요인은 연령이나 성별 같은 요인을 의미한다. 예를 들어 남녀의 성별은 메시지를 해독하는 데 영향을 미칠 수 있다. 남자들이 고개를 끄덕이는 행위는 '동의함'을 나타내는 신호지만, 여자들의 경우 '동의를 하지 않더라도 현재 이야기를 듣고 있음'을 나타내는 신호로 사용하기도 한다. 따라서 시각적으로 같은 피드백이라도 실제로 다른 의미를 담고 있을 수 있다.

■ 조직적 요인

조직의 요인이 때로는 의사소통에 장애가 될 수도 있다. 조직 간의 경계, 의사소통 수단, 격리된 직원의 자리 배치, 팀 또는 관리자와 미팅 부족 등이 효율적인 의사소통에 부정적인 영향을 미치는 것이다.

의사소통 과정에서 어느 정도의 잡음은 피할 수 없다. 따라서 잡음의 근원을 파악하고, 이를 최소화할 수 있는 방법을 찾아야 한다.

4.2 보고서 작성법

보고서는 매우 중요한 의사소통 방법 중 하나이다. 이 절에서는 공학 보고서를 작성하는 일반적인 규칙과 보고서에 포함시켜야 할 내용에 대해서 설명한다.

학습 목표

- 보고서를 작성하는 기본 규칙을 이해한다.
- 보고서의 목적을 명확하게 규정하는 방법을 배운다.
- 보고서의 형식을 이해한다.
- 보고서에 사용하는 문장의 특징을 이해한다.
- 보고서에 사용하는 도표의 활용 방법을 배운다.
- 보고서의 단계별 점검 요인을 살펴본다.

4.2.1 보고서 작성 규칙

보고서(report)란 데이터를 분석하여 얻은 연구 결과를 일정한 형식에 따라 작성한 문서이다. 보고서를 작성할 때에는 누구에게 제출할 것인지와 같이 구체적인 독자를 정하여 읽기 편하고, 이해하기 쉽게 작성해야 한다. 제목은 간결하면서 본문 내용을 함축적으로 나타내야 하고, 보고서의 레이아웃과 형식은 가독성을 고려하여 텍스트와 표, 그림이 잘 보이도록 배치해야 한다. 표나 그림 등의 자료는 이해하기 쉽게 표현하되 적절한 제목을 붙여야 한다.

보고서는 일반적인 보고서 작성법에 따라 작성해야 하지만, 독자가 편하게 읽을 수만 있다면 반드시 규칙을 따를 필요는 없다. 예를 들어 "보고서는 간결하게 작성해야 한다."라는 규칙이 있지만, 만일 고객이 전문 지식을 얻기 위해 상세한 내용을 원한다면 간결한 것보다는 내용을 충분히 담고 있는 것이 좋다. 이런 경우에는 간결한 보고서보다 상세한 내용을 담고 있는 보고서가 좋은 보고서가 된다. 여기서는 완벽한 보고서를 작성하는 방법보다 보고서를 작성하는 일반적인 방법에 대해서 설명할 것이다. 다음은 좋은 보고서를 작성하기 위한 기본 규칙이다.

핵심포인트 **보고서를 작성하는 기본 규칙**

- **규칙 1** : **독자는 왕이다.**
- **규칙 2** : 보고서는 간결하게 작성해야 한다.
- **규칙 3** : 보고서는 독자가 편하게 읽을 수 있도록 작성해야 한다.
- **규칙 4** : 참고문헌은 상세하고 정확하게 표시해야 한다.
- **규칙 5** : 보고서는 정확하게 작성해야 한다.
- **규칙 6** : 표는 이해하기 쉽게 표현해야 하며 제목을 붙여야 한다.
- **규칙 7** : 초록(abstract)은 전체 내용을 잘 함축해야 한다.
- **규칙 8** : 보고서는 기술적인 오류 및 오탈자가 없어야 하며, 일관성을 유지해야 한다.
- **규칙 9** : 보고서는 보기에 좋아야 한다.

앞서 제시한 규칙 가운데 **규칙 1**이 가장 중요하다. 이 규칙에 따라 보고서의 다른 규칙은 독자의 요구에 따라 달라질 수도 있으며, 상황에 따라 달리 적용될 수 있다. 만일 독자가 보고서를 보고 이해하기가 쉽지 않다면 다른 모든 고려사항은 아무런 의미가 없게 된다.

이제 보고서를 작성하는 목적과 방법을 차례대로 살펴보자. 이 과정에서 보고서를 작성하는 규칙을 다시 한 번 짚어볼 것이다.

4.2.2 보고서의 목적

보고서를 작성하는 목적은 그 보고서가 어떤 정보를 다룰 것이며, 누구를 위해 작성될 것이며, 작성하는 이유가 무엇인지를 알기 위해서이다. 따라서 보고서를 작성하기 전에 보고서를 작성하는 사람은 보고서를 작성하는 목적을 명확하게 이해하고 있어야 한다. 이 목적을 일관성 있게 유지하기 위해서는 목적에 대한 항목을 세세하게 기록하고, 보고서 작성이 완료되는 시점까지 주기적으로 검토해야 한다. 보고서에서는 새로운 프로세스에 대한 가치, 새로운 공장의 생산성, 새로운 제품 개발에 대한 기술적인 검토 등을 평가한다. 보고서의 주제가 어떤 것이든지 보고서의 작성 목적은 명확하게 밝혀지고 정확하게 지켜져야 한다.

이러한 목적과 밀접한 것이 "왜 보고서가 작성되어야 하는가?"하는 문제이다. 보고서가 새로운 제품의 정보를 알려주기 위한 것인지, 또는 제품에 대한 미래 가치를 보여주기 위한 것인지, 그렇다면 대상은 누구인지가 명확하게 정의되어야 한다. 만일 보고서에 어떤 기계의 규격과 기계를 사용한 결과가 모두 포함된다면 보고서의 내용이 일관적이 못하게 느껴질 것이다. 따라서 보고서를 작성하기 전에 목적에 대해 명확하게 논의함으로써 보고서를 작성하는 데들이는 시간을 절약할 수 있다. 보고서를 작성하는 목적은 독자를 정확하게 이해해야만 뚜렷하게 세울 수 있다. 따라서 독자의 기술적인 지식 정도와 전문 지식의 속성에 대해 파악해야 한다. 이러한 목적을 위해서는 다음과 같은 질문이 필요하다.

- 독자가 이 보고서의 자료에 대해서 얼마나 알고 있는가?
- 독자가 이 주제에 대해서 얼마나 많은 지식을 갖고 있는가?
- 독자에게 특정 주제에 대한 보고서가 왜 필요한가?
- 독자에게 필요한 것이 무엇인가?
- 예상되는 독자의 반응은 무엇인가?
- 독자가 이미 알고 있는 지식과 알기를 원하는 내용의 격차를 어떻게 줄일 수 있는가?
- 작성자의 관점에서 기대되는 반응은 무엇인가?

위의 질문 중에 6가지가 독자와 관련된 것이다. 즉 좋은 보고서를 평가하는 기준은 **규칙 1**과 매우 밀접한 관련이 있는 것이다. 어떤 보고서는 기술 관리자와 재정 관리자가 동시에 볼 수 있도록 작성되어야 하는 경우가 있다. 그러나 각각의 보고서를 별도로 작성하는 것은 시간적으로나 금전적으로 비효율적이다. 이런 경우에는 초록과 부록을 적절하게 이용하여 해결할 수 있다. 그러나 이렇게 두 가지 관점에서 보고서를 작성하기 위해서는 보고서를 작성하기 전에 어떤 방법으로 작성할 것인가를 먼저 결정해야 한다. 이를 위해 독자에 대한 이해가 필요하다. [그림 4-2]에서 보듯이 독자를 이해함으로써 보고서를 어떻게 작성할 것인지의 접근 방법뿐만 아니라 기술적인 수준과 글을 쓰는 형식을 결정할 수 있다. 예를 들어 동료에게 간단하게 이메일을 보내는 것은 경영자에게 보고하는 것보다 덜 형식적이기 때문에 형식이 크게 문제가 되지 않을 것이다. 따라서 형식을 중시하는 공식적인 글을 작성하는 것과 친근하게 형식에 구애받지 않는 글을 작성하는 것 사이에는 적절하게 균형을 유지해야 한다.

보고서의 목적은 명확하게 정의된 보고서의 규격 내에서 독자의 요구를 만족시키고, 정확한 정보를 포함하며, 적절한 어조를 유지할 때 달성될 수 있다. 따라서 이러한 과정을 이해해야 보고서를 좀 더 쉽게 작성할 수 있다.

[그림 4-2] 보고서 작성 시 독자에 대해 이해하기

4.2.3 보고서의 형식

보고서의 목적이 정해지면 보고서를 작성하는 데 필요한 자료를 수집해야 한다. 이때 모든 정보가 수집된 상태가 아니더라도 보고서의 정보를 어떻게 구성할 것인지 결정해야 한다. 수집된 참고자료는 다음 3가지 중 하나로 분류된다.

❶ 보고서의 목적과 정확하게 일치하여 보고서에 포함할 매우 중요한 자료
❷ 일부 독자에게 유용하거나 다른 자료를 보충 또는 입증할 수 있는 자료
❸ 보고서 작성자에게는 흥미가 있지만 보고서의 목적과는 정확하게 일치하지 않는 자료

이때 자료 ❸은 버리지 말고 나중에 다시 검토할 수 있도록 보관해 두고, 자료 ❶과 자료 ❷는 각각 본문에 인용할 준비를 한다. 자료는 얼마든지 위치 이동이 가능하다. 이 단계에서는 본문에 들어갈 내용을 파악하고, 어떤 순서로 정렬할 것인지 검토한다.

핵심포인트 보고서의 구성요소

- 시작과 끝
- 절과 항
- 절 제목
- 참고문헌
- 부록

시작과 끝

모든 보고서는 시작과 끝이 있다. 보고서 작성을 시작하기 위해서는 사전에 충분한 미팅과 실험 및 사전 보고서 작성이 필요하다. 보고서는 몇 주 혹은 몇 달, 심지어 몇 년 동안 준비한 작업을 기반으로 작성되기도 한다. 시작은 연구 목적에 따라 결정되며, 독자에 의해 좀 더 구체화된다. 보고서 작성을 시작하기 전에 다음과 같은 질문을 검토해야 한다.

- 이 작업에 대해 독자가 얼마나 이해하고 있는가?
- 논제를 이해하기 위해 독자가 이 프로젝트의 배경을 얼마나 이해하고 있어야 하는가?
- 독자들이 이런 일 혹은 이와 유사한 일에 관여한 적이 있는가?

만일 세 번째 질문의 대답이 긍정적이면 이 일에 관한 전후 상황에 대해 상세하게 설명할 필요 없이 간결하고 쉽게 설명하면 된다. 만일 첫 번째 질문과 관련해 독자가 많은 지식을 갖고 있지 않다면 전후 상황에 대한 배경 설명이 좀 더 필요하고 부록에 추가해야 할 자료가 늘어나게 된다. 만일 질문에 대한 대답이 "어떤 독자는 많이 알고 있지만, 다른 독자는 그렇지 못하다."라면 부록에 더 많은 정보를 추가하고 본문 내용을 좀 더 상세하게 설명하기 위해 과감하게 구성을 다시 해야 할 필요가 있다. 그러나 보고서는 항상 다양한 지식을 가진 독자들이 보기 때문에 집중적으로 한 독자만을 위해 작성할 필요는 없다.

일반적으로 현대인들은 바쁘므로 짧은 보고서가 관심을 끌기에 더 유리하다. 그리고 보고서는 한 번 보고 마는 것이 아니라 필요할 때 다시 꺼내 읽는 경우가 많다. 만일 보고서가 구체적인 통계와 실험 데이터에 근거하여 기술적인 용어로 일목요연하게 작성되어 있다면 읽기가 매우 편할 것이다.

절과 항

보고서 작성자는 개요를 쉽게 설명하는 하나의 절(section)을 작성해야 한다. 이러한 절은 '연구 배경'이나 '필드 테스트 결과', '향후 개발 과제' 등과 같은 내용으로 구성되는데, 이들 내용은 매우 유용한 정보지만 최종 보고서 내용으로 사용될 수 있을 만큼 자세하거나 충분치 않을 수 있다. 따라서 구체적인 내용이나 다른 고려사항을 포함하여 절을 세부 항(sub-section)으로 나눌 필요가 있다. 세부적으로 나눈 각 항의 제목은 가능한 한 구체적으로 정해야 한다. 절과 절 사이에는 적당한 공간이 있어야 하며, 긴 보고서에서 주요 절은 새로운 쪽으로 시작하는 것이 좋다. 이렇게 절이 한눈에 구분되면 독자는 자신의 관심에 따라 필요한 절을 쉽게 찾아 읽을 수 있다.

보고서를 처음부터 끝까지 읽을 수도 있지만, 분량이 10쪽 이상이면 대부분의 사람은 그 보고서를 읽는다기보다 활용하려고 한다. 한 관찰 결과에 따르면 보고서를 사용하는 사람들은 보고서의 처음과 끝을 먼저 읽고, 그 후에 관심 있는 부분을 읽는다고 한다. 따라서 보고서 작성자는 독자가 논리적인 순서에 따라 보고서 전체를 읽지 않는다는 사실을 가정해야 한다. 따라서 각 절은 명확하게 구분되어야 한다. 독자가 한두 절에만 관심을 가진다면, 해당 절이 어디에서 시작하고 어디에서 끝나는지 알 수 있어야 한다. 즉 각 절의 제목 형식은 논리적이고 보기에 편리하도록 일정한 규칙에 따라 표시해야 한다. 또한 보고서 앞에서 언급한 기호와 약어를 사용할 경우에는 약어 표 또는 약어 사전을 보고서의 앞이나 뒤에 포함해야 한다. 용어의 전체 이름을 사용하는 대신에 약어를 사용하는 것이 더 효율적이다.

절 제목

보고서의 형식은 내용이나 성격에 따라 다르고, 회사의 여러 표준화된 견본 중에 적합한 형식을 따른다. 어느 정도 분량이 있는 긴 보고서나 공식적인 보고서는 형식이 정해져 있는데, 이러한 보고서 형식은 보고서 작성자가 상황이나 독자의 요구에 따라 변경할 수 있다.

▪ 구성 형식

일반적으로 긴 보고서의 구성은 다음과 같다.

제목 → 감사의 글 → 초록 → 목차 → 개요 → 절차 → 조사(연구) 결과 → 결론 → 권고사항 → 참고문헌 → 부록

대부분의 보고서에서는 항목을 상세하게 구분할 필요가 없다. 그러나 보고서 작성자는 모든 항목을 사용하지 않더라도 정보를 어떻게 배열할 것인지 계획을 세워야 한다. 각 절이 시작되는 위치는 기본적인 보고서 형식을 정할 때 결정되지만, 해당 절의 내용에 필요한 자료는 대부분 연구개발 또는 실험 결과로부터 나오므로 그러한 결과를 얻어야만 절을 작성할 수 있다. 그리고 사실에 근거한 자료를 토대로 본문 내용부터 작성하기가 훨씬 쉬우며, 초록은 나중에 작성해도 된다.

■ **표기법**

보고서 제목은 가능한 한 특정 주제를 잘 표현해야 한다. 각 절의 제목은 표기법에 맞게 논리적으로 연결해야 하며, 10진수 번호 체계에 따라 나열하면 된다. 가능하면 절의 제목은 중요도에 따라 부여되는 번호와 맞아야 한다. 그렇게 함으로써 시각적으로 강조되는 제목이 표기 방식과 연관되도록 한다. 표기 방식은 다음과 같이 숫자를 이용하는 방법도 있지만 작성자에 따라서 숫자 대신에 '가, 나, 다 …'를 사용하거나 알파벳을 사용하기도 한다. 괄호 숫자와 기타 문자를 사용할 수도 있다.

1. 큰 제목

1.1 중간 제목

1.1.1 작은 제목

이러한 형식은 보고서 마지막 장까지 동일하게 그대로 유지되어야 한다.

8. 큰 제목

8.2 중간 제목

8.2.1 작은 제목

가능한 한 제목 번호 1.1.1은 제목 번호 8.2.1과 동일한 정도의 중요도를 가져야 한다. 일반적으로 세부 제목 번호는 8.2.1.1과 같은 단계까지만 사용하는 것이 무난하며, 그 이상 세분하는 것은 바람직하지 않다.

부록의 번호 체계는 '부록 A.1' 또는 그냥 'A.1'과 같이 문자 뒤에 숫자를 표시함으로써 구분할 수 있다. 부록도 본문과 마찬가지로 세부 번호를 추가할 수 있으며, 번호만 정확하다면 부록에 들어갈 정보를 구분하고 배치하는 것이 한결 쉬워질 것이다.

참고문헌

참고문헌(references, bibliography)에 대한 상세한 정보는 가능한 한 빨리 볼 수 있어야 한다. 본문에서 참고문헌 번호는 다음과 같이 각 문단의 끝에 대괄호를 이용해서 표시하며, 참고문헌은 보고서의 가장 뒷부분에 본문에 나오는 번호 순서대로 나열해야 한다.

> "…글로벌 이동성을 갖지 않는 MN이 핸드오버가 가능하도록 하기 위해 제안하였다." [1]

참고문헌은 일반적으로 정해진 형식을 따라야 한다. 다음은 참고문헌을 표시하는 형식의 예이다.

> [1] Joong-Hee Lee and et al, "A Novel Inter-LMD Handoff Mechanism for Network-Based Localized Mobility Management", Lecture Notes in Computer Science(LNCS) 4712, pp. 356~366, 2007.
>
> [2] Rajeev S. Koodli and Charles E. Perkins, 『Mobile Inter-networking with IPv6: Concepts, Principles and Practices』, A John Wiley & Sons, Inc., 2007.

참고문헌 [1]은 논문을 표시한 것으로, 저자(Joong-Hee Lee and et al), 논문 제목(A Novel Inter-LMD…), 논문지명(Lecture Notes in Computer Science(LNCS)), 볼륨(4712), 쪽 번호(pp. 356~366), 발행연도(2007)를 표시한다. 참고문헌 [2]는 단행본을 표시한 것으로 저자명(Rajeev S. Koodli and Charles E. Perkins), 도서명(Mobile Inter-networking…), 출판사(A John Wiley & Sons, Inc), 출판연도(2007)를 표시한다.

최근에 참고문헌을 표시하는 형식은 하버드 시스템을 따르는 것이 일반적이며, 첨자를 사용하는 것이 혼란스러운 내용을 다룰 때 장점이 있다. 본문에서 저자 이름, 출판된 날짜 및 쪽 번호를 [Lander, 1993, p25]와 같이 각괄호(bracket) 안에 표시하고, 보고서의 뒷부분에 본문과 일치하는 저자의 이름 및 날짜와 함께 참고문헌에 대한 상세한 내용을 포함한다.

참고문헌을 표시하는 방법은 정보를 올바르게 제공할 수 있으면 어떤 방법이라도 사용될 수 있으나 형식은 일관성을 유지해야 한다. 보고서 형식을 결정한 다음, 자료 정리를 모두 마치고, 논리적인 전개 방향에 따라 절 제목까지 준비되었으면 보고서를 작성할 수 있다.

부록

기본적으로 부록은 대부분의 독자가 필요로 하지 않는 내용을 본문에서 빼기 위해 사용한다. 부록에는 본문의 내용을 보완할 만한 통계를 포함하거나 보고서를 읽을 때 절대적으로 필요하지 않은 도표와 같은 자료를 포함시키기에 적절하다. 또한 부록에는 심볼을 열거하고, 기술적인 용어나 일부 독자에게만 알려진 약어를 포함해 설명할 수 있다. 만일 그 약어가 대부분의 독자에게 생소하다면 보고서의 첫 부분에 두는 것도 좋은 방법이다. 독자가 다양한 기술 지식을 가졌다면 부록은 특히 더 중요하다. 만일 공학자가 기술적인 내용을 다루는 보고서를 확인하고자 할 때, 일반적으로 보고서 내용에 개발 제품의 비용에 대한 내용이 너무 구체적으로 포함되는 것을 원치 않는다. 따라서 이런 경우 비용에 관한 구체적인 내용은 부록에 포함하는 것이 좋다. 그리고 보고서가 마케팅 담당자들을 위한 것이라면 실험에 대한 구체적인 내용을 부록에 포함시킴으로써 실험에 관련된 과학자들도 관심을 가지게 할 수 있다.

4.2.4 보고서 문장의 특징

보고서 작성을 위한 모든 준비를 끝냈다면, 이제 글을 쓰는 일만 남았다. 보고서를 작성하는 목적이 뚜렷하게 정해졌다면 보고서를 읽는 사람도 정해지므로, 그에 따라 기술적인 용어를 어느 정도의 수준으로 사용할 것인지 선택할 수 있다. 또한 보고서는 공식적인 문서이기 때문에 공인된 형식을 따라야 하지만 정확한 형식은 보고서를 쓰는 사람과 읽는 사람의 관계에 의해 결정되어야 한다.

정확성

문서를 정확하게 작성하는 것은 전적으로 작성자의 책임이다. 대부분 공학자들은 자신만의 보고서를 작성하는데, 일반적으로 문서의 철자를 세심하게 검토해야 한다.

▪ 맞춤법

보고서의 한 절을 완성하면 반드시 틀린 철자가 있는지 검토해야 한다. 워드프로세서의 자동맞춤법 기능이 일부 오류를 찾아내기도 하지만 완벽하게 찾는 것을 기대하기는 어렵다. 워드프로세서의 자동맞춤법 기능으로는 '새로운'을 '해로운'으로 타이핑해도 오류를 잡아낼 수 없다. 보고서를 주의 깊게 읽는 독자가 아니라면 오타로 인해 보고서의 전체 의미를 잘못 이해할 수도 있으므로 글을 쓴 후에는 반드시 잘못 사용된 단어가 없는지 검토해야 한다.

~에서 새로운 살균 해독제가 개발되었다.
~에서 해로운 살균 해독제가 개발되었다.

워드프로세서로 잘못된 철자를 찾아낼 수도 있지만, 대부분의 기술 용어들을 오류로 구분하는 경향이 있다. 따라서 공학자들은 워드프로세서를 이용하여 잘못된 철자를 찾는 것을 꺼린다. 워드프로세서를 이용하려면, 자주 사용하는 기술 용어를 사전에 추가하는 것이 좋다. 이렇게 한다면 흔히 사용하지 않는 단어만 개별적으로 검사하고, 나머지 오류는 모두 워드프로세서가 자동으로 찾아낼 것이다.

또한, 외래어와 같은 새로운 단어에 주의해야 한다. 우리가 흔히 사용하는 '온라인'이나 '워크스테이션'은 영어의 기존 단어를 조합해서 만든 'online'과 'workstation'의 음을 따서 그대로 사용하는 것이다. 컴퓨터 사전에 없는 단어를 사용해야 할 때에는 기술 용어 사전을 참고하는 것이 바람직하다.

■ 문장의 순서

문장에서 단어를 나열하는 순서에 따라 의미가 달라질 수 있다.

"모든 직업의 구성원이…."

위의 문장에서 '모든'은 '직업'을 수식하는 말로 사용되었을 가능성이 높다. 그러나 '직업을 구성하는 모든 구성원'이라는 의미하는 말로 해석될 수도 있다. 즉 중의적인 의미를 갖게 되는 것이다. 따라서 후자의 의미로 사용할 때에는 "직업을 구성하는 모든 구성원이…."로 문장을 바꿔야 한다.

■ 단어의 선택

정확한 단어를 선택한다는 말은 단순히 오류가 없는 단어를 사용한다는 의미로만 해석해서는 안 된다. 어떤 단어를 선택하느냐에 따라 독자에게 어떤 영향을 미칠 수 있는지 고려해야 하며, 겉으로 드러난 뜻 외에도 함축된 의미를 고려해야 한다. '초과한다'와 '과도하다'는 필요 이상으로 많다는 관점에서 같은 의미를 지닐 수 있지만 두 단어가 주는 미묘한 뉘앙스에서 '과도하다'는 부정적인 느낌을 줄 수 있다. 또한 '근본적으로'와 '예컨대'는 그 단어의 고유한 의미를 전달하고자 하는 경우를 제외하고 습관적으로 사용하는 것을 지양해야 하며, 의미가 분명하지 않은 단어나 문구는 사용하지 않는 것이 좋다.

■ 문장의 길이

좋은 보고서를 작성하기 위해서는 문단뿐만 아니라 문장의 길이도 적당해야 한다. 문장이 너무 길면 문서를 작성하는 사람이나 읽는 사람에게 혼란을 일으켜 문장 앞부분의 내용을 기억하지 못하는 경우도 생긴다. 그리고 한 문장에 단어가 너무 많이 사용되면 문장의 가장 중요한 부분이 그 단어들에 의해 감춰져 정작 중요한 의미를 놓칠 수도 있다.

예를 들어 "비용이 절감될 것이다."라고 간단히 표현할 수 있는 것을 "유지관리비용이 감소할 것이다."라고 표현하면 '유지'와 '관리'라는 용어에 의해 전달하고자 하는 의미가 제대로 전달되지 않을 수 있다. 짧은 문장은 객관적인 사실을 전달할 때 유용하지만, 집중력이 요구되는 주장이거나 다른 사실과 복잡하게 이해관계가 얽혀 있는 정보는 독자들이 천천히 읽을 수 있도록 긴 문장으로 표현하는 것이 좋다. 문장의 길이를 천편일률적으로 간결하게 사용하는 것은 자칫 독자에게 지루하게 보일 수 있다.

■ 문단의 구성

각 문단은 내용의 일관성을 유지해야 하며, 형식적으로 안정감을 느낄 수 있도록 고려되어야 한다. 특히 문단을 배열할 때, 시각적으로 편안함을 느낄 수 있도록 구성하는 것은 매우 중요하다. 한 문단의 길이가 지나치게 짧거나 길면 메시지 전달 효과가 떨어지기 때문이다. 메시지 전달 효과를 높이기 위해서는 문단 구성의 균형을 유지해야 한다.

간결성

문장 혹은 문단의 길이가 지나치게 길어지는 것은 중언부언하기 때문에 나타나는 일반적인 현상이다. 이런 문장일수록 의미를 명확하게 전달하기가 쉽지 않다. 다시 말해 본론에 도달하기까지 서론이 너무 길면 지루함을 느낄 것이다. 이를 위해 필요 없는 수식어를 남발하는 것은 좋지 않다. 실례로 '현재 시점에서 이와 같은 상황을 종합적으로 고려할 때'라는 표현은 '현재 상황을 고려할 때'보다 길지만 명쾌한 표현으로 보기는 어렵다.

요란하지 않은 형식

보고서는 공식 문서이다. 따라서 보고서 작성자는 보고서를 작성하는 기본적인 형식을 준수해야 한다. 아울러 속어 및 구어 표현을 삼가며, 적절한 단어를 사용해야 한다. 예를 들어 우리나라 군대를 외국에 파견할 때 "군대를 보낸다."라는 표현보다 "군대를 파견한다."와 같은 표현을 사용하는 것이 좋다. 마찬가지로 "끝내다."라는 표현보다 "결론에 도달하다."는 표현이 공식적인 문서에 좀 더 적절한 표현이다.

일반적으로 독자는 거창한 표현에 현혹되기 쉽기만, 그로 인해 자칫 내용의 본질을 놓칠 수 있다. 따라서 문학작품과 같은 표현은 자제하는 것이 좋다. 독자는 사용되는 단어나 문장에 의해서 정확한 의미가 전달되도록 유도해야 한다. '반면에'나 '명심해야 할 것' 등은 글을 매끄럽게 하는 데 매우 유용할 뿐만 아니라 앞뒤 문장을 자연스럽게 연결할 때도 유용하다.

4.2.5 도표의 활용

도표(diagram)란 표, 그래프 등 활자로 표현되지 않는 그림을 의미한다. 대부분의 보고서에서 도표는 핵심적인 부분이 되고, 긴 문장보다 더 많은 양의 정보를 알기 쉽게 전달할 수 있다. 다시 말해 복잡한 설명보다 간단한 시각적인 자료가 독자에게 의미를 더 잘 전달할 수 있다.

도표 위치

도표는 적합한 위치에 있어야 한다. 도표를 보기 위해서 책장을 넘기는 것이 매우 번거롭기 때문에 도표는 본문의 내용과 같은 쪽에 위치하는 것이 좋다. 만약 도표가 본문과 직접적인 관련이 없거나 보조 역할만 한다면 부록에 포함시킬 수 있다.

독자는 문서를 편리하게 읽을 수 있기를 바라기 때문에 도표의 방향은 문장과 같은 방향으로 배치해야 한다. 만일 도표를 보기 위해 문서를 어느 한쪽으로 회전시켜야 한다면 보고서를 읽는 것이 불편해질 것이다.

규약

문장을 사용할 때도 규약(conventions)이 있듯이 도표를 나타낼 때도 따라야 하는 규약이 있다. 도표 형식은 정보를 적절하게 나타낼 수 있어야 한다. 많은 정보를 나타낼 때에는 표로 나타내는 것이 좋고, 하나 또는 두 개의 비교 항목을 표시할 때에는 바 차트를 사용하는 것이 좋다. 일반적인 통계나 과학적인 결과를 표시할 때에는 그래프를 사용하는 것이 좋다.

보고서에 도표를 삽입할 때 일반적으로 A4 용지의 세로 방향으로 처리하는데, 폭이 넓은 도표의 경우에는 A4 용지를 90° 각도로 회전시킨 방향으로 처리한다. 옆으로 회전시킬 때에는 시계 방향으로 90° 회전시키는 것이 보기에 편리하다.

명확성

도표가 불명확하거나 보기 어렵게 표시된 경우도 있고, 화질이 좋지 않은 경우도 있다. 이런 경우에는 그래픽 소프트웨어 패키지를 사용하는 것이 좋다. 그러나 결국 도표를 작성하는 사람이 신경을 써야 하는 부분이다. 문장에서는 글자가 조금 흐릿하게 나오더라도 전후 문맥에 의해서 내용을 정확하게 추정할 수 있지만, 도표에서 흐릿하게 나온 숫자는 심각한 오류를 발생시킬 수 있다.

표와 그래프

보고서에서 표(table)와 그래프(graph)는 매우 중요한 정보를 제공한다. 도표를 활용할 때 가장 많이 사용하는 표와 그래프에 대해서 자세하게 살펴보자.

■ 표

표는 많은 양의 정보를 쉽게 전달할 수 있다. 일반적으로 데이터를 비교할 때, 수를 가로로 비교하는 것보다 세로로 비교하는 것이 더 이해하기 쉽다. 즉 가로에는 그룹의 종류를 정의하고, 세로에는 비교 대상이 되는 변수를 정의하는 식이다.

[표 4-1]과 [표 4-2]는 같은 내용을 나타낸 것이다(표의 데이터는 임의로 작성한 값임). 여기에서 [표 4-1]은 그룹과 변수의 배열이 올바르지 않은 경우로, 세로와 가로의 데이터를 바꾸어 [표 4-2]와 같이 다시 작성해야 한다.

[표 4-1] 올바르지 않은 표의 형식

변수 / 그룹	그룹 1	그룹 2	그룹 3	그룹 4
변수 1	89	127.8	131.5	145.32
변수 2	0	363.6	475.6	449.5
변수 3	9.82	8.9	9.15	10.48
변수 4	108.4	121.29	127.8	143.6

[표 4-2] 올바른 표의 형식

그룹 / 변수	변수 1(g/day)	변수 2(g/day)	변수 3(ml/kg)	변수 4(ml/kg)
그룹 1	89	0	9.8	108
그룹 2	128	364	8.9	121
그룹 3	132	476	9.2	128
그룹 4	145	450	10.5	144

[표 4-1]과 [표 4-2]는 각 변수의 그룹 값을 정량적으로 비교하기 위해 작성한 것이다. [표 4-1]은 각 그룹 값을 가로로 비교하지만, [표 4-2]는 세로로 비교한다. 또한 [표 4-1]은 각 변수의 단위를 생략했지만, [표 4-2]는 단위를 표시했고, [표 4-1]은 각 변수의 소수점 아래를 절삭하는 데 일관성이 없지만, [표 4-2]는 소수점 아래 한 자리까지만 표시함으로써 일관성을 유지하고 있다. 그 결과 [표 4 2]가 [표 4-1]보다 내용을 이해하기에 편하다.

■ **그래프**

그래프는 좁은 공간에 많은 데이터를 표시할 수 있는 장점이 있다. 그래프는 크게 라인 그래프(line graph)와 바 차트(bar chart)로 나눌 수 있는데, 라인 그래프가 바 차트보다 데이터를 상세하게 나타낼 수 있다.

라인 그래프는 같은 그림에 한 종류 이상의 데이터를 비교할 때 매우 유용하다. 라인 그래프를 그리는 정해진 규칙은 없으나 4~5종류 이내의 데이터를 동시에 나타낼 때 매우 유용하다. 한 종류 이상의 데이터를 표시할 때에는 실선(solid line)과 파선(dashed line)을 사용하거나 색이 다른 선, 모양이 다른 선을 사용하여 구분한다.

어떤 그래프를 사용하든지 선의 형태와 심볼은 일관성을 유지하고, 그래프에서 데이터를 비교할 때 같은 축적도(scale)를 사용해야 한다.

[그림 4-3(a)]와 [그림 4-3(b)]는 같은 데이터를 세 종류의 알고리즘으로 나타낸 것이다. 두 그래프에서 각각의 선은 다른 심볼을 사용하여 구분하였다. 그러나 [그림 4-3(a)]는 세로축과 가로축뿐만 아니라 단위와 알고리즘을 표시하지 않았지만, [그림 4-3(b)]는 세로축과 가로축의 설명과 각 심볼이 어떤 알고리즘을 나타내는지 자세히 표시하고 있다. 그 결과 [그림 4-3(a)]보다 [그림 4-3(b)]에서 내용을 쉽게 이해할 수 있다.

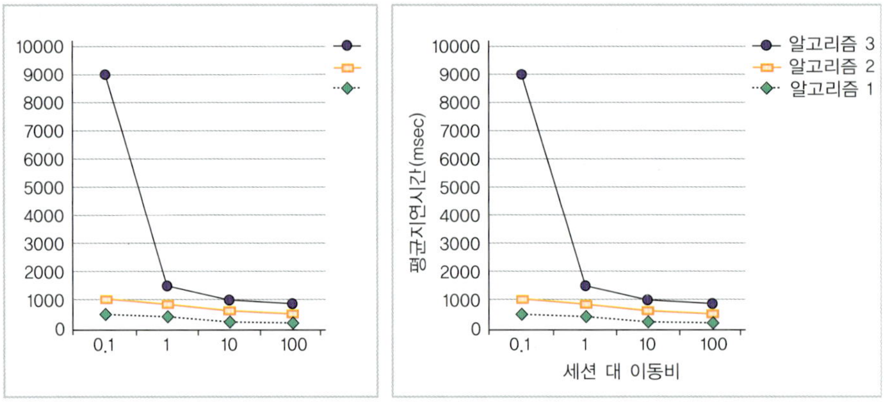

(a) 올바르지 않은 그래프 사용 (b) 올바른 그래프 사용

[그림 4-3] 라인 그래프의 비교

바 차트는 간단한 결과를 명확하게 표시하는 데 효과적이다. 바 차트의 세로축은 서로 독립적인 종류의 정보를 보여주기 때문에 정해진 순서대로 보여줄 필요는 없으며, 이런 경우에는 일반적으로 바의 높이 순서대로 나타낸다. 만일 같은 종류의 정보를 여러 개 나타내야 할 경우에는 색이나 사선 등 다른 바를 사용하여 구분한다.

기본적으로 옆에 있는 바를 비교하는 것이 떨어져 있는 바를 비교하는 것보다 훨씬 수월하다. [그림 4-4]는 같은 데이터를 두 개의 바 차트로 나타낸 것이다. 이 차트는 6개 그룹이 2가지 재배 방법에 따라 3종류의 밀을 수확한 양을 보여준다. [그림 4-4(a)]는 밀의 수확량을 3가지 밀의 종류에 초점을 맞추어 비교하고 있고, [그림 4-4(b)]는 2가지 재배 방법에 초점을 맞추어 비교하고 있다.

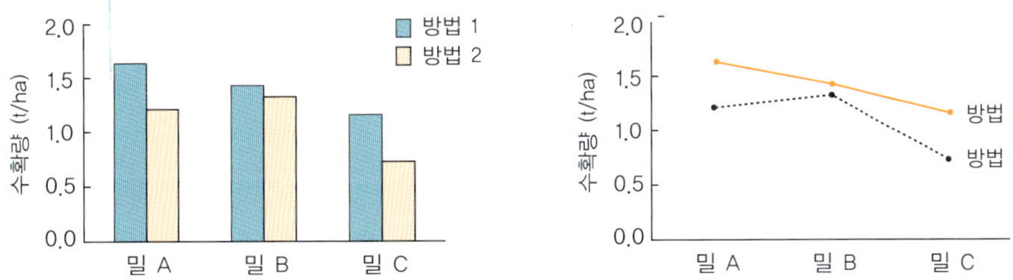

(a) 3가지 밀의 종류에 초점을 맞춘 경우

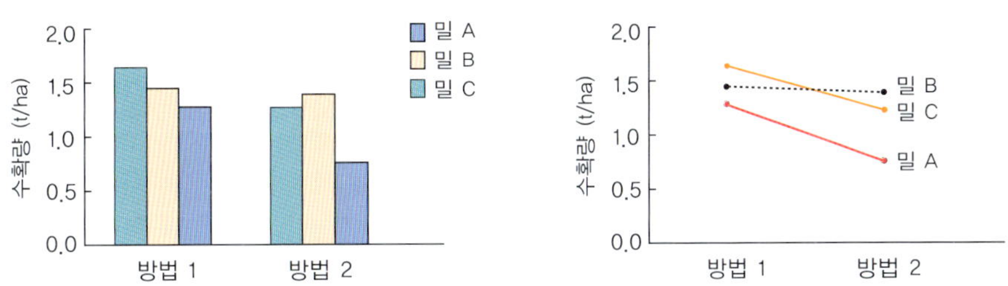

(b) 2가지 재배 방법에 초점을 맞춘 경우

[그림 4-4] 바 차트의 비교

도표 내용이 많을 경우에는 다음 쪽으로 넘길 수 있으나, 가능한 한 같은 쪽에 모두 포함될 수 있게 한다. 아울러 가장자리에 제본할 공간을 남겨누어야 한다. 보든 형태의 도표에는 반드시 번호와 제목을 붙여야 한다. 그래야 본문에서 언급하기 쉽다. 번호를 붙일 때는 절 번호를 앞에 쓰고 순서대로 번호를 할당하면 된다. 예를 들어 [그림 3-7]은 3절의 7번째 그림을 뜻한다. 본문에서는 반드시 각각의 도표에 대해 언급해야 하며, 도표의 제목은 간단하게 정하되 항상 일정한 위치에 있어야 한다.

도표가 완성되면 보고서 작성자는 다음 사항에 맞추어 검토한다.

- 이 도표가 필요한 정보를 제공하는가?
- 원하는 정보를 충실하게 제공하는가?
- 사용하기 편리한가?
- 보기에 좋은가?

4.2.6 보고서의 단계별 점검

보고서 결론까지 모두 작성했다면 최종적으로 쪽 번호가 제대로 표시되어 있는지 확인한 후, 국문 혹은 영문으로 초록을 작성한다.

초록 작성

초록은 보고서 작성 과정에서 가장 어려운 부분에 속한다. 이미 보고서를 읽은 사람에게는 내용을 상기시키는 역할을 하고, 아직 읽지 않았거나 앞으로 읽고자 하는 사람에게는 보고서에서 일반적으로 다루고 있는 내용을 개괄적으로 보여준다. 회사는 보유하고 있는 보고서에 대한 초록 목록을 가지고 있으며, 그 요약문을 보고 전체 보고서를 원하는 사람에게만 제공한다. 따라서 초록을 이용하면 시간을 절약할 수 있다.

보고서 초록은 회사의 고위 경영자에게 가장 요긴하게 사용된다. 고위 경영자는 상세한 내용을 읽을 만한 시간이 없으며 상세한 내용에 대해 관심도 없다. 회사 경영자는 보고서의 초록을 보고 경영에 관해 결정하는 경우가 많다.

초록을 작성하기 어려운 까닭은 보고서 내용을 아주 짧게 모든 사람이 원하는 가장 중요한 결론과 권고사항을 강조해야 하기 때문이다. 흔히 초록은 A4 용지 한 쪽 이내에 작성하는 것이 바람직하지만 다루는 내용이 많은 경우 분량이 늘어날 수도 있다. 사업 개요(executive summary)는 일반적인 초록보다 길며, 회사 내에서 벌어지고 있는 모든 상황을 알고자 하는 실무자에게 제공된다. 따라서 초록은 연구 배경을 설명한 다음, 중요한 연구 결과와 결론을 강조함으로써 전체 보고서 내용 중에 가장 핵심적인 부분을 보여주어야 한다. 보고서 작성자는 전반적인 내용을 큰 관점에서 볼 필요가 있으며, 제목은 전체적인 내용이 한쪽으로 치우치지 않고 균형 있게 나타나도록 정한다.

초록을 작성할 때에는 가능한 한 간결하게 작성하는 것이 좋다. 초록은 보고서 전체 내용을 이해하는 데 매우 큰 영향을 미치기 때문에 적절하게 강조할 필요가 있다. 초록에는 도표를 사용하지 않으며, 일반적으로 키워드(keyword)와 함께 제공한다.

색인 작성

일반적으로 보고서에는 색인을 작성하지 않지만, 독자가 관심이 있는 부분을 쉽게 찾을 수 있게 하려면 색인을 작성하는 것도 좋은 방법이다. 또한 목차를 작성하고 장과 세부 절에 쪽 번호를 표시해서 관심 있는 부분을 쉽게 찾을 수 있게 해야 한다.

검토

우선 워드프로세서의 자동맞춤법 기능을 이용하여 오탈자를 수정한 다음, 꼼꼼한 검토 작업을 거쳐야 한다. 경우에 따라 전문가의 도움을 받아 데이터와 정보의 흐름은 논리적인지, 어휘와 문장의 기술에는 오류가 없는지 확인할 수도 있다.

핵심포인트 **보고서 검토 시 유의사항**

- 보고서 작성을 마치고 최소한 2~3일 후에 검토하는 것이 효과적이다.
- 검토할 때에는 한 줄씩 살펴보고, 예문 번호와 쪽 번호를 하나씩 검사한다.
- 보고서의 내용 및 형식의 일관성을 유지할 수 있도록 한다.

디자인

독자는 보고서의 겉모양만 보고 호감 혹은 반감을 느낄 수 있다. 즉 여백이 너무 없다거나 활자가 너무 작다거나 제목이 본문 내용과 일치하지 않는 등의 문제가 발견되면 독자의 관심은 멀어지게 된다. 따라서 출력 품질이나 그림의 배치가 보기에 좋아야 한다.

링 제본(ring binding) 또는 스프링 제본(spiral binding)은 회사 내부 보고서에 자주 사용되며, 좌우에 많은 여백이 있기 때문에 보기에도 좋다. 그러나 중요한 보고서를 제작할 때에는 자료를 좀 더 최상으로 하기 위해 그래픽 디자이너를 고용하여 표지와 내부 모양을 다듬는 것이 좋다.

표지

표지는 독자가 볼 수 있는 보고서의 가장 첫 번째 쪽이다. 표지에는 보고서 제목과 작성자 이름, 보고서 참조번호, 날짜와 기밀 등과 같은 분류, 회사의 로고, 저작권 표시 등이 포함된다. 표지에 배부처까지 포함하면 너무 복잡해지고 보기에 좋지 않기 때문에 가능하면 별도의 쪽에 표시하는 것이 좋다. 대부분의 회사에서는 디자인된 표지를 템플릿으로 가지고 있으며, 그 자체가 회사의 홍보 수단이 된다.

4.3 프레젠테이션 방법

프레젠테이션도 매우 중요한 의사소통의 방법 중 하나이다. 이 절에서는 제한된 시간 내에 상대방에게 의사전달을 효율적으로 하는 프레젠테이션에 대해서 설명한다.

학습 목표

- 프레젠테이션의 특징을 이해한다.
- 프레젠테이션을 시작하기 전에 준비해야 하는 사항을 확인한다.
- 프레젠테이션의 구성을 도입부, 중심부, 종결부로 나누어 단계별로 어떻게 행동해야 하는지 살펴본다.
- 시각적인 자료를 사용할 때의 주의할 점을 살펴본다.
- 청중의 관심을 유도할 수 있는 방법을 배운다.
- 몸동작의 효과와 정확한 발음의 중요성에 대해 살펴본다.

4.3.1 개요

초보 공학자가 프레젠테이션을 능숙하게 한다는 것은 쉬운 일이 아니다. 따라서 청중 앞에 선다는 두려움을 극복하기 위해서라도 발표를 철저하게 준비해야 한다. 만일 발표자가 발표 내용을 잘 이해하고 있고, 충분한 준비가 되어 있다면 크게 걱정하지 않아도 된다. 실제로 발표장의 크기와 자리 배치, 오디오 등 발표 장소에 익숙한 경우 두려움은 많이 줄어들 것이다. 발표에 어울리는 복장을 착용하는 것도 도움이 된다.

대부분 심한 두려움이나 긴장은 감정적인 요인에 의해 발생하므로 조절하기가 매우 어렵다. 그러나 발표 형식을 청중과 대화하는 형식으로 끌고 간다면 두려움과 공포를 없애는 데 도움을 받을 수 있을 것이다. 경우에 따라서 청중석에 동료를 미리 앉혀 놓고 발표자에게 특정 대답을 요구하는 질문을 하도록 만들 수 있게 할 수도 있다. 만약 그럴 수 없다면 반대로 청중에게 답변을 요구하는 질문을 하면 된다. 이때 질문은 발표 주제와 좀 거리가 있어 보이는 것일 수도 있다. 예를 들어 "뒤에 계신 분들도 잘 보이시나요?"라든가 날씨에 대한 질문을 하면서 청중과 거리를 줄일 수 있다. 또 다른 방법으로는 청중의 수가 많지 않을 때 자기소개를 요구하는 것이다. 가장 중요한 것은 그렇게 함으로써 발표자와 청중 간에 보이지 않는 장벽을 없애 긴장감을 해소할 수 있다.

발표자는 청중 사이를 돌아다니며 열정적인 태도를 보여야 한다. 청중이 왜 그곳에 있으며 발표를 통해 무엇을 얻으려고 하는지 예상하며, 청중의 흥미를 유발해야 한다. 발표 중간중간에 유머를 섞어 청중의 관심을 유지하는 것도 중요하다. 발표 주제와 관련된 개인적인 경험을 언급하는 것도 좋은 방법이다. 보통 한 발표는 여러 개의 부분으로 구성되기 때문에 흐름이 논리적으로 전개되어야 한다. 청중은 항상 발표자가 어디에 있으며, 어떤 주제와 관련하여 이야기하는지 알고 있어야 한다.

4.3.2 발표 준비

경험이 많은 발표자는 즉흥적으로 주어진 환경에 잘 적응하지만, 초보자는 준비가 되어 있지 않으면 실수를 많이 하고, 결국 발표를 망칠 수도 있다. 따라서 발표 순간만큼 사전 준비도 철저해야 한다. [표 4-3]은 프레젠테이션을 준비하고 계획할 때, 고려해야 할 기본적인 체크리스트이다.

[표 4-3] 발표를 위한 사전 체크리스트

항목	예시
발표의 목적은 무엇인가?	다음과 같은 목적이 있을 수 있으며, 그 목적에 따라 발표 내용을 준비한다. • 제품 판매 • 제안 채택 • 동호회 가입 • 구직
제목을 어떻게 정할 것인가?	발표 내용을 가장 잘 표현할 수 있는 제목을 채택한다. • '제품의 가격을 내리는 방법' • 'OOO 바둑 동호회'
발표의 대상에 따라서 발표 내용을 어떻게 준비할 것인가?	청중의 지위와 지식 정도에 따라 발표 내용을 준비한다. • 청중에게 주는 이점은 무엇인가? • 청중이 결정권을 가지고 있는가? • 청중이 이 주제에 대해 무엇을 알고 있는가? • 청중이 어떤 질문을 할 것이며, 어떤 답변을 할 것인가? • 청중은 어떤 분야에 관심이 있는가?
발표하고자 하는 주된 요점은 무엇인가?	핵심 내용에 번호를 붙여 일목요연하게 정리한다. • 1, 2, 3 • 1st, 2nd, 3rd • 요점 1, 요점 2, 요점 3
나의 발표를 들은 후에 청중들이 무엇을 하기를 바라는가?	청중을 초청한 목적에 따라 발표 내용을 준비한다. • 제품 판매 • 제안 채택 • 동호회 가입 • 구직

[표 4-3]의 체크리스트는 주로 발표 주제와 관련하여 준비할 내용이다. 아무리 좋은 내용일지라도 청중에게 잘 전달되지 않는다면 아무런 의미가 없다. 따라서 내용이 얼마나 잘 전달되었는지에 의해 발표의 성공 여부가 영향을 받을 수 있다. 이런 관점에서 다음과 같은 사항도 발표 전에 반드시 고려해야 한다.

- 청중의 성향 및 참석 규모 등에 대해 확인한다.
- 발표 장소의 크기와 조명 상태, 커튼의 유무 등을 점검한다.
- 화이트보드는 있는지, 컴퓨터와 프로젝터는 제대로 작동하는지, 삽입한 동영상은 제대로 작동하는지 등을 점검한다.
- 청중에게 별도의 인쇄물을 나누어줄 것인지 결정한 다음, 나누어주기로 했다면 제대로 준비되어 있는지 확인한다.
- 발표 날짜와 시간을 확인하고, 시간 제한이 있다면 시간을 어떻게 안배할 것인지 고려한다.
- 복장은 적절한지, 용모는 단정한지 확인한다.

4.3.3 프레젠테이션의 구성

프레젠테이션의 구성이 잘 되어 있으면 청중이 발표 내용을 이해하기 쉽다. 기본적으로 프레젠테이션은 도입부, 중심부, 종결부 3단계로 구성된다.

도입부

도입부에서는 청중의 관심을 끌기 위해 노력해야 한다. 이를 위해 다음과 같은 행동을 한다.

■ 청중의 관심을 끈 다음, 프레젠테이션의 시작을 알린다.

프레젠테이션을 시작할 때, 어떤 말부터 해야 할지 몰라 고민하는 사람이 많을 것이다. 그러나 경험이 많은 발표자라면 "그럼 시작해 보겠습니다." 혹은 "시작해도 될까요?"와 같은 말로 프레젠테이션의 시작을 청중에게 알린다.

흔히 청중의 관심을 끌거나 긴장을 풀기 위해 유머나 개인적인 신변잡기로 프레젠테이션을 시작하는 경우가 있는데, 공식적인 모임이나 평소 친밀하지 않은 청중을 대상으로 프레젠테이션을 할 때에는 가능한 한 유머 사용을 자제해야 한다. 그보다는 청중에게 직접 질문을 하거나 자신의 경험을 언급함으로써 청중의 관심을 유도하는 것이 좋다. 이때 청중을 프레젠테이션에 참여하도록 해야 한다.

■ **청중에게 인사한다.**

청중에게 먼저 인사를 한 다음에 사회자나 진행자가 있다면 그쪽을 향해서도 인사를 한다. 인사말은 "안녕하세요?"가 가장 무난하다. 인사는 발표장의 분위기를 부드럽게 하는 데 도움이 된다.

■ **자신을 소개한다.**

자신의 이름과 직위, 소속 등을 밝힌다. 만약 발표자가 학생이라면 대학과 학과, 학년을 밝히는 것만으로는 신뢰를 얻을 수 없으므로 해당 주제를 선정하게 된 동기를 설득력 있게 설명하는 것이 좋다. 자기소개를 한 후에 "오늘 ○○○을 주제로 발표하게 되어서 매우 기쁩니다. 그동안 이 주제를 가지고 연구한 결과에 대해 말씀드리겠습니다."라고 말한다.

■ **발표 내용과 목적을 소개한다.**

본격적인 프레젠테이션을 시작하기 전에 발표 내용이 무엇인지 구체적으로 밝혀야 한다. 예를 들어 "오늘 제가 발표할 내용은 ○○○입니다."라는 식으로 발표 내용을 소개하면 주

Note

스티브 잡스의 프레젠테이션

프레젠테이션을 시작하기에 앞서 복장과 용모를 단정하게 해야 한다. 그러나 애플의 스티브 잡스를 보면 반드시 그런 것만은 아닌 듯하다. 그는 딱딱한 정장과 넥타이 대신 항상 편한 셔츠에 청바지 차림이며 시계조차 착용하지 않는다. 그런데도 불구하고 스티브 잡스는 최고의 발표자로 손꼽힌다. 그는 어떻게 청중의 주의를 집중시키는 것일까?

첫 번째는 열정이다. 스티브 잡스는 발표할 때, 연극을 활용하면서까지 열정적으로 청중의 이해를 돕는다. 발표가 더 이상 딱딱한 것으로 인식되지 않도록 저절로 집중할 수 있게 해주는 것이다. 두 번째는 슬라이드를 눈에 띄게 만드는 것이다. 텍스트를 최소화하고, 데이터와 차트, 이미지 등을 활용하여 환상적인 장면을 연출한다. 세 번째는 꾸준한 연습이다. 만약 발표자가 떨거나 당황한다면 이는 그대로 청중에게 전달될 것이다. 스티브 잡스는 보다 완벽한 프레젠테이션을 하기 위해 수없이 연습했다고 한다. 발표자가 아무리 열정적이고 발표 자료가 아무리 완벽하다고 해도 연습이 부족하면 실수하기 마련이다. 끝으로 청중 앞에 섰을 때 당당하고 큰 목소리를 내는 것이 중요하다.

[그림 4-5] 발표 중인 스티브 잡스(출처 : http://www.fastcompany.com)

제에서 벗어날 확률이 그만큼 줄어든다. 청중의 입장에서도 발표에 앞서 내용을 밝히면, 이해도를 높일 수 있다. 아울러 발표 목적을 알려주는 것도 좋다. 최소한 어떤 맥락에서 연구가 이루어졌는지 알아둘 필요가 있기 때문이다. 또한 발표에 필요한 시간을 언급하는 것이 좋다. "제 발표 시간은 약 15분 정도 소요될 것입니다."라는 식으로 말함으로써 청중의 주의를 유지할 수 있기 때문이다. 아울러 지원을 받은 연구라면 지원을 해준 단체에 고마움을 표시하고, 공동 연구라면 공동 연구자에게 고마움을 표시하는 것이 예의이다.

■ 개요를 설명한다.

개요는 간단하게 2~3개 항목으로 압축하여 설명한다. 실례로 "제 발표는 크게 두 부분으로 나누어집니다. 첫 번째 부분에서는 ○○○에 대한 정의를 말씀드리고, 그 다음으로 ○○○에 대해 설명하고 ○○○을 보여드린 후, 마지막으로 ○○○을 보여드리겠습니다."라고 말하는 식이다.

■ 질의응답 시간을 안내한다.

발표자는 청중에게 질문이 가능한 시간을 알려줘야 한다. "발표를 마친 후에 따로 질문하실 시간을 드리겠습니다." 또는 "제가 발표하는 중간에라도 궁금한 점이 있으면 언제든지 질문하시기 바랍니다."라는 식으로 알려주는 것이다. 일반적으로 발표 성격에 따라 청중의 질의응답 시간이 달라질 수 있다. 예를 들어 세미나처럼 발표자의 수가 적고 발표 시간도 자유롭다면 수시로 질문이 가능하지만, 발표자의 수가 많고 발표 시간도 한정되어 있다면 발표 도중에 질문하는 것이 불가능하다.

Note

청중의 관심을 유발하는 말!

- **예를 들어 설명한다**
  "한 가지 예를 들어보겠습니다."
  "그 좋은 예는 ○○○에서 찾을 수 있습니다."
- **바꾸어서 표현한다**
  "다른 말로 표현하면…."
  "이를 다른 방식으로 표현하면…."
- **요약한다**
  "결론적으로 말해…."
  "간단하게 말해서…."
- **강조한다**
  "여기에서 중요한 것은…."
  "여기에서 기억해야 할 것은…."
- **앞에서 말한 내용을 언급한다**
  "앞에서 이미 말씀드렸듯이…."
  "3절에서 이미 살펴보았듯이…."
- **앞으로 일어날 일을 언급한다**
  "이 문제는 3절에서 다루게 될 것입니다."
  "뒤에서 좀 더 구체적으로 다루게 될 텐데…."
- **전문가가 말한 내용을 언급한다**
  "여기에서 ○○○이 말한 내용을 인용하면…."
  "○○○의 말에 따르면…."

■ **중심부로 들어간다는 사실을 예고한다.**

프레젠테이션 중심부로 들어가기에 앞서 그러한 사실을 언급해주는 것이 좋다. 청중에게 마음의 준비를 하도록 알리는 것이다. "이제부터 본론을 말씀드리겠습니다."라는 식으로 말하면 된다. 중심부에서 약어를 사용할 경우, 도입부에서 간단히 설명해줘야 한다.

중심부

주어진 시간에 맞게 정보의 양을 결정한다. 단순히 정보의 양이 많다고 좋은 것은 아니다. 아이디어를 명료하게 전달할 수 있을 정도면 충분하다. 의미를 좀 더 명료하게 전달하기 위해서는 적절한 예를 들어 설명하는 것이 좋다.

아이디어는 논리적인 순서나 시간적인 순서에 따라 전개하는 방법이 있고, 일반적인 것에서 구체적인 것으로, 알려진 것에서 알려지지 않은 것으로 전개하는 방법도 있다. 원인과 결과 혹은 문제와 해결 등의 방법에 따라 전개할 수도 있다. 어떤 형태든지 발표 목적에 맞아야 하며, 청중의 관심을 끝까지 유지할 수 있는 방법을 찾는 것이 중요하다.

낯선 길을 갈 때 이정표가 꼭 필요하듯, 프레젠테이션을 할 때도 진행 과정을 알려주는 것이 좋다. "지금까지는 ○○○에 대해서 알아보았습니다. 다음은 ○○○에 대해서 알아보기로 하겠습니다."라고 말하는 것이다. 시작하기 전에 시작을 알리고, 전환하기 전에 전환을 알리는 식이다. 이러한 방법은 글을 쓸 때보다 프레젠테이션을 할 때 훨씬 더 효과적이다. 내용을 전환할 때 자세와 목소리를 바꾸는 것도 좋은 방법이다.

종결부

프레젠테이션을 마칠 때에는 발표와 전혀 관련이 없는 새로운 이야기를 해서 청중을 어리둥절하게 만들면 안 된다. 종결부는 다음과 같이 구성된다.

■ **프레젠테이션에서 보여주려고 했던 것이 무엇인지 다시 한 번 상기시킨다.**

청중이 발표 내용을 쉽게 이해할 수 있도록 내용을 요약하여 말한다. 이때 요점을 한두 문장으로 정리하여 말할 수도 있고, 청중이 기억해야 할 항목을 열거할 수도 있다. 경우에 따라 참고자료를 배포할 수도 있다.

■ **제안을 한다.**

"오늘 살펴본 내용에 근거해 저는 ○○○을 제안합니다."라는 식으로 발표 내용의 구체적인 실천 방안을 언급한다.

- **청중에게 감사의 인사를 한다.**

감사의 내용을 구체적으로 언급한다. 예를 들어 "귀한 시간을 내주셔서 감사합니다." 혹은 "열심히 들어주셔서 감사합니다."라고 인사하는 것이다. "지금까지 변변치 않은 내용을 들어주셔서 감사합니다."라는 식으로 발표 내용을 폄하하지 않는다.

- **질의응답 시간을 가진다.**

발표를 마친 후에는 궁금한 내용이 있는지 묻는다. 질의응답을 할 때에는 발표자가 해당 분야 전문가라는 인식을 하도록 해야 한다. 그러나 청중으로부터 질문을 받았는데 모르는 내용일 때는 다음과 같은 방법으로 대처한다.

- 질문 내용을 반복함으로써 자신이 질문을 제대로 이해했는지 확인한다.
- 잘 모르는 질문에 대해서는 발표가 끝난 후에 따로 답변하겠다는 식으로 대답을 늦춘다.
- 질문이 주제에서 벗어나면 대답하기 어렵다는 사실을 알린다.
- 상대의 주장을 인정하지만 관점이 다를 수 있다는 사실을 알린다.

그리고 발표에서는 정확한 발음이 무엇보다도 중요하다. 따라서 발표 전에 충분히 연습해야 한다. 만일 같은 단어를 잘못된 발음으로 계속 반복하면 듣는 사람이 매우 짜증날 수도 있다. 발표 내용을 적절하게 구성하고 적절한 용어를 사용함으로써 치밀하게 준비한다. 그 밖에도 다양한 동작과 같은 비언어적인 방법으로도 메시지를 전달할 수 있다. 몸동작과 같은 시각적인 요소와 목소리는 청중에게 메시지를 전달하는 매우 중요한 요소이다.

4.3.4 시각적인 자료

시각적인 자료로 실물을 활용할 수도 있지만 프레젠테이션 프로그램을 이용할 경우 그래프, 차트, 지도, 사진, 그림, 동영상 등을 활용할 수 있다. 필요에 따라 시각적인 자료를 유인물(handout)의 형태로 나눠줄 수도 있다. 유인물을 배포함으로써 발표 내용을 메모하는 데 걸리는 시간을 절약하게 하는 것이다.

이름, 회사 명칭, 회사 로고, 날짜, 발표 제목을 시각적으로 표시할 수 있다. 그러나 텍스트를 포함할 때에는 표나 이미지를 손상시키지 않도록 유의해야 한다. 그리고 인용하는 경우를 제외하고는 텍스트의 전체 문장을 사용하지 않고 가능한 한 텍스트 양을 최소화한다.

핵심포인트 **시각적인 자료의 사용 목적**

- 청중이 집중하도록 하기 위해
- 말로 전달하면 이해하기 어려운 내용을 쉽게 이해할 수 있도록 하기 위해
- 아이디어를 보완하기 위해
- 초점을 청각적인 것에서 시각적인 것으로 전환하기 위해
- 청중에게 동기를 부여하기 위해
- 텍스트로 정보를 보여주는 것보다 시각적으로 보여주는 것이 더 효율적이기 때문에

슬라이드나 자료는 보기 좋고, 읽기 편하게 배치해야 한다. 수평 또는 수직으로 배치하는 것이 바람직하고, 폰트 크기는 발표장 크기에 따라서 달라지지만, 최소 20 이상이 되어야 한다. 폰트 종류에 따라서 다른 크기를 사용하는 것도 좋은 아이디어다. 예를 들어 주제목으로는 폰트 크기를 20으로 하고, 부제목의 폰트는 16으로 하며, 다른 텍스트 폰트는 14로 한다. 강조할 때에는 대문자, 굵은 문자, 이탤릭체, 밑줄 또는 음영을 사용하는 것도 좋은 방법이다.

슬라이드는 1분에 약 2장 정도가 적당하며 슬라이드를 너무 많이 보여주는 것은 오히려 역효과가 날 수 있다. 단순하게 스크린에 슬라이드를 비춘다고 해서 청중이 그 슬라이드를 보고 발표자가 하는 말과 연관을 지어 이해하는 것을 기대하기는 어렵다. 따라서 어떤 시각적인 자료를 보여주기 이전에 예고하는 형식으로 청중이 관심을 갖도록 한다.

"다음 슬라이드는 ○○○에 관련된 방법으로서…."

Note **시각적인 자료를 사용할 때 유의해야 할 사항들**

- 슬라이드가 순서대로 정렬되었는지 확인한다.
- 프로젝터가 정상적으로 동작하는지 확인한다.
- 발표장의 뒤에서도 내용이 보이는지 확인한다.
- 스크린 옆에서 청중 방향을 보고 발표한다.
- 청중에게 보여주고 싶은 부분만 보여주고 나머지는 가린다.
- 핵심이 되는 지점에 청중의 주의를 집중시킬 수 있도록 포인터를 사용한다.
- 시각적인 자료는 청중이 잘 볼 수 있도록 정렬해야 한다.
- 시각적인 자료는 구두로 하는 메시지를 보완해야 한다.
- 자료는 모든 사람이 잘 볼 수 있도록 커야 하며, 유인물을 배포하는 것도 좋은 방법이다.
- 너무 많은 정보를 보여주지 않는다.
- 다양한 색과 글씨체를 사용하지 않는다.
- 오탈자와 문법 오류가 있는지 검사한다.

4.3.5 청중의 관심 유도

모든 청중이 프레젠터의 말에 관심을 보이는 것은 아니다. 따라서 그들의 욕구가 무엇인지, 무엇을 알고자 하는지 이해하고, 대화를 하려고 노력해야 한다. 아울러 청중의 흥미를 불러 일으켜야 한다. 이를 위해 발표자는 발표 내용에 대해 폭넓은 지식을 가지고 있어야 하며, 개방적이고 열정적인 태도를 취해야 한다. 아울러 프레젠테이션에 도움을 줄 수 있는 다양한 장치를 활용해야 한다. 발표 내용이 청중에게 어떤 의미가 있는지 명확하게 설명하는 것도 좋은 방법이다. 내용을 전달할 때는 간결하고 명확하게 해야 한다.

특정 항목을 강조하고자 할 때에는 "꼭 기억해야 할 것은…."이나 "핵심적인 요소는…." 등과 같은 표현을 사용하여 강조할 수 있으며, 이때 발음을 강하게 하는 것이 효과적이다.

> **Note**
>
> **청중의 흥미를 유발하는 방법**
>
> - 일반적이지 않은 사실이나 통계를 활용한다.
> - '당신' 또는 '우리'라는 표현을 사용해 공감대를 형성한다.
> - 실생활에서 나타날 수 있는 사례를 소개한다.
> - "아는 사람은 손을 들어보세요."와 같이 청중의 참여를 유도한다.
> - 청중에게 직접 질문을 하거나 "…, 그렇지 않나요?"와 같은 형태의 수사의문문을 사용한다.

4.3.6 몸동작과 발음

몸동작이란 눈 맞추기(eye contact)와 얼굴 표정, 손짓, 몸짓 등 제스처(gesture)를 통틀어 일컫는 말이다. 몸동작은 항상 자연스럽고 여유가 있어야 한다. 몸동작은 다음과 같은 효과를 낼 수 있다.

- 프레젠테이션을 자연스럽게 하는 데 도움이 된다.
- 의미를 전달할 때 시각적인 효과를 줌으로써 의미 전달에 도움이 된다.
- 발표의 긴장된 분위기를 해소하는 데 도움이 된다.
- 청중의 관심을 유지하는 데 도움이 된다.
- 핵심적인 부분을 강조하거나 발표의 흐름을 조절하는 데 활용할 수 있다.

발음을 정확하게 하는 것은 의미를 정확하게 전달한다는 의미에서 매우 중요하다. 부정확한 발음은 의사소통의 실패 요인이 될 수 있다. 만일 청중이 발표자의 언어에 익숙하지 않다면 잘못 발음한 단어를 이해할 수 없게 된다. 잘못된 발음은 듣는 사람의 귀를 피곤하게 만들 뿐만 아니라 듣는 것이 너무 어려우면 듣는 것 자체를 포기하게 된다. 또한 말은 크기와 빠르기, 높낮이 등에 의해 느낌이 달라진다.

Note

1. 바람직한 몸동작

- 시선을 골고루 분산해야 한다. 즉 한 사람을 집중적으로 바라보는 것은 피해야 한다.
- 얼굴 표정은 자연스럽고 친근하게 연출해야 한다.
- 기대거나 구부정하게 있지 말고 똑바른 자세를 유지하되 여유 있는 모습을 보인다.
- 대화의 초점을 바꿀 때에는 몸을 이동한다. 강조할 때에는 앞으로 이동하고 발표 주제를 바꿀 때에는 옆으로 이동한다.
- 펜이나 포인터로 발표 자료를 가리킨다.

2. 바람직하지 않은 몸동작

- 노트나 스크린, 슬라이드 또는 바닥을 바라본다.
- 청중의 눈을 빤히 쳐다보거나 멍하니 바라본다.
- 몸을 건들건들 움직인다.
- 청중에게 등을 돌린다.
- 손을 주머니에 넣는다.

우리는 의사소통의 방법 중의 하나로 보고서 작성법과 프레젠테이션 방법을 살펴보았다. 싫든 좋든 의사소통이란 공학자가 작업을 수행하는 데 있어서 매우 중요한 요소로 작용한다. 일반적으로 공학자는 문서 작성을 싫어하거나 프레젠테이션을 두려워하는 등 의사소통을 잘하지 못하는 경향이 있다. 따라서 의사소통을 잘하려고 노력하지 않거나 다른 사람이 대신해 주기를 바라는 공학자는 공학자로서 자질이 부족한 사람이라고 할 수 있다. 공학자는 자신의 연구 성과에 대해 고객과 자유롭게 의사소통할 수 있어야 한다. 즉 보고서를 작성하는 일이나 프레젠테이션을 하는 일을 두려워해서는 안 된다.

연습문제

01 의사소통의 종류를 나열하고, 각각의 수단이 사용되는 경우와 특징을 설명하라.

02 실제 의사소통에서 클램핏의 의사소통 프로세스 모델의 각 구성요소에 해당하는 예로는 어떤 것들이 있을 수 있는지 구하라.

구성요소	실제 예
메시지	
채널	
피드백	
상황	
잡음	

03 보고서의 목적이 각각 다음과 같을 때, 보고서의 내용이 어떤 내용으로 구성되어야 하는지에 대해서 각각 5줄 이내로 서술하라.

(a) 공학자가 자신의 설계를 경영진으로부터 승인을 받기 위해 보고서를 작성할 때
(b) 새로운 제품의 개발이 완료되었을 때 마케팅 담당자가 마케팅을 할 수 있도록 제품에 대한 보고서를 작성할 때
(c) 새로운 기계가 개발되었을 때 유지 보수 담당자가 유지 보수 업무를 수행할 수 있도록 보고서를 작성할 때

04 [연습문제 03]에서 보고서가 경영자 및 유지 보수 기술자 모두를 대상으로 한다고 가정했을 때, 본문에 포함되어야 할 내용과 부록에 포함되어야 할 내용이 무엇인지 각각 설명하라.

05 현재 강의에서 사용하고 있는 교재와 부교재 중에 3권을 선택해 참고문헌의 형식으로 표기하라.

06 다음과 같은 내용을 조사하여 표 또는 그래프로 작성하라. 이때 엑셀과 같은 스프레드시트(spreadsheet) 프로그램을 사용한다.

(a) 지난해 신입생 모집 정원을 단과대학별, 학과별, 전형별로 조사하여 표로 작성하라.

(b) 공학설계 과목을 수강하는 학생들의 인적사항(주소지, 주거 형태, 성별, 통학 방법)을 조사하여 표와 그래프를 이용해 분석하라.

07 다음은 고도에 따라 기압과 온도가 어떻게 변하는지 측정한 값을 표로 작성한 것이다. 이 표를 엑셀과 같은 스프레드시트(spreadsheet) 프로그램을 이용하여 다시 표로 작성한 후, 그래프로 나타내라.

고도(m)	표준대기	
	기압(mb)	온도(℃)
0	1000	15.0
100	1013	14.4
500	955	11.8
1000	899	8.5
1500	846	5.3
2000	795	2.0
3000	701	−4.5
3500	658	−7.8
4000	616	−11.0
4500	577	−14.3
5000	540	−17.5
5500	510	−20.8
6000	472	−24.0

08 원의 면적은 공식 πr^2에 의해 구할 수 있다. 만일 반지름이 0.5cm에서 5cm까지 변화한다고 가정할 때, 다음과 같이 표와 그래프를 작성하라.

(a) 원의 면적 공식을 이용해서 반지름에 대한 면적을 나타내는 표를 작성하라. 반지름은 0.5cm 단위로 증가한다.

(b) 작성된 표를 다시 그래프로 표시하라. 이때 엑셀과 같은 스프레드시트 프로그램을 사용한다.

09 보고서에서 요약과 개요의 차이를 설명하라.

10 보고서를 작성하기 전에 수집한 자료를 분류하는 기준과 방법에 대해서 설명하라.

11 연비가 향상된 자동차를 개발했다고 가정할 때, 최종 보고서에서 세부 절의 제목이 포함된 목차를 작성하라.

12 개발된 제품의 마케팅을 위해서 프레젠테이션을 한다고 가정할 때, 도입부와 목차를 설명하는 부분에서 발표할 내용을 작성하라.

13 [연습문제 12]와 동일한 프레젠테이션에서 종료하기 전에 청중들에게 발표한 내용을 다시 한 번 상기시키고 발표를 종료하는 내용의 문장을 작성하라.

14 학과 MT 계획을 팀별로 정하고, 정한 내용을 프레젠테이션하라. 이때 프레젠테이션 자료는 MT의 목적, 시간과 장소를 선택한 과정 및 일정, 경비(내역)에 대한 내용으로 구성하고 표와 사진 등의 시각적인 자료를 포함시키도록 한다.

Enginee
Ethics

5장
공학윤리
Engineering Ethics

공학적인 활동의 산물은 우리 생활에 직접적인 영향을 미치기 때문에 공학자의 사회적인 책무는 막중하다. 따라서 공학자는 설계 단계에서부터 공학적 산물이 사회에 미칠 윤리적인 측면까지 고려해야 한다. 그러나 대부분 공학자들은 이러한 윤리적인 책임이 공학적인 가치관과 무관하다고 생각하고, 공학적 산물의 유해 여부가 그것을 설계한 사람의 가치관에 의해 결정될 수 있다는 사실을 인식하지 못하고 있다. 그러나 공학윤리는 더 이상 개념으로만 다뤄야 할 문제가 아니며, 공학설계 과정에서 반드시 반영되어야 하는 현실적인 문제이다. 이 장에서는 공학윤리를 다뤄야 하는 이유를 살펴보고, 직업적 관점에서 공학자의 도덕적 책임의 기준인 윤리규범을 알아본다. 마지막으로 윤리규범의 구체적인 사례를 통해 윤리규범의 의미를 이해하도록 한다.

5.1 공학윤리의 이해

이 절에서는 도덕적 딜레마에 대해 살펴보고 공학윤리의 역사적 배경과 필요성을 이해한다. 이를 통해 공학윤리가 일반적인 개념의 윤리와 어떤 점이 다른지 살펴본다.

학습 목표

- 공학 분야에서 나타날 수 있는 도덕적 딜레마를 살펴본다.
- 공학윤리에 함축된 의미를 살펴본다.
- 공학윤리라는 개념이 등장하게 된 역사적 배경을 살펴본다.

5.1.1 개요

공학자들은 제품을 개발하고 생산함으로써 다양한 분야의 발전에 기여해왔다. 이를 통해 우리는 자연재해로부터 보호받을 수 있게 되었고, 일상생활의 편의와 아름다움도 향상시킬 수 있었다. 그러나 기술이 발전함으로써 생활은 편리해졌지만, 새로운 윤리적 문제가 발생한 것이다. 우주선을 타고 달과 행성을 탐사하는 것은 기술력의 발전을 보여주지만 그 과정에서 우주선이 폭발하는 사고가 일어나기도 한다. 1986년 챌린저호와 2003년 콜럼비아호의 비극은 숙련된 공학자들이 사고 직전에 경고를 했음에도 불구하고 폭발을 막지 못했다.

여기에서는 공학에서의 윤리적인 복잡성을 살펴보고, 공학윤리의 정의와 공학윤리를 공부하는 목적에 대해 살펴볼 것이다. 또한 오늘날과 같이 협동적인 환경에서 도덕적 책임성을 어떻게 분배할 것인가에 대해서도 살펴본다. 도덕적 가치는 우수한 공학설계 프로젝트를 위한 기본 조건이며, 심지어 대학에서 실행하는 간단한 공학설계 프로젝트에도 적용되어야 한다.

공학설계 프로젝트에는 수많은 설계 목표가 존재하지만 다양한 도덕적 가치가 이를 제약하고 통제한다. 도덕적 가치의 가장 기본적인 예로 안전성과 효율성, 인간의 존엄성, 친환경성 등을 꼽을 수 있다. 예를 들어 공학의 궁극적인 목적은 인간에게 편의를 제공하는 것이지만, 그로 인해 환경이 파괴되거나 훼손된다면 이는 공학윤리의 관점에서 반드시 재검토되어야 한다.

5.1.2 도덕적 딜레마

앞서 살펴보았듯이 공학설계 과정은 독립적인 과제를 순차적으로 해결하는 것이 아니라 검토와 환원의 반복적인 특성을 가진다. 이러한 반복이 되풀이되는 과정에서 제품에 대한 것 외에도 그것을 사용하는 사람들에게 영향을 주는 자연적, 사회적 환경이 함께 고려되어야 한다. [표 5-1]은 공학에서 발생할 수 있는 문제들을 보여준다.

[표 5-1] 공학에서 발생할 수 있는 문제들

공학설계 과정	발생할 수 있는 문제들
개념설계	• 특허 또는 영업 비밀을 위반하거나 제품을 불법적으로 사용하는 경우
성능 규격	• 비현실적으로 가정을 하거나 설계가 불가능한 경우 • 검증되지 않은 재료를 사용한 경우
사전 분석	• 핵심적인 부분에 대한 분석이 아니라 필요 이상으로 상세한 경우
상세 분석	• 정확한 이해 없이 데이터와 컴퓨터 시뮬레이션 결과를 분석하거나 검증되지 않은 방법을 사용하는 경우
시뮬레이션과 프로토타입 제작	• 완성되지 않은 상태 또는 좋은 조건에서만 프로토타입을 테스트하는 경우
설계 규격	• 규격이 너무 엄격하여 생산 및 사용 과정에 여유가 없는 경우 • 세심한 주의 없이 설계가 변경되는 경우
작업 일정	• 예상하지 못한 일이 발생할 때를 고려하지 않고 비현실적으로 일정을 세우는 경우
구매	• 특정 납품업자에게 유리하도록 규격을 작성하거나 뇌물을 수수한 경우 • 구입한 부품을 제대로 테스트하지 않은 경우
부품의 제조	• 구성 재료의 품질이 균일하지 않거나 작업 기술이 일정하지 않은 경우 • 검증되지 않은 재료가 사용되는 경우
조립과 구성	• 반복되는 작업으로 인해 작업자의 긴장과 스트레스가 증가하는 경우 • 유해성 폐기물이 제대로 처리되지 않는 경우
품질관리와 테스트	• 독립적이지 않은 생산 관리자가 품질관리와 테스트를 함으로써 테스트 결과가 조작되는 경우
홍보와 판매	• 품질과 관련하여 과대 또는 허위로 광고하는 경우 • 고객의 요구 이상으로 부풀려서 광고하는 경우
선적, 설치 및 교육 훈련	• 육로로 운반하기에 부피가 너무 큰 경우 • 설치 및 교육 훈련이 하청업체에 의해서 이루어지거나 허술하게 관리 및 감독되는 경우
안전장치	• 안전장치가 너무 복잡하고 고장나기 쉬운 경우 • 안전 조치가 복잡한 경우
사용	• 적절하지 않거나 불법적으로 사용되는 경우 • 부하가 너무 많거나 매뉴얼이 갖춰지지 않은 경우
유지 보수	• 유지 및 보수를 위한 부품이 제대로 공급되지 않는 경우 • 결함이 발견되었을 때 리콜(recall)이 되지 않는 경우
제품의 모니터링	• 제품의 수명이 끝난 후 어떻게 처리할 것인지에 대한 공식적인 절차가 없는 경우 • 사회와 환경에 미치는 영향이 전혀 고려되지 않은 경우
재활용과 폐기	• 제품을 철거 또는 폐기할 때 주의사항이 없거나 위험성에 대한 경고가 없는 경우

[표 5-1]의 모든 문제는 공학자, 감독자, 판매자, 소비자의 잘못된 인식에서 비롯될 수 있으며, 다음과 같은 원인으로 인해 다양한 형태로 나타날 수 있다.

- 무조건 기존의 것을 따르려고 하는 관습
- 공학자의 기술적인 결핍
- 부실한 경영으로 인해 발생하는 시간 또는 자원의 부족
- 서로 다른 분야에서 정보를 공유하지 않고 계속해서 벽을 쌓는 배타적 이기주의
- 잠재적인 문제는 누군가에 의해 해결될 수 있을 것이라는 무사안일주의
- 부주의한 사용자 또는 소유자에 의해 제품의 부적절한 사용 또는 폐기
- 정직하지 못한 설계와 단기간에 결과물을 요구하는 경영진의 압박
- 제품이 판매되고 사용될 때 그 제품이 어떻게 사용되고 있는지에 대한 무관심

비록 위 항목들이 모든 문제를 포함하는 것은 아니지만, 최소한 공학자들을 도덕적으로 갈등하게 하는 문제의 범위를 보여주고 있다. 또한 이들 항목은 공학자에게 통찰력과 주의력이 왜 필요한지 보여주며, 특히 공학자의 결정으로 만들어진 제품에 의해 어떤 사람들이 어떤 영향을 받을 것인지 상상하는 일이 필요한 이유를 보여준다.

그런데 문제는 공학윤리 문제가 시대와 상황에 따라 기준이 달라진다는 것이다. 이러한 상황은 공학적 가치와 도덕적 가치 사이에서 갈등을 야기하는 도덕적 딜레마를 발생시킨다. 도덕적 딜레마는 도덕적인 가치가 명확하지 않거나 어떤 일이 일어날지 알 수 없는 경우에 발생한다. 도덕적 딜레마를 해결하고 도덕적인 선택을 할 때에는 전문적인 기술, 도덕적인 판단과 함께 숙련도와 양심, 창의성도 함께 고려해야 한다.

실제로 공학설계 프로세스가 시작되는 순간부터 끝나는 순간까지 공학자들은 다양한 도덕적, 기술적 난제에 봉착하게 되는데, 가장 일반적인 문제의 발생 요인으로는 재료의 선택, 작업의 품질, 시간의 제약, 부당한 상급자의 요구 등이 있다.

5.1.3 역사적 배경

공학윤리에 대한 인식의 필요성은 19세기에 공학자가 하나의 독립적인 직업으로 등장하면서 시작되었다. 공학자들은 독립적인 회사를 차리거나 큰 회사에 고용된 기술직으로 활동했는데, 큰 회사의 고용주가 자신의 고용인을 마음대로 제어하는 상태를 유지하려고 하면서 고용주와 피고용인 간에 심각한 갈등이 발생했다. 이로 인해 공학윤리에 대한 인식이 조금씩 생겨나기 시작했다.

미국에서 직업 정신이 발달하면서 미국토목학회(American Society of Civil Engineers, 1851년), 미국전기학회(American Institute of Electrical Engineers, 1884년), 미국기계학회(American Society of Mechanical Engineers, 1880년), 미국광산금속석유공학학회(American Institute of Mining, Metallurgical, and Petroleum Engineers, 1871년) 등 4개의 공학 단체가 설립되었다. 그러나 당시에는 윤리를 직업적 고려 대상이 아닌 개인적 고려 대상으로만 간주했다.

20세기 초에는 아슈터뷸라강 철로(Ashtabula river railroad) 붕괴 사고(1876년), 테이 다리(Tay bridge) 붕괴 사고(1879년), 퀘벡 다리(Quebec Bridge) 붕괴 사고(1907년) 등 심각한 건축물 붕괴 사고가 일어났다([그림 5-1]). 이 붕괴 사건들을 통해 공학자들은 기술 및 시공에서 결함을 발견했을 뿐만 아니라, 윤리적인 표준의 필요성을 인식하게 되었다. 이를 계기로 윤리규범이 제정되었고, 미국토목학회(ASCE), 미국전기학회(AIEE), 미국기계학회(ASME)의 3개 공학 단체에서 이 윤리규범을 채택하였다.

건축물 붕괴 사건과 더불어 보스턴 당밀(molasses) 홍수 사건(1919년)은 직업적인 관행과 대중 보호에 관심을 갖도록 하는 계기가 되었다. 그리고 이는 공인된 자격증이 있어야 공사를 할 수 있는 제도를 본격적으로 추진하는 계기가 되었다.

(a) 아슈터뷸라강 철로 붕괴 사고

(b) 테이 다리 붕괴 사고

(c) 퀘벡 다리 붕괴 사고

[그림 5-1] 윤리규범 제정의 계기가 된 건축물 붕괴 사고들

지난 수 세기 동안 캐나다와 미국에서는 공학자에게 자격증을 취득하거나, 공인된 단체의 자격인증을 받도록 하였다. 특히 캐나다에서는 생활, 건강, 재산, 공공복지, 환경 등 모든 공학 분야 전공자에게 자격증을 갖추도록 하고 있으며, 1950년대에는 모든 주에서 필수적으로 자격증을 취득하도록 하였다. 미국은 전문적인 감독 기사(consulting engineer) 자격증을 갖추도록 하고 있지만, 산업계와 교육기관, 공공기관에서 일하는 공학자들에게는 자격증을 요구하지 않는다.

국내 공학 관련 단체로 한국과학기술단체총연합회(KOFST : The Korean Federation of Science and Technology societies)가 있다. 이 단체는 1966년 5월에 과학기술단체를 육성, 지원하고, 과학기술인의 사회 참여 확대 및 역할 강화와 권익 신장을 도모하여 과학기술에 대한 일반 국민의 이해를 촉진하며, 각종 과학기술 정책 연구, 기획, 조사, 자문을 통해 국가발전에 이바지하기 위해 설립되었다. KOFST는 2004년 11월 11일에 '과학기술인 헌장'을 공포하였다. 이 헌장에서는 지속 가능한 과학기술 발전을 통한 자연환경 보호를 언급하였고, 과학기술에 대한 사회적 책임과 윤리의식을 강조하였다.

Note

보스턴 당밀 홍수 사건

이 사건은 1919년 United States Industrial Alcohol 사의 탱크에 담긴 230만 갤런(870만 리터)의 당밀(molasses)이 갈라진 탱크 밖으로 쏟아져 나오면서 발생하였다. 당시 보스턴 거리로 쏟아져 나온 1만 4천 톤의 당밀 파도 높이는 15피트(약 4.57m)였고, 파도 속도는 시속 35마일(56km)에 달했다. 이 사건으로 21명이 사망하고 150여 명이 부상을 당했다.

사고 원인이 탱크의 자체 결함 때문인지, 당밀의 발효작용 때문인지는 아직도 의견이 분분하다. 다만 탱크가 제작된 지 4년밖에 안 된데다가 위험성을 내포하고 있다는 사실이 입증되어 소유주가 막대한 벌금을 무는 것으로 재판이 종결되었다.

[그림 5-2] 보스턴 당밀 홍수 사건의 모습

과학기술인 헌장

과학기술은 인류 공동의 소중한 문화유산이며 합리성과 보편성을 바탕으로 인간의 삶에 큰 영향을 미치는 지식체계이다. 이에 우리 과학기술인은 무한한 탐구심과 창의력으로 삶의 질을 향상시키고 밝은 미래사회를 여는 주체로서의 긍지와 사명감을 지닌다.

1. 우리는 과학지식을 증진시키고 기술혁신을 추구하여 인류의 행복과 평화를 위해 노력한다.
1. 우리는 지속 가능한 과학기술 발전을 통하여 깨끗하고 안전한 자연환경을 만든다.
1. 우리는 탐구의 자율성을 소중히 여기며 과학기술에 대한 사회적 책임과 윤리의식을 갖는다.
1. 우리는 과학기술의 발전을 위해 미래세대를 육성하는 데 힘을 기울인다.
1. 우리는 과학기술에 대한 국민의 관심과 이해를 높이는 데 앞장선다.
1. 우리는 과학기술을 통해 자랑스러운 전통문화의 발전과 민족화합에 이바지한다.

2004년 11월 11일
한국과학기술단체총연합회

국내에서는 2006년 1월부터 과학기술윤리 전문가 포럼을 개최하였고, 각계의 의견을 모아 2006년 12월 '과학기술연구윤리강령(안)'을 마련하였다. 이후 심의위원회는 연구윤리보다 더 포괄적인 '과학기술인 윤리강령'을 제정하는 것이 바람직하다는 데 합의하고, 그 세부안을 다듬어 2007년 4월 20일에 열린 제40회 과학의 날 기념식에서 과학기술인 윤리강령을 확정하여 선포하였다.

윤리강령은 과학기술인의 사회적 책임을 인식하고 국내 관련 법령 및 국제적으로 통용되는 원칙을 성실히 준수할 것과 특히 날조, 변조, 표절, 중복 발표 등과 같은 부정행위를 하지 않을 것 등의 다짐을 담고 있다.

5.2 공학윤리와 직업정신

이 절에서는 공학자에게 요구되는 도덕적 책임과 의무에 대해서 설명하고, 공학윤리의 관점에서의 직업 정신에 대해서 설명한다.

학습 목표

- 공학자에게 요구되는 도덕적 책임을 살펴본다.
- 직업으로서의 공학에 대해 살펴본다.
- 공학자와 기업의 관계를 이해한다.

도덕적 책임

도덕적 책임은 공학자와 공학 단체, 기업에 요구되는 개념이다. 여기에는 의무와 책임 등이 포함된다.

■ 의무

도덕적 책임은 의무의 형태를 띤다. 몇몇 의무는 정직, 공정, 예의 등과 같이 우리의 행동에 의해 규정되고, 나머지는 역할에 대한 책임감을 뜻한다. 따라서 안전을 담당하는 공학자는 건축 현장을 정기적으로 점검하는 책임감을 가져야 하고, 운영을 담당하는 공학자는 시스템이 잠재적으로 위험성을 지니고 있는지 알아내야 하는 책임이 있다.

■ 책임

도덕적 책임은 도덕적인 행위를 이해할 수 있는 능력을 포함하여 관련 단체가 도덕적인 기능을 담당하도록 요구한다. 이는 특정한 의무를 이행했다는 것에 대한 정당성을 설명할 수 있어야 한다는 것을 의미한다. 공학자는 자신의 행동에 대한 정당성을 입증할 경우가 있으며, 공학자는 스스로 의무를 다했는지 책임감을 가져야 한다.

■ 부정과 태만

부정은 외부로부터 강요받지 않고 스스로 잘못된 일임을 알면서도 저지르는 행동이다. 즉 위험을 감수하면서 자발적으로 책임을 방관하는 행동이다. 반면에 태만은 위험을 감수하려는 의도나 책임을 방관하려는 의도는 없으나, 다만 의지가 부족할 때의 행동이다.

- **성실과 양심**

  도덕적으로 존경할 만한 공학자는 자신의 의무를 제대로 인지하고, 이를 양심적으로 달성하려고 노력한다. 비록 어려운 상황에 처하더라도 최선을 다해 올바르게 행동하려고 노력하며, 결과적으로 큰 성공을 거둔다.

도덕적 책임은 인과관계에 의한 책임이나 직업적 책임, 법적 책임과 구별된다. 인과관계에 의한 책임이란 아이가 잘못을 저질렀을 때 그것을 방치한 부모에게 책임을 지우는 것을 의미하며, 직업적 책임이란 고용인이 피고용인에게 할당한 과업과 관련하여 그것을 제대로 완수하지 못했을 때 책임을 지우는 것을 의미한다. 끝으로 법적 책임이란 법적인 의무로 명문화된 책임을 의미한다. 비록 완벽하게 일치하지는 않지만 공학자의 인과관계에 의한 책임, 직업적 책임, 법적 책임은 그들의 도덕적 책임 및 전문가로서의 책임과 어느 정도 중복되며, 특히 전문가로서의 책임은 직업인으로서의 책임을 넘어서는 개념이다.

직업으로서의 공학

넓은 의미에서 직업이란 생계수단을 뜻하지만, 여기에서 공학은 공공의 이익을 위해 합의된 서비스를 제공하는 일이자 고도의 전문성과 자제력이 요구되는 일이라고 정의할 수 있다.

- **공공의 이익**

  직업은 공공의 이익을 제공한다. 직업을 통해 높은 윤리적 기준을 지키려고 노력함으로써 공공의 이익을 달성하는 것이다. 실례로 의학 분야는 국민의 건강을 지키는 데 직접적으로 기여하고, 법 분야는 대중의 법적 권리를 보호하며, 공학 분야는 대중의 복지와 안전을 위협하는 문제에 대한 기술적 해답을 제공한다.

- **고도의 전문성**

  직업은 일상적이지 않거나 섬세한 판단을 하는 데 필요한 숙련된 기술과 이론적 지식이 필요하다. 직업을 갖기 위해서는 교육을 받아야 하는데, 이러한 교육은 한 분야 이상의 영역에서 체계적으로 습득해야만 한다. 여기에는 인문학, 과학, 예술 등과 같은 교양 교육도 포함된다. 또한 지속적인 교육을 통해 새로운 지식을 습득해야 한다.

- **자율적 제어**

  체계적인 전문가 집단은 윤리강령의 기초를 마련하고, 작성된 기준을 실행하며, 전문 분야에서 대표성을 인정받을 수 있는 자격을 부여받는다. 이러한 기준을 직업적 자율성이라고 하는데, 이는 개인 전문가가 해당 분야에서 자율적으로 판단을 내릴 수 있는 기준을 제공한다.

이 기준을 어떻게 할지는 각 개인의 가치관에 달렸지만, 전문 직업뿐만 아니라 기술적인 전문성이 없는 수많은 형태의 직업도 공공의 이익에 기여한다. 사회가 전문가들을 크게 우대해 주는 것만큼 그들에게 고도의 숙련된 기술뿐만 아니라 높은 수준의 도덕적 책임감을 요구하기도 한다. 즉 전문가 집단 구성원에게 책임감 있는 행동을 독려하는 것이다.

책임감 있는 행동을 요구하는 방법에는 여러 가지가 있는데, 여기에는 윤리규범을 따르지 않는 공학자를 제재하는 절차가 포함되어야 한다. 물론 윤리에서 강조하는 것은 제재보다 책임감 있게 행동할 수 있도록 지원하는 것이다. 기본적으로 윤리란 예방적 차원에서 고려되어야 한다. 이때 예방적 차원의 윤리란 경험적 사고에 대한 반영과 예방 활동을 뜻하는데, 이러한 활동을 통해 도덕적 해이와 발생할 수 있는 윤리적 문제를 방지할 수 있다.

공학자와 기업

공학의 목표는 좀 더 경제적이고 안전한 제품을 생산하는 데 있으며, 기업은 이러한 목표를 달성하기 위해 설립된다. 큰 규모의 복잡한 프로젝트를 수행하기 위해서는 수많은 사람들의 협동이 필요하기 때문이다. 이 과정에서 공학자는 기업의 제약에 의해 발생하는 윤리적 딜레마에 부딪히게 된다. 실제로 대부분의 공학자는 전문가적인 이상과 사업상의 요구에서 갈등한다. 공학자의 윤리적 딜레마를 일반화하기 전에 기업의 기본 조건을 몇 가지 살펴보자.

첫째, 기업의 영향은 공학에만 한정된 것이 아니다. 오늘날 제약과 법, 언론 등을 비롯한 모든 직업은 기업과 연관되어 있다. 둘째, 기업은 윤리적 딜레마를 야기하지만 동시에 공학에 기초한 유용한 제품을 만들기도 한다. 셋째, 대부분의 기업은 도덕적인 책임을 지려고 노력한다. 전문가적인 윤리와 상업윤리는 불가분의 관계에 있는 것이다.

근본적으로 기업의 경영자는 효율성과 생산성 향상을 위해 공학자의 협력을 강조한다. 반면에 공학자는 유용하고 안전하며 최상의 품질을 가진 제품 생산을 강조한다. 이러한 차이는 강조하는 것이 다를 뿐, 서로 상반된다고 할 수 없다. 즉 기업과 공학자는 공생관계에 있는 것이다.

기업에 요구되는 '책임'은 개인에게 요구되는 책임과 어떻게 다를까? 기업의 책임을 명확하게 규정하기 위해 다음을 살펴보자.

- 개인에게 책임과 의무가 있듯이 기업에게도 책임과 의무가 있다. 법률 조직인 기업은 개인이 모인 집단이므로 개인과 동일한 책임이 요구된다. 다만 기업은 개인에게 책임을 분배하는 매뉴얼과 작업 공정으로 구성되어 있으며, 각 개인이 자신에게 할당된 책임에 따라 행동한다면 통일성 있게 기업을 운영할 수 있다고 말할 수 있다.

- 개인이 그들의 책임을 다해야 할 의무가 있듯이 기업도 대중과 피고용인, 주주에게 책임을 다해야 할 의무가 있다. 기업은 윤리적으로 책임 있는 행위의 주체이다. 기업의 행위는 개인과 하위집단에 의해 실행되며, 책임은 매뉴얼이나 작업 공정에 따라 각 개인에게 할당된다.
- 개인이 그들의 의무를 다해야 할 상황에서 책임을 다하는 것과 마찬가지로 기업도 의무를 다해야 하는 상황에서 책임을 다해야 한다. 일반적으로 정직, 공정성, 대중의식과 같은 덕목은 기업이 가져야 할 책임이라고 볼 수 있다.

모든 도덕적 책임은 인과관계에 의해 발생하는 사건의 책임과 구분된다. 또한 그 의미도 단순히 법률적 책임과 구분된다. 공학적 서비스를 제공하는 기업은 전혀 무관할 것 같은 상해에 대해서도 법적 책임을 져야 한다. 실제 판례를 보면, 망치질을 하던 한 농부가 쇳조각 때문에 실명하는 사건이 있었다. 사건 발생 전까지 11개월 동안 그 농부는 망치를 문제없이 사용해 왔으며, 그 망치는 모든 안전 규정을 만족시켰다. 그러나 법정은 제조사가 농부에게 상해에 대한 보상을 해야 한다는 판결을 내렸다. 이는 제품에 하자나 결함이 있어서가 아니라 강한 도덕적 책임을 요구한 판결로, 제품의 결함이나 설계 단계에서의 과실을 증명할 필요가 없었다. 물론 제조사는 그 상해 사건에 대하여 도덕적으로 떳떳하지 못하거나 비난받을 일은 없었다. 단지 결함이 있는 망치에 의해 발생하는 상해를 보상하거나 수리해야 한다는 의무 때문에 기업에 도덕적인 책임이 있는 것이다.

5.3 윤리규범

공학윤리에서 준수 여부는 주관적으로 판단되기 쉽기 때문에 일정한 기준에 의해서 판단되어야 한다. 이 절에서는 공학윤리의 기준을 제시하는 윤리규범에 대해서 설명한다.

학습 목표

- 윤리규범의 중요성과 기본 원칙을 이해한다.
- 윤리규범의 발전에 대해 살펴본다.

5.3.1 윤리규범의 중요성

윤리규범은 전문기관에서 제시한 것으로 공학자의 도덕적 책임을 규정한 것이다. 이 규범은 공학자의 책임을 강조할 뿐만 아니라 이 책임을 충족시키기 위해 자율성을 보장하는 것과 같은 윤리에 대한 전반적인 책임에 대해 서술하고 있어 매우 중요하다. 윤리규범은 다음과 같은 역할을 담당한다.

■ **봉사**

공학자는 고도의 전문지식을 가지고 있다. 따라서 일반 대중으로부터 공학과 관련된 제반 사항을 위임받은 위치에 있다. 더 나아가 윤리규범은 공학자들이 대중의 건강과 안전, 복지를 위해 봉사한다는 서약과 같은 역할을 한다.

■ **지침**

규범은 공학자의 주된 의무를 규정해 놓은 지침이다. 규범은 간결할수록 효과적이며 대부분 일반적인 지침을 제공한다. 어떻게 규범을 적용해야 하는지에 대한 자세한 내용은 세부 지침을 이용하여 나타낼 수 있다.

■ **영감**

규범은 윤리에 대한 전반적인 직업적 책무를 알려줌으로써 윤리적인 행위를 할 수 있도록 유도한다. 즉 대중의 안전과 건강, 복지를 증진시키는 책임을 져야 하는 직업인이 된다는 것이 어떤 의미를 갖는지 공공의 이익에 관한 전반적인 책임에 대해 알려준다.

■ **기준**

공학자마다 도덕적 관점에 대한 기준이 다를 수 있으므로 최소한의 요건으로 구성된 기준을 제공할 필요가 있다. 이에 근거하여 대중은 전문가들이 고객을 위해 공정하게 경쟁하는 객관적인 기준을 가지고 있다고 확신하게 된다.

■ **후원**

규범은 윤리적으로 행동하려는 전문가에게 긍정적인 지원군이 될 수 있다. 비윤리적으로 행동하기를 강요받는 공학자는 공식적인 규범을 통해 요구받은 행위를 거부할 수 있다. 또한 규범을 통해 공학자가 직업적 의무를 다함으로써 발생할 수 있는 비난으로부터 법적으로 보호받을 수 있다.

■ **교육**

규범은 전문 단체와 교육기관에서 도덕적 문제를 논의하고 반영하기 위한 도구로 사용될 수 있다. 전문 단체에 의해 널리 유포되고 공인된 규범은 공학자의 도덕적 책임에 대한 전문가와 대중, 정부 조직 사이에 이해를 공유할 수 있게 해준다.

■ **징계**

규범은 비윤리적인 행위를 판단하는 기초로 활용될 수 있다. 몇몇 전문 단체는 직업적 행위가 비윤리적이라고 판명된 구성원을 추방하기도 하는데, 이러한 경우에는 동료와 지역사회로부터 존경을 잃을 뿐만 아니라 강력한 제재를 받게 된다.

■ **신뢰**

규범을 통해 대중에게 도덕적으로 책임 있는 직업이라는 긍정적인 이미지를 줄 수 있다. 이런 이미지는 공학자가 좀 더 효율적으로 대중에게 봉사할 수 있도록 하고, 공학자 스스로 자기를 통제할 수 있는 힘을 발생시킨다. 직업의 명성은 전문가에 대한 일반 대중의 믿음을 고취시키는 데 필수적이다.

규범의 남용

만약 규범이 철저하게 지켜지지 않으면 대중은 그 직업을 신뢰할 수 없다. 이보다 나쁜 것은 규범이 자신과 의견이 다른 사람들을 압박하는 데 사용되거나 다른 방식으로 남용되는 것이다. 아마도 공학적인 규범이 가장 좋지 않은 방법으로 남용되는 것은 직업의 대중적 이미지를 보존한다는 명분으로 공학자의 정직하고 도덕적인 노력을 제한하는 것이다. 대중적 이미지를 지키는 것에 집착하면 건전한 대화와 비판을 억제할 수도 있다. 그리고 현재 상태를 유지하기 위한 지나친 관심은 정부와 대중 모두에게 공학 분야에 대한 불신을 초래할 수 있다. 신뢰를 높이기 위한 가장 좋은 방법은 공학자들이 자유롭고 책임감 있게 공공의 안전과 복지에 대해 말할 수 있도록 격려하는 것이다. 규범을 비판 없이 무조건 따라하게 함으로써 신성한 것으로 만드는 것보다 규범에 대한 건설적 비판을 허용하는 분위기가 필요하다.

규범의 남용은 경우에 따라서 윤리적 행위를 억제하고, 대중을 위해 봉사하는 사람에게 해를 끼칠 수 있다. 실례로 미국토목학회(ASCE)에 속해 있던 두 명의 공학자는 다른 공학자들을 비판하면 안 된다는 규범을 위반해서 학회로부터 제명당했다. 하지만 이 공학자들의 행동은 로스앤젤레스 댐 건설과 관련된 뇌물 스캔들을 폭로하기 위한 것이기 때문에 비난받을 행동을 한 것은 아니었다.

규범의 제약

규범이 현실적이고 구체적인 딜레마와 씨름하는 개인의 책임을 대체할 수는 없다. 대부분의 규범은 일반적 진술로 이루어져 있어서 현실적으로 직접 적용하기에는 모호한 부분이 많다. 따라서 규범이 직접 모든 상황을 다룰 수는 없으며, 오직 모호한 표현으로만 새로운 기술 발전과 사회적, 조직적 구조 변화를 설명할 수밖에 없다. 이런 모호함은 규범의 서로 다른 항목들이 서로 충돌할 때 발생한다. 어떤 항목이 실제 상황에서 우선시되어야 하는가에 대한 지침은 없다. 예를 들어 앞에서 설명한 것과 같이 도덕적으로 부당한 사실을 밝히기 위해 진실을 말해야 한다는 의무는 비밀을 엄수해야 한다는 의무와 충돌한다.

규범의 제약은 규범이 너무 많아지면서 발생한다. 서로 다른 전문 단체에 의해 분리된 규범이 존재한다는 것은 그 구성원들에게 도덕적 행위가 상대적이며, 변형되기 쉽다는 인식을 심어줄 수 있기 때문에 다양한 규범들 중에서 실제적인 합의가 나와야 하고 통합된 규범이 채택되어야 한다. 비록 규범이 전문가의 책임을 규정하고 있지만 그 자체만으로 완벽하다고 볼 수는 없다. 예를 들어 최근까지도 대부분의 규범은 환경에 대한 명백한 책임을 언급하지 않고 있었다. 또한 규범은 책임을 강조하지만 권리에 대한 언급은 하지 않는다. 결국 규범은 서로 다른 판단이나 상충하는 의견으로부터 타협해야 하며, 결정하기 힘든 도덕적 결정을 내리는 길잡이로서의 역할을 할 뿐이다. 따라서 규범은 그것을 어떻게 개선할 것인지에 대한 논쟁을 포함해 발전적인 논쟁을 막을 정도로 신성하게 여겨져서는 안 된다.

규범의 정당화

규범이란 전문가 사회의 관습을 구체화한 것으로 모든 구성원이 의무적으로 따라야 한다. 그것이 특정한 사회적 역할과 관련된 의무를 규정하기 때문이다. 건전한 규범은 다음 세 가지 조건을 만족해야 한다.

❶ 규범은 명확하고 일관성이 있어야 한다.
❷ 규범은 직업에 대해 체계적이고 이해 가능한 방법으로 가장 중요한 것을 강조하며 기본적인 도덕적 가치를 구성해야 한다.
❸ 규범은 구체적인 상황에서 가장 중요하다고 여겨지는 도덕적 신념과 양립할 수 있는 논리적인 지침을 제공해야 한다.

규범이 이와 같은 기준을 충족시키는지 알 수 있는 방법 중에 하나는 명백한 도덕적 이론의 관점에서 규범을 증명해 보는 것이다. 공학은 지역사회에 제공하는 복지와 밀접한 관련이 있다. 다시 말해, 규범화된 윤리는 특정한 사회적 배경 안에서 그 직업이 대중의 복지를 향상시키기 위해서 일반적인 윤리의 일부분을 발전시킨 것이다. 그렇게 함으로써 공공의 복지가 향상되고, 몇몇 일반적인 윤리는 전문가 관점에서 중요성을 가지게 되었다. 따라서 결과적으로 정당화된 전문 규범이 만들어지게 된 것이다.

5.3.2 윤리규범의 발전

미국의 공학 단체는 대부분 윤리규범을 자체적으로 규정하고 있다. 어떤 규범은 20세기 초에 만들어졌으며, 주 정부의 법규 안에 확대되거나 축소되어 적용되기도 한다. 공학적인 직업인으로서 윤리를 강조하는 것은 19세기 말부터 시작되었다. 1946년에 미국공학협회(NSPE : National Society of Professional Engineers)[1]에서는 공학자가 지켜야 할 행동규칙을 발표하였다. 이것이 1964년에 채택된 현재의 윤리규범으로 발전하였다. 이 일반적인 원칙이 지침으로 인정되었을 때 많은 공학자들은 이 규범이 구체적인 상황에 어떻게 적용되어야 하는지 해석을 요구했다. 이와 관련하여 1954년에 윤리기준위원회(BER : Board of Ethical Review)[2]가 만들어졌다. BER에서는 500개에 이르는 사례를 통해 공학자들이 접할 수 있는 윤리적 문제들을 해결할 수 있도록 돕는다. 영국의 토목공학협회(ICE : Institution of Civil Engineers)와 캐나다공학협회(CSPE : Canadian Societies of Professional Engineers)에서도 윤리규범을 정하고 있다. 이들의 윤리규범에는 공통점이 많다. 가장 대표적인 공학윤리규범의 공통점으로 공학자가 고객과 고용주, 직업에 대해 고려해야 할 우선순위를 알려준다. 예를 들어 NSPE의 윤리규범과 캐나다의 온타리오공학협회(PEO : Professional Engineers Ontario), 미국기계학회(ASME : American Society of Mechanical Engineering)에서는 각각 다음과 같이 기술하고 있다.

- NSPE : 공학자들은 그들의 직업적 의무를 다해야 하고, 대중의 안전과 건강, 복지를 위해 최선을 다해야 한다.
- PEO : 전문직 종사자들은 직업의 의무를 다하는 동시에 대중에게 최고의 복지를 제공할 의무를 갖는다.

1 NSPE는 1934년에 미국 공학자들을 위해 설립된 단체로 모든 공학 분야에 윤리적이며 책임감 있는 실천을 고취시키고, 소속 회원의 복지와 대중에 대한 인식을 향상시키기 위해 노력한다. NSPE에는 54,000명의 회원이 가입되어 있고, 53개 주에 500개 이상의 지부를 보유하고 있다.

2 BER은 공학윤리에 관한 전문가 모임으로 공학적 딜레마를 해결하기 위한 가이드라인을 제공한다. 이 모임은 자격을 갖춘 7명의 회원으로 구성되는데, 회원은 NSPE의 회장이 임명한다. BER의 목적은 NSPE 윤리규범을 해석함에 있어서 어느 한쪽의 입장에 치우치지 않는 의견을 제공하기 위한 것이며, 전문적인 공학윤리를 이해할 수 있도록 학습 자료를 개발하고 연구한다.

- ASME : 공학자들은 그들의 전문적인 의무를 수행하는 과정에서 대중의 안전과 건강, 복지에 최선을 다해야 한다.

다음은 미국토목학회(ASCE) 윤리규범의 기본 원칙이다.

- 공학자는 대중의 안전과 건강, 복지를 위해 최선을 다해야 하며, 그들의 직업적 의무를 수행하는 과정에서 지속적으로 유지할 수 있는 개발의 원칙을 따르려고 노력해야 한다.
- 공학자는 오직 자신의 전문 분야에서만 일을 수행해야 한다.
- 공학자는 오직 객관적이고 정직한 방식으로만 공식적인 성명을 한다.
- 공학자는 전문 분야에서 고용주와 고객에게 충실하고 믿음직스러운 대리인으로서의 역할을 해야 하며, 이해관계에 관한 갈등은 피해야 한다.
- 공학자는 그들이 제공하는 서비스의 가치로 명성을 쌓아야 하고 다른 사람과 부당하게 경쟁하지 말아야 한다.
- 공학자는 공학적 직업의 명예와 순수성, 존엄성을 유지하고 증진시키기 위해 위와 같이 행동해야 하며, 뇌물과 사기, 부패를 절대로 허용해서는 안 된다.
- 공학자는 경력을 통해 지속적으로 발전해야 하며, 자신이 감독하는 공학자가 전문가로서 발전할 수 있는 기회를 제공해야 한다.

ASCE도 다른 전문 단체나 권위 있는 기관처럼 기본법을 확장시켜서 다음과 같이 세부 방침을 공표하였다.

"일반적으로 전문가들과 공인된 공학자의 첫 번째 의무는 대중의 안전이다."

ICE의 행동규범은 ASCE의 규범과 유사한 윤리적 가치를 보여주지만 대중의 복지를 가장 최고의 가치로 인정한다. ICE의 구성원들은 그들의 최우선 책임을 공공의 이익에 두고 있다. 따라서 고객에 대한 구성원의 의무는 공공의 이익보다 우선시될 수 없으며, 이와 같은 책임과 타협을 해서는 안 된다. ASCE의 첫 번째 원칙에서와 같이 미국의 전문 단체에서도 이 부분에 대해 상세하게 명시하고 있다. IEEE(Institute of Electrical and Electronics Engineers) 구성원은 다음과 같이 우리 스스로가 최고의 도덕적이고 전문적인 행위를 수행할 것을 엄숙히 약속한다.

첫째, 대중의 안전과 건강, 복지와 일관성 있는 결정에 책임을 지고 대중과 환경을 위협할 수 있는 유해 요소를 신속하게 적발한다.

양심선언/내부고발

기본적인 윤리적 딜레마는 공학자가 고객이나 고용주가 공학자의 의견을 따르지 않을 때 다른 사람에게 발생할 수 있는 위험을 권한이 있는 자에게 보고해야 한다는 점이다. 공학자는 그들이 보고하지 않은 잠재적인 위험이 결국 생명이나 건강에 아무런 영향을 미치지 않았다고 해도 이를 보고하지 않았다면 징계를 받거나 자격을 상실할 수도 있다. 대부분의 경우에 이 의무는 고객에게 발생할 수 있는 위험에 대해 솔직하게 고지하고, 고객이 이러한 공학자의 위험성을 이해한다면 면책될 수 있다.

하지만 공학자가 위험을 줄이고자 개선의 노력을 했더라도 만약 그 개선의 노력이 효과를 보지 못했다면 반드시 권한이 있는 책임자에게 보고해야 하는 의무가 있다. 흔한 경우는 아니지만 정부가 적절한 조치를 취하지 못하는 아주 특별한 경우라도 공학자는 그 상황을 일반인에게 알림으로써 의무를 다해야 한다. 전문 공학자에 의해 발생하는 양심선언이나 내부고발은 자주 발생하지 않으나, 이런 경우에 법적으로는 대체로 공학자의 편에서 판결한다.

다른 윤리적 문제점들

공학자들이 당면하는 몇 가지 윤리적 문제점들이 있다. 그 가운데 일부는 기술적인 관행과 관련이 있지만 대부분은 비즈니스와 관련이 많다.

- 고객, 컨설턴트, 경쟁자, 계약자와의 관계
- 이해관계에 따른 갈등
- 선물, 식사, 접대를 포함하는 뇌물과 상납
- 기밀과 독점적 정보의 처리
- 고용주의 재산 고려
- 이중고용 및 활동

몇몇 공학 단체에서는 환경 보호를 윤리와 별개의 문제로 취급하기도 한다. 한편, 비즈니스에서의 윤리는 종종 공학윤리와 중복되기도 한다.

국내의 윤리규범

앞에서 설명한 것과 같이 국내에서는 한국과학기술단체총연합회에서 과학기술인 윤리강령을 제정하였다. 이 외에도 많은 공학 관련 협회와 단체에서도 윤리규범을 제정하고 있으나 아직은 미국이나 타 선진국의 윤리규범이 국내의 공학협회에서 정한 규범보다 상세하고 구체적인 것을 볼 수 있다. 온라인 자료로 한국과학기술단체총연합회의 '과학기술인 윤리규정'을 수록하였다.

5.4 윤리규범의 구체적인 사례

윤리규범은 해석에 따라 달리 적용될 수 있기 때문에 이 절에서는 몇 가지 사례를 통해서 윤리규범의 적용에 대해서 이해하려고 한다.

학습 목표

- 구체적인 사례를 통해 윤리규범의 적용과 의미를 이해한다.
- 사례를 중심으로 윤리규범에 대해 토론해본다.

공학윤리에 관한 구체적인 사례는 NSPE의 BER에 의해 제공된 것이다. 다음 사례들을 중심으로 NSPE의 윤리규범에 대해 토론한다면 공학윤리의 본질을 이해하는 데 많은 도움이 될 것이다. [사례] 및 [문제] 다음에 나오는 [참조]는 NSPE의 윤리규범에서 이 사례에 해당하는 목록 번호를 나타낸다.

공학 보고서의 기밀유지

사례
공학자 A는 집주인에게 예비 주택 구매자를 위해 주택에 대한 공학적 점검을 제안했다. 공학자 A는 점검을 마친 후 결과 보고서를 만들어 예비 주택 구매자에게 제공하였다. 공학자 A는 고객으로부터 요금을 받고 서비스를 수행했으며 한 장으로 된 보고서를 준비했다. 그 보고서에는 점검 대상이 된 주택은 전반적으로 좋은 상태이고 큰 수리가 필요하지 않지만 몇몇 부분은 주의가 필요하다고 쓰여 있었다. 공학자 A는 그 보고서 원본을 집주인에게 주었고, 복사본은 주택 판매를 담당하는 부동산 업체에게 주었다. 그러나 집주인은 공학자가 복사본을 부동산 업자에게 보냈기 때문에 거래를 할 때 불리하게 작용하여 불이익을 받았다고 공학자에게 항의했다. 그는 공학자 A가 점검 서비스에 동의하는 데 포함되지 않은 제3자에게 복사본을 제출한 것에 대해 비윤리적으로 행동했다고 주장했다.
문제
공학자 A가 집주인을 대리하는 부동산 업체에 보고서를 제공한 것이 비윤리적인 행동인가?
참조
[II.1.c] 공학자는 법 또는 이 규약에서 정당하다고 인정되는 경우를 제외하고 의뢰인 또는 고용인의 사전 동의 없이 전문적인 분야에서 얻은 사실이나 데이터, 정보를 누설하지 않는다.

[II.4]	전문적인 문제에 있어서 고용인과 의뢰인에게 충실한 대행인 또는 위임자로서 행동한다.

공학자의 중립성

사례

공학자 A는 과학수사를 담당하고 있다. 그는 변호사 Z의 고문으로 고용되었으며, 법정에서 원고를 지원하기 위해 상해 사건에 관한 공학적인 분석 보고서를 제공하기로 했다. 공학자 A는 조사 및 분석을 마친 후에 원고에게 유리한 분석 보고서를 제공할 수 없다는 것을 알았다. 그 사건은 피고가 아닌 원고에게 잘못이 있다는 결과가 나왔기 때문이다. 공학자 A의 서비스는 종결되었고, 그는 모든 보수를 지불받았다. 그 후 피고인측의 변호사 X는 공학자 A가 변호사 Z에게 보고서를 제공하지 않은 것을 알았다. 그리고 공학자 A를 고용하여 그에게 이 사건에 대해 별도의 공학적 분석 보고서를 제출하도록 했으며, 공학자 A는 보고서를 제출하는 것에 동의했다.

문제

공학자 A가 별도의 공학적 분석 보고서를 제출하는 것에 동의한 것은 윤리적인가?

참조

[II.1.c]	공학자는 법 또는 이 규약에서 정당하다고 인성되는 경우를 제외하고 의뢰인 또는 고용인의 사전 동의 없이 전문적인 분야에서 얻은 사실이나 데이터, 정보를 누설하지 않는다.
[II.3.a]	공학자는 전문적인 보고와 진술, 증언에 있어 객관적이고 진실해야 한다. 또한 그러한 보고, 진술 또는 증언에 관련된 적절한 모든 정보를 포함시킨다.
[II.4.b]	공학자는 관련된 모든 집단에 상황이 알려져 있거나 그 상황에 관련된 모든 집단이 동의하는 경우를 제외하고는 동일한 프로젝드에 대한 서비스 또는 그와 관련한 일로 한 집단 이외의 다른 집단에게 보상이나 재정에 관련된 어떠한 것도 받지 않는다.
[III.4.b]	공학자는 관련된 모든 당사자의 동의 없이 이전 의뢰인이나 고용인을 대신하여 공학자가 얻은 특정 전문 기술에서의 프로젝트나 행동에 관련하여 반대되는 이해관계에 참여하거나 그 이해관계를 표현하지 않는다.

공학자와 고객의 논쟁

사례

의뢰인은 공학자 A를 특별한 프로젝트 설계를 위해 고용했다. 공학자 A는 스스로 최고의 설계를 했다고 생각하여 설계에 대해 논의하기 위해 의뢰자를 만났다. 설계 계획과 세부사항을 논의하고 나서 의뢰인과 공학자 A는 프로젝트에 대한 설계가 궁극적으로 그 프로젝트를 성공시킬 수 있을 것인가에 대한 논쟁을 벌였다. 의뢰인은 공학자 A의 설계가 너무 크고 복잡해서 좀 더 단순한 해결책을 찾았으며, 공학자 A는 더 간단한 해결책을 가지고 원하는 결과를 만들 수 없고 또한 공공에 위험을 줄 수 있다고 주장했다. 의뢰인은 공학자 A에게 요청하여 공학자 B에게 설계도를 제공하고 자신의 요구대로 공학자 B가 프로젝트를 끝낼 수 있도록 자신에게 설계도를 보내라고 하였다. 의뢰인은 공학자 A에게 그가 설계도를 보낸다면 설계, 계획, 세부사항, 준비 과정에 소요된 모든 대금을 지불하겠지만, 보내지 않으면 그가 설계도를 보낼 때까지 대금을 지불하지 않겠다고 했다. 그러나 공학자 A는 설계도를 보내지 않았다.

문제

공학자가 의뢰인에게 계획과 세부사항을 보내는 것은 윤리적인가?

참조

[II.1.a] 공학자는 언제나 대중의 안전과 건강, 재산, 복지를 보호하는 것을 그들의 우선적인 의무로 인식한다. 만약 공공의 안전과 건강, 재산, 또는 복지가 위험에 처한 상황이 되어 공학자의 전문적 판단에 달려 있다면, 공학자는 그들의 고용인 또는 의뢰인과 그 상황에 적절한 다른 책임자에게 공지한다.

[II.1.e] 이 규칙에 규정된 위반사항을 알고 있는 공학자는 정보나 도움 제공이 요구될 때 적절한 공적기관에 협력한다.

[III.1.b] 공학자는 프로젝트가 성공적이지 못하다고 판단될 때는 자신의 의뢰인이나 고용인에게 정식으로 알린다.

공학자의 정치 참여

사례

공학자 A는 노동자들이 밀집해 있는 지역의 국회의원 후보이다. 그 지역에 있는 한 공장에서 안전사고가 발생하여 노동자가 사망했다. 노동조합과 경영진은 난상토론을 거쳤으나, 결국 노동자들은 피켓을 들고 항의시위를 하며, 위험한 작업 환경과 안전에 무관심한 경영진에 대해 항의했다. 공학자 A는 선거 활동의 일환으로 시위 장소를 찾아가 이전에 일어난 사건과 공장의 작업 환경을 면밀히 조사하지 않고, 단순히 시위에 동참했다. 공학자 A는 카메라가 그에게 초점을 맞추고 있을 때, 노동자들의 안전에 무관심한 경영진을 고발하는 플랜카드를 들고 시위에 가담하는 모습을 보였다.

문제

공학자 A가 노동자의 안전에 무관심한 공장의 경영자를 고발하는 것은 비윤리적인가?

참조	
[II.3]	객관적이고 진실한 방법으로만 공식적인 발표를 한다.
[III.1.e]	공학자는 파업, 노동쟁의 또는 다른 집단적이고 위압적인 행동에 능동적으로 참여하지 않는다.
[III.1.f]	공학자는 직업의 존엄성과 고결성을 희생하면서 자신의 이익을 추구하려는 어떠한 행동도 거절한다.
[III.2.a]	공학자는 시민의 일에 있어 건설적인 서비스 기회를 찾기 위해 노력하고 사회 공동체의 안전과 건강, 복지 향상을 위해 일한다.

공학자의 고용 수당

사례

공학자 A는 최근 공과대학을 졸업하고, 회사 X로부터 판매부 자리를 제안받았다. 동시에 구직정보 회사를 통해 회사 Z의 디자인부 자리도 제안받았다. 공학자 A는 회사 Z가 마음에 들었지만, 이곳은 회사 X에 비해 연봉이 2,000달러가 적었다. 구직정보 회사는 공학자 A에게 회사 Z의 봉급 시스템은 모든 신입사원에게 동일하게 적용되므로 초봉을 1년 동안 올리지 않는다고 알려주었다. 그러나 구직정보 회사는 공학자 A에게 만일 회사 Z의 제안을 받아들인다면 자신들이 2,000달러를 보너스로 지급하겠다고 제안했다.

문제

공학자가 구직정보 회사가 유인책으로 제시한 보너스를 받는 것이 윤리적인가?

참조	
[III.6.a]	공학자는 고용을 제공한 이유로 피고용인이나 고용 대행업체로부터 보상을 받지 않는다.

공학자에 대한 비판

사례

공학자 A는 한 지역의 공학 단체 회장이며, 공학자 B는 같은 지역에 있는 다른 공학 단체 회장이다. 두 단체는 합병 건으로 일련의 토론회에 참여했지만 몇 가지 중요한 사항에 대해 이견을 좁히지 못했으며, 결국 난국에 빠지고 말았다. 공학자 A는 자신이 속한 단체의 간행물에 토론 배경 및 여러 가지 의견 일치를 보지 못한 사항에 대해 의견을 담은 기사를 썼다. 그는 기사에서 공학자 B가 토론할 때 자신의 신념과 행동을 비난했다는 내용을 담았다. 이 내용은 공학자 B가 토론

도중에 계획적으로 특정 부분에서 시간을 끌어 원래 합의하려고 했던 규약을 할 수 없게 만들었고, 공학자 B의 행동은 토론 내내 부적절했다는 것이었다. 공학자 A는 공학자 B에게 비윤리적으로 행동했다는 판결을 받아 벌금을 물게 되었다.

문제

1. 공학자 A의 진술은 윤리규범에 의해 제약을 받는가?
2. 그렇다면 공학자 A의 진술은 윤리규범을 위반하는가?

참조

[II.3] 객관적이고 진실한 방법으로만 공식적인 발표를 한다.

[II.3.a] 공학자는 전문적인 보고와 진술, 증언에 있어 객관적이고 진실해야 한다. 또한 그러한 보고, 진술 또는 증언에 관련된 적절한 모든 정보를 포함시킨다.

[III.I.f] 공학자는 직업의 존엄성과 고결성을 희생하면서 자신의 이익을 추구하려고 하는 어떠한 행동도 거절한다.

[III.2.c] 공학자는 공학에 대한 일반인의 지식과 평가, 공학의 성과를 넓히기 위해 노력하며 공학에 관련된 직업에 있어 잘못된 사실과 오해를 막도록 노력한다.

[III.8] 공학자는 악의를 가지거나 또는 직 · 간접적으로 전문적인 명성, 가능성, 또는 다른 공학자의 업무나 고용에 대해서 해를 입히려 하지 않는다. 그리고 다른 공학자의 일에 대해서 무분별하게 비판하려고 시도하지 않는다. 비윤리적이거나 불법적인 행동으로 다른 사람의 죄가 판단될 때에는 권한이 있는 기관에 그 정보를 제공하여 조치를 취하도록 한다.

공학자의 업무 전문성

사례

공학자 A는 군 공병단(army corps of engineers)에 고용된 공학 전문가이다. 그러나 업무가 심각하게 줄어드는 바람에 공학자 A가 일하던 부서가 사라지고 그도 곧 해직될 것이라는 통보를 받았다. 그런데 그는 자신의 전공 분야가 아닌 다른 부서에서 해당 분야의 경험이 풍부한 관리자의 감독을 받는 임원으로 활동할 것을 제안받았다. 공학자 A는 비록 새로운 분야의 임무를 수행할 기술적 전문성은 부족하지만 그 새로운 자리를 받아들였다.

문제

공학자 A가 해당 분야의 의무를 수행할 기술적 전문성이 부족한데도 불구하고 새로운 자리에 고용된 것은 윤리적인가?

참조	
[II.2]	공학자는 자신의 영역 내에서만 서비스를 제공한다.
[II.2.a]	공학자는 오직 자신이 속한 특정 기술 영역에서 교육이나 경험에 의해서 자격을 부여받았을 때에만 과업을 수행한다.
[III.11]	공학자는 다른 공학자 또는 학생과 정보와 경험을 공유함으로써 전문직의 효율성을 확장하는 데 협력하며, 자신이 감독하는 공학자의 전문적인 발전과 향상의 기회를 제공하기 위해 노력한다.

공학자의 윤리적 의무

사례

기술자 A는 환경 관련 컨설팅 회사에 고용된 현장 전문가이다. 그는 상사인 공학자 B의 지시에 따라 의뢰인의 폐기물 샘플을 검사했다. 드럼통에 저장된 샘플을 분석한 결과, 매우 위험한 폐기물이라는 것을 확인했다. 이 경우 해당 드럼통은 적절한 장소로 이동한 다음, 연방정부와 주 정부에 알리는 것을 포함하여 법적인 절차를 밟아서 폐기해야 한다. 이와 관련하여 기술자 A는 공학자 B에게 샘플을 어떻게 처리할 것인지 물었다. 공학자 B는 기술자 A에게 샘플의 존재에 대해 오직 문서로만 남겨 놓으라고 지시했다. 결국 공학자 B는 의뢰인이 회사의 주요 고객이므로 드럼통 안에 알 수 없는 물질이 들어있다고 알려주었고, 그것들을 빨리 치울 것을 제안했다.

문제

1. 공학자 B가 고객에게 드럼통의 존재만을 알려주고 치울 것을 제안한 것은 윤리적인가?
2. 공학자 B에게는 더 많은 조치를 취해야 할 윤리적 의무가 있었는가?

참조	
[II.1]	직업적 의무를 수행할 때에 국민의 안전과 건강, 그리고 복지에 최고의 가치를 부여한다.
[II.1.a]	공학자는 언제나 대중의 안전과 건강, 재산, 복지를 보호하는 것을 그들의 우선적인 의무로 인식한다. 만약 공공의 안전과 건강, 재산, 또는 복지가 위험에 처한 상황이 되어 공학자의 전문적 판단에 달려있다면, 공학자는 그들의 고용인 또는 의뢰인과 그 상황에 적절한 다른 책임자에게 공지한다.
[II.1.c]	공학자는 법 또는 이 규약에서 정당하다고 인정되는 경우를 제외하고 의뢰인 또는 고용인의 사전 동의 없이 전문적인 분야에서 얻은 사실이나 데이터, 정보를 누설하지 않는다.
[II.3.a]	공학자는 전문적인 보고와 진술, 증언에 있어 객관적이고 진실해야 한다. 또한 그러한 보고, 진술 또는 증언에 관련된 적절한 모든 정보를 포함시킨다.
[III.1]	공학자는 전문직에 관련된 모든 일에서 고결성이라는 가장 높은 기준을 따른다.

[III.3] 공학자는 공학자라는 직업에 불명예를 가져오거나 국민을 속일 가능성이 있는 모든 행동을 삼간다.

[III.3.a] 공학자는 사실에 대해 물리적으로 잘못된 설명을 포함하거나 정당하지 않은 기대를 갖게 하거나 의도적으로 표현이 잘못 해석되는 것을 방지하기 위해 필요한 물리적 사실을 누락시킨 표현을 사용하는 것을 자제한다. 앞으로의 성공을 예언하는 표현, 공학자가 제공하는 서비스의 질과 관련된 의견을 포함하는 표현, 의뢰인을 현혹할 수 있거나 현혹할 의도로 쇼맨십 · 과장 광고 · 광고용 노래 · 자극적인 언어와 형식 · 광고 문구를 포함하는 자화자찬 등을 사용하는 표현을 자제한다.

[III.4] 공학자는 이전 또는 현재 의뢰인이나 고용인의 동의 없이 그들의 사업상의 일이나 기술적인 절차와 관련된 기밀 정보를 유출하지 않는다.

공학자의 규정 위반

사례

공학자 A는 주 정부 환경보호 부서에 근무하는 환경 공학자이다. 그는 제조업 시설에 발전소를 세우는 건축허가 업무를 담당하게 되었는데, 상관으로부터 다소 기술적 문제가 있더라도 신속하게 건축허가를 처리하라는 지시를 받았다. 공학자 A는 해당 건축이 일정한 규정을 만족시킬 수 없으므로 아황산가스 배출을 막기 위해 가스 제거장치를 설치할 필요가 있다고 생각했다. 그러한 장치 없이 허가증이 발급된다면 1990년대에 제정된 깨끗한 공기법의 오염 기준을 위반하게 되기 때문이다. 공학자 A는 공학등록위원회(State Engineering Registration Board)에 문의했고, 위원회로부터 만일 공학자 A가 환경 규정을 위반하는 허가를 한다면 그의 공학자격증이 중지되거나 취소될 수 있다는 통보를 받았다. 결국 공학자 A는 건축허가를 거부했고, 그의 상관에게 그가 찾은 정보를 제출했다. 그러나 해당 부서는 공인된 허가증을 발행했으며, 이 사건은 뉴스를 통해 널리 알려지게 되었다. 현재 이 사건은 주 정부에 의해 조사 중이다.

문제

1. 공학자 A가 이 사건에서 더 이상 일을 진행하지 않은 것은 도덕적인가?
2. 공학자 A가 허가증을 발급하는 것은 윤리적인가?
3. 공학자 A가 허가증 발급을 거부한 것은 윤리적인가?

참조

[II.1] 직업적 의무를 수행할 때에 국민의 안전과 건강, 그리고 복지에 최고의 가치를 부여한다.

[II.1.a] 공학자는 언제나 대중의 안전과 건강, 재산, 복지를 보호하는 것을 그들의 우선적인 의무로 인식한다. 만약 공공의 안전과 건강, 재산, 또는 복지가 위험에 처한 상황이 되어 공학자의 전문적 판단에 달려있다면, 공학자는 그들의 고용인 또는 의뢰인과 그 상황에 적절한 다른 책임자에게 공지한다.

[II.1.b] 공학자는 오직 인정된 기준에 부합하며 공공의 건강과 재산, 복지에 안전한 공학 서류만을 승인한다.

[II.3.a] 공학자는 전문적인 보고와 진술, 증언에 있어 객관적이고 진실해야 한다. 또한 그러한 보고, 진술 또는 증언에 관련된 적절한 모든 정보를 포함한다.

공학자의 비밀엄수 규정

사례

환경 공학자 A는 의뢰인이 예전에 운영하다가 폐쇄한 공업지대에 인접해 있는 땅을 조사하도록 요구받았다. 의뢰인의 변호사 X는 공학자 A가 비밀엄수 규정에 서명하기를 요구했다. 그 규정은 공학자 A가 그 어떤 데이터와 조사 결과, 또는 그의 조사와 관련한 다른 정보를 법정의 요구가 아닌 이상 다른 어떠한 경우에도 공개하지 않겠다는 내용이었다. 공학자 A는 비밀엄수 규정에 서명했다.

문제

공학자 A가 그 어떤 데이터나 조사 결과물, 결과, 또는 그의 조사와 관련한 어떤 정보도 법정의 요구가 아닌 이상 어떤 경우에도 공개하지 않겠다고 동의한 것은 윤리적인가?

참조

[II.1] 직업적 의무를 수행할 때에 국민의 안전과 건강, 그리고 복지에 최고의 가치를 부여한다.

[II.1.a] 공학자는 언제나 대중의 안전과 건강, 재산, 복지를 보호하는 것을 그들의 우선적인 의무로 인식한다. 만약 공공의 안전과 건강, 재산, 또는 복지가 위험에 처한 상황이 되어 공학자의 전문적 판단에 달려있다면, 공학자는 그들의 고용인 또는 의뢰인과 그 상황에 적절한 다른 책임자에게 공시한다.

[II.1.c] 공학자는 법 또는 이 규약에서 정당하다고 인정되는 경우를 제외하고 의뢰인 또는 고용인의 사전 동의 없이 전문적인 분야에서 얻은 사실이나 데이터, 정보를 누설하지 않는다.

[II.2] 공학자는 자신의 영역 내에서만 서비스를 제공한다.

[III.4] 공학자는 이전 또는 현재 의뢰인이나 고용인의 동의 없이 그들의 사업상의 일이나 기술적인 절차와 관련된 기밀 정보를 유출하지 않는다.

이 절에서는 NSPE의 BER의 구체적인 사례를 통해 윤리규범이 적용되는 예를 살펴보았다. 공학자가 규범을 준수한다는 것은 기업의 이익과 공학자의 양심, 그리고 공공의 이익을 동시에 고려해야 한다는 점에서 매우 어려운 결정일 때가 많다. 그러나 공학자가 최소한 가시적이고 명백한 사실에 대해서라도 공학자적인 양심을 지키려고 하는 이성적 노력이 있다면 공공에 해를 끼치지 않으면서 전문적인 직무를 수행하는 데 문제가 발생하지 않을 것으로 기대된다.

연습문제

01 다음과 같은 경우에 도덕적 가치, 쟁점 및 딜레마가 무엇인지 밝혀라.

(a) 한 공학자가 회사에 좀 더 신뢰성 있는 전구를 사용함으로써 큰 비용을 들이지 않고 손전등의 수명을 늘릴 수 있다고 제안했다. 그러나 회사는 손전등의 가격을 저렴하게 유지하고, 전구일체형 손전등에서 전구의 수명이 다되면 새로운 손전등을 자주 구입하게 된다는 장점 때문에 공학자의 제안을 거절했다.

(b) 한 소프트웨어 공학자는 자신의 동료가 새로운 상품에 대한 영업 비밀이 담긴 접근이 제한된 파일을 다운로드하는 것을 발견했다. 그 공학자는 자신의 동료가 재정적인 어려움이 있으며, 그 비밀을 팔아 넘긴 후에 회사를 그만 두고 자신의 사업을 시작하려고 한다는 사실을 알았다. 이런 경우에 회사의 정책은 이 공학자가 회사에 이러한 사실을 고지해야 한다고 되어 있지만 그 동료와는 매우 친밀한 관계이다. 그럼 이 공학자는 먼저 동료에게 자신이 회사에 고지를 할 것이라는 것을 알려야 하는가? 아니면 즉시 상관에게 자신의 동료가 하려고 하는 일을 알려야 하는가?

02 다음의 경우에 요구되는 도덕성과 이기심이 무엇인지를 각각 설명하고 토론하라.

(a) 공학자 A는 자신의 친구로부터 기술을 전수받았다. 현재 그 친구는 지역의 안전과 건강을 담당하는 공공기관에서 근무하고 있으며, 공학자 A가 일을 하는 공장을 불시에 점검을 하려고 한다. 공학자 A는 공장에서 독극물이 안전하지 않게 다루어지고 있다는 것을 알고 있다. 지난 몇 년동안 가끔 적은 양의 독극물이 유출되는 경우는 있었으나 심각한 사고는 없었다. 공학자 A는 불시 점검을 할 때 어떻게 해야 하는가?

(b) 야간 교대 시간에 유기합성물에서 반응하는 시안화 나트륨(sodium cyanide)이 재처리를 위해서 드럼통 안에 임시로 보관되었다. 2주 후에 주간 교대 때에 전 근무자가 그 드럼통을 발견하지 못했다. 공장 매니저는 불법으로 무단 방류된 것을 발견했으며, 야간 교대 전 근무자를 심하게 질책했다. 이 사건에 대해서 세심하게 조사를 한 후에 무단 방류로 인해서 명백한 해가 없다는 결론을 얻었다. 법적으로는 이러한 상황에서 관련 기관에 보고를 해야 한다. 이때 공장 매니저는 보고를 해야 하는가?

03 공학에서 도덕적인 문제의 원인은 설계 프로세스의 전 과정에서 발생할 수 있다. 다음은 공학설계 과정에서 발생할 수 있는 문제들이며, 이 과정에서 발생할 수 있는 도덕적인 문제들을 각 항목에 대해서 예와 같이 열거하라.

공학설계 과정	발생할 수 있는 문제들	관련된 윤리적 문제
개념설계	• 특허 또는 영업 비밀을 위반하거나 제품을 불법적으로 사용하는 경우	• 남의 특허를 도용 • 다른 제품을 불법 복제
성능 규격	• 비현실적으로 가정을 하거나 설계가 불가능한 경우 • 검증되지 않은 재료를 사용한 경우	
사전 분석	• 핵심적인 부분에 대한 분석이 아니라 필요 이상으로 상세한 경우	
상세 분석	• 정확한 이해 없이 데이터와 컴퓨터 시뮬레이션 결과를 분석하거나 검증되지 않은 방법을 사용하는 경우	• 고온과 저온에서 프로토타입의 동작을 테스트하지 않음으로써 발생하는 안전사고.
시뮬레이션과 프로토타입 제작	• 완성되지 않은 상태 또는 좋은 조건에서만 프로토타입을 테스트하는 경우	
설계 규격	• 규격이 너무 엄격하여 생산 및 사용 과정에 여유가 없는 경우 • 세심한 주의 없이 설계가 변경되는 경우	
작업 일정	• 예상하지 못한 일이 발생할 때를 고려하지 않고 비현실적으로 일정을 세우는 경우	
구매	• 특정 납품업자에게 유리하도록 규격을 작성하거나 뇌물을 수수한 경우 • 구입한 부품을 제대로 테스트하지 않은 경우	
부품의 제조	• 구성 재료의 품질이 균일하지 않거나 작업 기술이 일정하지 않은 경우 • 검증되지 않은 재료가 사용되는 경우	
조립과 구성	• 반복되는 작업으로 인해 작업자의 긴장과 스트레스가 증가하는 경우 • 유해성 폐기물이 제대로 처리되지 않는 경우	
품질관리와 테스트	• 독립적이지 않은 생산 관리자가 품질관리와 테스트를 함으로써 테스트 결과가 조작되는 경우	
홍보와 판매	• 품질과 관련하여 과대 또는 허위로 광고하는 경우 • 고객의 요구 이상으로 부풀려서 광고하는 경우	
선적, 설치 및 교육 훈련	• 육로로 운반하기에 부피가 너무 큰 경우 • 설치 및 교육 훈련이 하청업체에 의해서 이루어지거나 허술하게 관리 및 감독되는 경우	
안전장치	• 안전장치가 너무 복잡하고 고장나기 쉬운 경우 • 안전 조치가 복잡한 경우	
사용	• 적절하지 않거나 불법적으로 사용되는 경우 • 부하가 너무 많거나 매뉴얼이 갖춰지지 않은 경우	
유지 보수	• 유지 및 보수를 위한 부품이 제대로 공급되지 않는 경우 • 결함이 발견되었을 때 리콜(recall)이 되지 않는 경우	
제품의 모니터링	• 제품의 수명이 끝난 후 어떻게 처리할 것인지에 대한 공식적인 절차가 없는 경우 • 사회와 환경에 미치는 영향이 전혀 고려되지 않은 경우	
재활용과 폐기	• 제품을 철거 또는 폐기할 때 주의사항이 없거나 위험성에 대한 경고가 없는 경우	

04 공학윤리규범에서 가장 중요한 규범은 무엇이며, 그 이유는 무엇인가?

05 규범을 남용해서 공학자의 정직하고 도덕적인 노력을 제한했을 때 발생할 수 있는 문제에 대해서 논하라.

06 규범과 관련해서 다음에 답하라.

(a) 규범을 현실적으로 직접 적용하기 어려운 이유를 설명하라.
(b) 규범을 현실적으로 적용하기 위해서 추가적으로 필요한 것을 설명하라.
(c) 일반적인 서술로 된 규범을 현실적으로 적용하기 어려운 예를 들어서 설명하라.

07 공학 분야에서 양심선언/내부고발에 해당하는 사건을 찾고, 사건의 개요를 설명하라.

08 다음과 같은 경우에 윤리적으로 검토해야 할 문제점은 무엇이며, NSPE의 윤리규범에서 사례의 참조가 될 수 있는 목록번호를 찾아서 그 이유를 설명하라.

(a) 공학자 A는 컴퓨터 제조회사에서 수 년 동안 컴퓨터의 한 장치를 설계하는 업무를 담당하고 있었다. 공학자 A의 설계는 잘 되었으나 제조 과정에서 오류가 발생해서 그 장치의 제조단가가 상승하고 기계가 오류로 동작을 멈추곤 했다. 따라서 제조 부서에서는 설계를 수정하면 제조단가도 낮출 수 있을 것이라고 생각하고 공학자 A에게 설계를 수정할 것을 권고하였다. 그러나 공학자 A가 제조 부서의 설계 변경 요구를 분석한 결과 제품의 신뢰성이 더 떨어질 것이고, 제품의 보증 수리로 인해서 비용이 올라갈 것이라는 것을 알게 되었다. 공학자 A의 관리자는 공학자 A에게 변경을 해서 새로운 장치의 설계에 대해서 승인할 것을 요구했다. 새로운 장치가 대중의 건강과 안전을 해칠 수 있다는 아무런 근거는 없었다. 공학자 A는 관리자에게 자신의 관심사를 설명했으나 관리자는 그 이상의 항변 없이 변경을 승인했다.

(b) 공학자 B는 정부기관에서 일하고 있으며, 많은 회사로부터 자문을 받아서 업무를 수행한다. 그리고 공학자 A는 큰 회사의 사장이며 같은 공학협회에 가입되어 있다. 두 사람은 이틀 동안 개최되는 세미나에 참석하게 되었으며, 좀 더 좋은 호텔을 사용하기 위해서 2인용 침실에 함께 투숙해서 요금을 같이 부담하기로 했다.

09 **서울대학교 황우석 교수 사건과 관련해서 공학윤리관점에서의 문제점은 무엇이며, 한국 과학기술단체 총연합회의 '과학기술인 윤리강령'에서 정한 규범에서 위배되는 사항과 그 이유를 설명하라.**

10 **공학윤리적인 문제와 관련해서 국내에서 발생한 사고의 예를 조사하고 다음에 답하라.**

(a) 사건 개요를 정리하라.
(b) 공학윤리적인 관점에서의 문제점과 그 이유를 설명하라.
(c) NSPE의 윤리규범에서 참조할 수 있는 항목을 설명하라.

6장
공학윤리 사례
Engineering Ethics Case

6.1 우주왕복선 챌린저호 사건

6.2 스리마일 섬 핵발전소 사건

공학윤리를 좀 더 쉽게 이해하기 위해서는 실제 상황에서 발생한 사건을 살펴볼 필요가 있다. 이와 관련하여 이 장에서는 미국의 우주왕복선 챌린저호 사건과 스리마일 섬 핵발전소 사건을 통해 공학윤리적인 관점에서 어떤 문제가 있었는지 살펴볼 것이다.

6.1 우주왕복선 챌린저호 사건

우주왕복선 챌린저호 사건은 공학윤리 사건의 대표적인 예이다. 이 절에서는 챌린저호 사건을 통해서 공학윤리적인 관점에서 논란의 쟁점을 알아본다.

학습 목표

- 챌린저호 사건을 통해 공학윤리규범이 지켜져야 하는 이유를 알아본다.
- 챌린저호 사건 원인이 된 배경을 살펴본다.
- 챌린저호 사건을 둘러싼 논란의 쟁점을 알아본다.

6.1.1 개요

미국 우주왕복선 챌린저호의 폭발 사건은 공학윤리 사건의 대표적인 예로 알려져 있다. 1986년 1월 28일 7명의 우주비행사를 태운 우주왕복선 챌린저호가 발사 후 몇 분 지나지 않아 공중에서 폭발하여 탑승자 전원이 사망하는 사고가 발생했다. 이 사건은 고체로켓부스터(SRB : Solid Rocket Booster)의 오링(O-ring) 결함이 원인으로, 오링이 제대로 봉합되지 않아 뜨거운 연소가스가 부스터 옆에서 새어 나와 외부 연료 탱크로 옮겨 붙어 발생한 사고이다. 오링 결함은 고체로켓부스터의 설계적 결함과 낮은 온도에서 오링의 재질 및 오링이 봉합되는 연결 부위를 충분히 테스트하지 않은 점, 나사(NASA) 경영진 사이에 적절한 의사소통이 부족했던 점 등 여러 가지 원인에 의해서 발생했다.

이 사건에서 중요한 쟁점은 다음과 같이 정리할 수 있다.

- 전문가가 사회에서 묵시적으로 위축된 것이 영향을 미치지 않았나?
- 만일 영향을 미쳤다면 어떤 전문가적인 책임이 무시되었는가?
- 나사는 그들의 발사 결정 과정에서 다른 선택을 했어야 했는가?

[표 6-1]은 챌린저호 사건과 직접적으로 관련 있는 사건을 날짜별로 정리한 것이다.

[표 6-1] 챌린저호 사건과 관련한 주요 사건

날짜	사건
1974년	나사가 고체로켓부스터를 제작하기 위해 모턴 티오콜(Morton- Thiokol) 사와 계약을 맺음
1976년	나사가 모턴 티오콜 사의 부스터 설계를 승낙함
1977년	모턴 티오콜 사에서 연결 부위의 회전 문제를 발견함
1981년 11월	두 번째 셔틀 비행 이후 오링 부식이 발견됨
1985년 1월 24일	셔틀 비행 중 오링에서 가스 누출이 발생함
1985년 7월	연결 부위를 새로 설계하기 위해 모턴 티오콜 사에서 새로운 강철 막대를 주문함
1985년 8월 19일	나사의 제1 경영진에서 부스터 문제를 간결하게 발표함
1986년 1월 27일	야간 원격회의를 통해 낮은 온도가 부스터의 성능에 어떤 영향을 미치는지에 대해서 논의함
1986년 1월 28일	챌린저호가 발사된 지 72초 후에 폭발함

6.1.2 배경

발사 압력

나사 경영진은 경제적인 영향과 정치적인 압력, 스케줄 등을 이유로 챌린저호를 하루 빨리 발사하기를 바랐다. 나사는 유럽의 우주연구소와 보이지 않는 경쟁과 우주운송 시스템의 효율성 및 잠재적인 상업성을 보여 주려는 욕심에 무리한 스케줄에 맞춰 발사하도록 몰아붙였다. 그리고 1986년 나사는 정부에 예산을 요구하기 위해 몇 개의 비행 일정을 계획했었다.

챌린저호를 발사하기 전에 계획했던 왕복우주선의 발사 일정이 궂은 날씨와 기계적 결함 때문에 많이 지연되었다. 그래서 나사는 챌린저호를 지연 없이 발사할 수 있도록 핼리혜성을 탐사하는 임무를 수행한 다음 비행을 위한 발사대를 제시간에 개조하려고 했다. 만일 핼리혜성을 탐사하는 우주선이 제시간에 발사된다면 비슷한 임무를 가진 러시아의 위성보다 일찍 데이터를 수집하게 되는 것이었다. 또한 예정대로 챌린저호를 발사시켜야만 챌린저호가 우주공간에 떠 있을 동안에 예정되어 있던 레이건 대통령의 연두교서를 통해 부가적인 홍보 효과를 기대할 수 있었다. 이 연설의 주된 내용은 교육에 관한 것이었는데, 영화배우 출신인 레이건 대통령은 이를 통해 우주에서 강의를 진행하는 임무를 맡고 챌린저호에 탑승한 초등학교 교사인 크리스티나 맥컬리프(Christa McAuliffe)에 대해 언급하며 드라마틱한 상황을 연출할 예정이었다.

고체로켓부스터

우주선의 고체로켓부스터(SRB)는 우주선의 외부 연료 탱크 양쪽에 붙어 우주선이 지구의 중력을 이겨내고 우주 궤도에 진입하는 추진력을 만드는 매우 중요한 부분이다. 부스터 길이는 149피트이고 직경은 12피트이다. 연소되기 전 부스터의 무게는 2백만 파운드에 달한다. 일반적으로 고체 연료는 다른 액체 연료보다 단위 무게당 훨씬 많은 추진력을 발생시킨다. 그러나 고체로켓 연료의 단점은 한 번 점화되면 조절은 가능하나 소화가 안 된다는 점이다. 따라서 고체로켓부스터를 제대로 설계하는 것이 매우 중요하다.

1974년에 모턴 티오콜 사는 고체로켓부스터를 설계하고 제작하는 계약자로 선정되었다. 티오콜 사의 설계는 미국의 대륙간 탄도미사일인 타이탄미사일을 대형화한 것이었고, 수년 동안 성공적으로 사용되었다. 그렇기 때문에 나사는 1976년에 그 설계를 승인하였다.

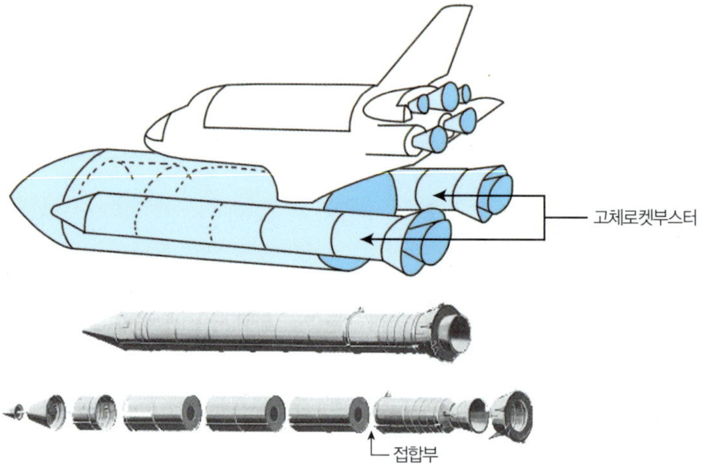

[그림 6-1] 챌린저호의 고체로켓부스터와 접합부

오링

고체로켓부스터의 각 연결 부위는 두 개의 오링에 의해 봉합되었다. 아랫부분에 있는 첫 번째 오링이 주 오링(primary O-ring)이고, 위쪽에 있는 두 번째 오링은 여분으로 추가된 것이다. 오링은 뜨거운 연소가스가 내연기관 내부로부터 새어나오는 것을 막기 위해 사용한다. 연소가스와 고무로 만든 오링 사이에 방어막을 만들기 위해, 조립되기 전에 내열접착제(heat-resistant putty)를 연결 부위의 안쪽에 사용한다([그림 6-2]). 요철 모양의 탱(tang)과 클레비스(clevis) 틈에 따라 오링이 버틸 수 있는 압력의 양이 결정된다. 그리고 틈을 최소화하고 오링의 압착을 최대화하기 위해 탱과 클레비스 사이에 라이너(liner)를 끼워 넣는다.

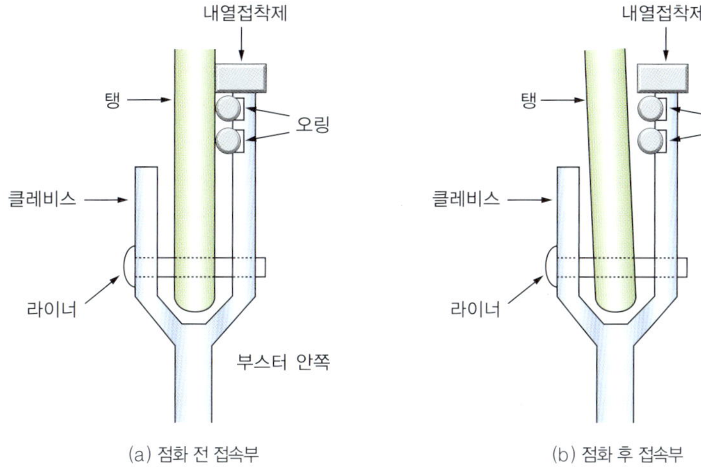

[그림 6-2] 고체로켓부스터의 접속부와 오링

발사 지연

챌린저호의 최초 발사 시도는 당일 기온이 너무 낮고 비가 올 것이라는 기상예보가 있어 연기되었다. 대부분 우주선 발사 계획은 발사 당일의 기상 상태가 발사에 영향을 미치기 전까지는 연기되지 않는다. 그러나 나사는 우주 프로그램에 대한 대통령의 핵심 대변인인 부통령이 우주선 발사식에 참석하기 위해 발사 장소인 플로리다에 왔을 때 기상 상태가 나빠져서 발사를 못하게 될 상황을 고려해 일찌감치 발사를 연기했다. 그러나 발사 예정 당일의 기상은 최적이었고, 발사는 이미 연기되어 재개하기에는 너무 늦었다.

두 번째 발사는 해치잠금장치(hatch locking mechanism)의 전자스위치(microswitch)와 해치핸들(hatch handle)을 제거하는 데 문제가 발생하여 지연되었다. 그러나 이 문제가 해결되었을 무렵엔 바람이 너무 세게 불고, 날씨가 점점 추워져 플로리다의 기온이 무척 낮아질 것이라는 기상예보가 있었다.

나사는 낮은 온도에서 우주선을 발사할 때 어떤 문제가 있는지 계약자들과 점검하기를 원했다. 모턴 티오콜 사의 고체로켓모터 프로젝트 책임자인 앨런 맥도날드(Alan McDonald)는 고체로켓모터가 낮은 온도에서 문제를 일으킬 것이라는 것을 확신하고, 두 명의 공학자 로버트 애블링(Robert Ebeling)과 라저 보졸리(Roger Boisjoly)와 접촉했다. 모턴 티오콜 사는 부스터에 문제가 있다는 것을 1977년에 알았으며 1985년에 다시 설계하려고 시도했다. 나사의 제1경영진은 1985년 8월 19일에 그 문제에 관해 보고받았다. 이전에 발사된 우주선의 절반 정도는 부스터 결합 부분에 오링의 부식이 발견되었으며, 두 공학자는 모턴 티오콜 사 경영진이 재설계 프로젝트 팀을 후원하지 않는다고 불만을 가지고 있었다.

발사 전날 밤

발사일의 기온은 화씨 26°로 예상되었으며, 앨런 맥도날드는 모턴 티오콜 사에 있는 기술자들에게 낮은 온도가 부스터의 동작에 어떤 영향을 미치는지에 대해 프레젠테이션을 준비하라고 지시했다. 케네디우주센터, 알라바마주에 위치한 마샬우주항공센터, 유타주에 위치한 모털 티오콜 사의 공학자와 경영자 사이에 원격회의가 진행되었다. 보졸리와 또 다른 공학자인 알니 톰슨(Arnie Thompson)에게는 이 회의가 부스터의 심각한 문제를 보여줄 수 있는 기회였지만, 그들이 프레젠테이션을 준비할 수 있는 시간이 너무 짧았다.

모턴 티오콜 사의 공학자들은 한 시간 정도 프레젠테이션을 했는데, 이 발표에서 낮은 온도가 연결부 회전(joint rotation) 문제를 발생시키는 큰 요인이며 오링이 느슨해질 수 있다고 주장했다. 이전 발사에서 오링이 겪었던 가장 낮은 온도는 1985년 1월 24일 디스커버리호 발사 당시의 화씨 53°였다. 그러나 발사일 예상 기온인 26°에서 오링은 화씨 29°가 될 것으로 예측했다.

프레젠테이션을 마친 후에 모턴 티오콜사의 기술 부사장인 밥 런드(Bob Lund)는 추위가 부스터 동작에 미치는 영향을 작성한 데이터는 화씨 53°까지의 자료뿐이며 그보다 낮은 온도의 데이터는 없다고 말했다. 그리고 화씨 53°보다 낮은 온도에서는 오링이 부식할 것이라고 말했다. 또한, 화씨 53° 이하의 데이터가 없기 때문에 발사 당일과 같은 낮은 온도에서 발사하는 것은 안전을 보장하지 못한다고 했다. 따라서 기온이 적어도 화씨 53°가 될 때까지 발사를 연기해야 된다고 권고했다.

그러나 나사의 경영진은 부스터 설계를 의뢰할 때 세부사항에서 부스터가 화씨 31°에서도 동작되도록 주문했기 때문에 이러한 결론에 대해 매우 당황했다. 나중에 조사한 바에 따르면 모턴 티오콜 사에서 화씨 31°는 부스터를 보관할 때의 최저 온도이고, 부스터가 발사할 때의 최저 온도는 화씨 40°로 설계해야 한다고 잘못 이해했던 것이다. 이 때문에 부스터의 동작 실험은 화씨 40° 이하에서 수행되지 않았다.

마샬의 고체로켓부스터 매니저인 래리 멀로이(Larry Mulloy)는 이러한 데이터로는 결론을 내리기 이르다면서 발사를 연기해야 한다는 공학자들의 논리에 반박했다. 열띤 논쟁이 한참 동안 지속됐으며, 멀로이는 런드의 의견을 무시하고 경영진인 조 킬민스터(Joe Kilminster)에게 의견을 물어봤다. 킬민스터는 공학적인 지식을 가지고 있는 경영진이었다. 멀로이는 공학자의 의견을 무시하고 중간 경영진의 결정을 요구했지만 킬민스터는 공학자들의 의견에 동의했다. 마샬의 다른 경영진들은 공학자의 권고에 의문을 제기했고, 최종적으로 킬민스터는 데이터를 다시 검토할 수 있도록 회의를 종료하자고 제안했다. 보졸리와 톰슨은 자신의 고위 경영자들이 발사를 중지하자는 원래 결정을 고수하도록 노력했다.

모턴 티오콜 사의 고위 경영진인 제럴드 메이슨(Jerald Mason)은 경영진의 결정이 필요하다고 언급했다. 경영진에게 주어진 데이터에는 온도와 오링을 부식시킨 가스누출 사이의 관련성에 대한 내용이 없었기 때문에 경영진은 오링이 직경의 3분의 1까지 부식될 수 있지만 온도에 관계 없이 잘 봉합될 것이라고 믿었다. 결국 메이슨은 런드에게 공학자의 역할 대신에 경영자의 역할을 요구했다.

킬민스터는 새로운 제안을 가지고 원격회의에 복귀하여, 추위로 인해 안전에는 우려가 되지만 아직 데이터가 확정적이지 않기 때문에 공학적인 평가에 의해 발사할 것을 권고했다. 그러나 공학자들은 그 권고문을 작성하는 데 참여하지 않았고 서명을 거부했다. 플로리다의 나사 경영진과 함께 있었던 앨런 맥도날드는 이러한 제안에 깜짝 놀라 나사 경영진에게 발사를 하면 안 된다고 주장했으나, 나사 경영진은 발사를 승인하기로 결정했다.

발사

밤 사이에 기온은 예상했던 것보다 훨씬 낮은 온도인 화씨 8°까지 떨어졌다. 발사대의 물 파이프가 어는 것을 막기 위해 안전 샤워(safety shower)와 불 호스(fire hose)가 사용되었으나, 이 물이 얼어 결국 발사대 주위가 온통 얼음으로 뒤덮였다. 이와 관련하여 우주선 발사 도중에 얼음이 발사대에서 떨어져 우주선의 방열 타일에 손상을 입힐 것이라는 우려가 있었다. 조사 팀은 상황이 매우 심각하다고 판단했지만 발사 책임자는 고체로켓부스터에 관한 전날 밤 원격회의를 전혀 의식하지 않고 카운트다운을 하기로 결정했다.

발사를 시작하자 점화로 인한 충격으로 발사대의 얼음들이 떨어져 왼쪽 부스터를 때리고, 어떤 얼음은 흡기 효과로 부스터 노즐 안으로 빨려 들어가기도 했다. 비록 궤도에 오른 비행체 자체에 심각한 손상을 준 것은 아니지만 얼음 문제에 대한 나사의 분석이 틀렸나는 것을 보여주었다. 점화가 되고 나서 600분의 1초 만에 부스터 과도현상이 일어났다. 이 중 오른쪽 부스터의 후미 연결 부분은 화씨 28°로 부스터에서 가장 차가운 부분이었다. 부스터의 강철 케이스(steel casing)가 부풀어서 연결 부위가 회전하고, 다른 왕복선 때와 마찬가지로 안쪽으로 확장되었다. 주 오링은 너무 차가워서 제대로 봉합할 수 없었고, 오링의 고무를 보호하고 화씨 5,000°까지 견딜 수 있는 내열접착제는 냉각되어 떨어져 나갔으며, 화씨 5,000°가 넘은 가스는 결국 오링을 태워버렸다.

[그림 6-3] 발사 전 발사대의 얼음

챌린저호는 점화 후 0.08초 후에 이륙했으며, 오른쪽에 있는 부스터 뒷부분의 연결부에서 연기가 오르는 것이 관측되었으나 왕복선이 발사되기 전에 추진체에서 나오는 산화물이 임시로 부스터의 연결부를 막아서 불꽃을 막을 수 있었다.

우주선이 발사되고 59초가 지났을 무렵 챌린저호는 우주선 임무 중에서 가장 강한 바람을 맞게 되었다. 연결 부위를 봉합하고 있던 유리로 된 산화물은 강력한 바람의 압력에 의해 흩어졌다. 그러자 몇 초 만에 연결 부위에서 나온 불길이 외부 연료통으로 옮겨 갔고, 수백 톤이나 되는 추진 연료에 불이 붙어 우주선은 폭발했다. 100초의 짧은 비행을 마친 챌린저호로부터 마지막 원격 측정 데이터가 전송되었다.

[그림 6-4] 챌린저호의 발사와 폭발

6.1.3 논란의 쟁점

- 나사의 경영진은 어떤 다른 선택을 할 수 있었을까?
- 나사의 직원들이 할 수 있는 다른 일에는 어떤 것이 있었을까?
- 로저 보졸리가 할 수 있는 다른 행동은 무엇인가?
  (이때 고려해야 할 점은 그는 나이가 많아서 해고된다면 새로운 직업을 찾을 수 있다는 보장은 거의 없었으며, 그는 부양해야 할 가족이 있었다는 것이다.)
- 당신은 공학자로서 경영진에 대한 복종과 공공복지의 보호 중 어떤 것을 택하겠는가?

챌린저호 사건은 공학자가 당면한 몇 가지 쟁점을 보여준다. 이러한 쟁점은 아마 정해진 답이 없을지 모르지만 그들이 비슷한 상황에 처해 있을 때 공학자로서 의식을 높이는 역할은 할 수 있다. 가장 중요한 것은 경영진의 위치에 있는 공학자다. 그가 자기 자신의 기술적 경험과 공학자들의 전문성을 무시하지 않는 것이 매우 중요하다. 비록 경영자가 공학자로서의 경험이 있다고 해도 그 경험이 최신 기술에 대한 것은 아니기 때문에 현재 현장에서 일하고 있는 공학자들의 기술적 경험을 존중해야 한다. 따라서 경영자는 이 같은 사실을 염두에 두고 기술적 문제에 대해 결정을 내려야 한다.

또 다른 논쟁으로, 매니저들이 발사를 주장했던 이유가 낮은 온도에서 오링이 어떻게 작동하는지에 대한 정확한 데이터를 확보하지 못했기 때문이라는 점이다. 즉 발사 결정을 철회할 정도의 정확한 정보가 없었기 때문에 그들은 수집된 정보만으로 발사를 저지할 만한 명분을 가지지 못했다. 이는 초기 우주 프로그램과 상반되는 생각으로, 초기 우주 프로그램을 진행할 때에는 어떤 문제점에 대한 확실한 해결책을 가지고 있지 않으면 발사를 하지 않는 것이 원칙이었다. 이러한 문제는 초기에 우주 프로그램에서 부스터 설계의 결함을 발견했음에도 불구하고 문제를 해결하지 않고 프로그램을 계속해서 진행했다는 사실에서도 찾아볼 수 있다.

공학자는 계속해서 증가하는 속도와 하중, 열용량 등을 테스트하며 설계할 때 반드시 공공복지를 보호해야 한다는 사회적 의무를 의식하고 있어야 했다. 공학자는 세금으로 교육을 받기 때문에 그에 대한 보답으로 자신의 전문 분야에서 대중의 안전과 복지를 보호할 의무가 있다는 것이 모든 공학자들이 암묵적으로 생각하는 사회적 계약의 일부분이다. 미국기계학회(ASME)에서는 윤리규범의 첫 번째로 "공학자들은 그들의 전문적인 의무를 수행하는 과정에서 대중의 안전과 건강, 복지에 최선을 다해야 한다."라고 기술한다. 모든 주요 공학 분야에서는 공학자에게 대중의 안정과 복지를 책임질 의무가 있다는 것을 가장 중요한 규범으로 지정하고 있다. 물론 회사의 결정을 따르는 것도 중요하지만 이것이 대중에 대한 책임 의무보다 더 우선이 될 수는 없음을 기억해야 한다.

6.2 스리마일 섬 핵발전소 사건

원자력발전소에서 사건이 발생하면 큰 사고로 이어질 수 있다. 이 절에서는 스리마일 섬 핵발전소 사건을 통해 공학윤리적 관점에서의 논란의 쟁점에 대해서 알아본다.

학습 목표

- 스리마일 섬 사고를 통해 공학윤리규범이 지켜져야 하는 이유를 알아본다.
- 스리마일 섬 사고를 공학윤리적으로 고찰해본다.

6.2.1 개요

스리마일 섬(Three Mile Island) 사고는 1979년 미국의 펜실베니아주 해리스버그시 인근의 스리마일 섬에 있는 원자력발전소의 가압수형 원자로(pressurized water reactor) 2호기의 노심용해(core meltdown)가 발생한 사건이다. 이 사건은 미국 상업용 원자력발전소 역사상 매우 중요한 사건으로 기록되어 있다.

이 발전소는 제너럴 퍼블릭 유틸리티(General Public Utilities)와 매트로폴리탄 에디슨(Metropolitan Edison) 사에 의해 운영되고 있었다. 상업운전을 시작한 지 4개월째 되던 1979년 3월 28일 새벽 4시, 정격출력의 97%로 출력운전하던 중에 자동밸브장치에 이상이 생겨 주급수 시스템인 열 교환기에 물 공급이 중단되었다.

이후 2차 계통의 물이 줄어들면서 자동 계기가 줄어든 만큼 물을 자동으로 공급하도록 설치된 보조급수기까지 작동하지 않았다. 게다가 경수로 안을 냉각하는 긴급노심냉각장치(ECCS)가 작동했는데도 운전원의 실수로 얼마 동안 ECCS의 작동을 멈추면서 통제 불능 상태가 되고 말았다. 결국 열 교환기에서 냉각수 온도를 낮추지 못하자 냉각수가 증발되면서 증기 압력이 높아져 파이프가 파괴되었고, 마침내 터빈과 원자로가 자동으로 정지되었다. 하지만 불과 몇 시간 사이에 원자로의 1차 계통이 파괴되어 냉각수가 유출되었으며 온도가 섭씨 5,000° 이상 올라갔다. 원자로는 온도가 급상승하여 핵 연료봉이 녹아내리고 급기야 원자로 용기까지도 파괴되었으며, 건물 내의 방사능 수치는 정상치보다 1,000배나 높아졌다. 사고가 커지는 동안에도 기술자들은 원인을 밝혀내지 못하고 갈팡질팡했다.

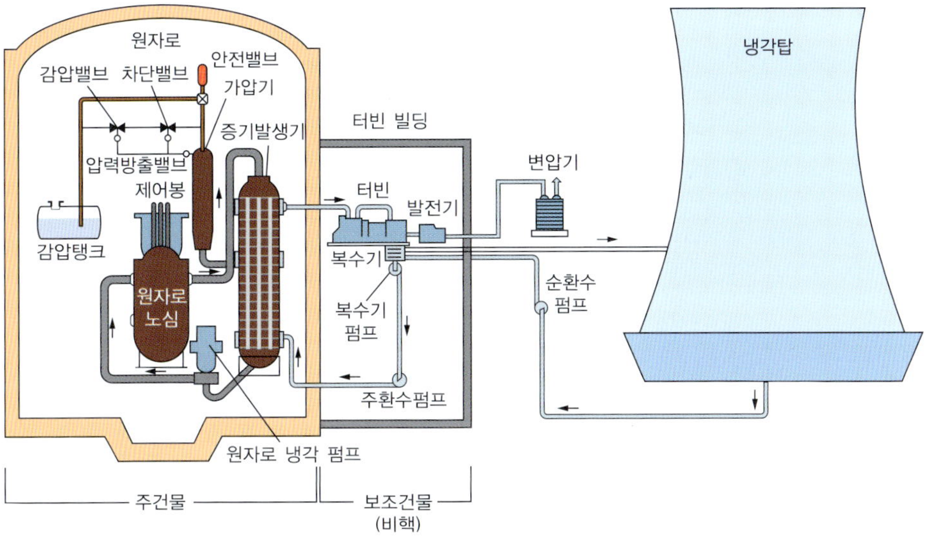

[그림 6-5] 스리마일 섬 핵발전소 원자로

여러 겹의 방어선을 설치해 사고 확대를 막는 심층방호 시스템도 제대로 작동하지 않아 다섯 겹의 보호막 중에서 네 번째 방호벽까지 뚫렸다. 통제실 계기반의 상태 표시는 계속 엇갈리는 신호를 나타냈고, 상황이 파악된 것은 사고 발생 16시간이나 지난 후였다. 냉각 펌프를 작동시키자 겨우 온도가 내려가기 시작했으나, 이미 노심의 절반 이상은 녹아내린 뒤였다. 그 결과 원자로 중심부가 부분적으로 노출되었고, 핵연료의 외피에 입혀진 지르코늄이 주위의 과열된 증기와 반응하여 많은 양의 수소 기체가 발생되었다. 이 수소 기체 가운데 일부는 원자로 중심에서 빠져나가 격납용기로 흘러 들어갔으나 일부 방사성 기체가 대기 중에 노출된 사실은 이틀 뒤에나 확인되었다. [표 6-2]는 경과 시간에 따른 주요 사건을 정리한 것이다.

[그림 6-6] 스리마일 섬 핵발전소 사건(출처 : AP Photo)

[표 6-2] 스리마일 섬 핵발전소 사건과 관련된 주요 사건

시간	사건
0초	주급수펌프 및 터빈 트립
3초	1차 계통 압력이 압력방출밸브 설정치에 도달, 밸브 개방
8초	원자로 정지
13초	1차 계통 압력이 압력방출밸브 설정치 이하로 낮아졌으나 밸브는 개방 상태로 유지
14초	비상급수펌프가 정상 방출 압력에 도달
38초	비상급수가 증기발생기로 향했으나 차단밸브가 닫혀있어서 공급되지 않음
2분	ECCS의 고압 안전주입계통이 자동적으로 작동, 방출 탱크의 방출밸브 개방
3~5분	운전원이 고압 안전주입계통을 수동적으로 차단
7분	격납용기로부터 보조건물로의 냉각재 흐름 시작
8분	비상급수관을 차단하던 밸브의 개방
15분	방출 탱크의 Rupture Disk 파손
73분	냉각재 회로 A의 냉각재 펌프 정지
90~210분	냉각수가 고갈된 노심의 가열, 지르코늄-수증기 반응에 의한 핵연료 집합체 손상과 수소 생성
100분	냉각재 회로 B의 냉각재 펌프 정지
142분	가압기 방출관의 차단밸브 닫힘
150분	노심 내 온도 측정 열전대의 상한값 초과
174분	한 원자로 냉각재 펌프의 가동으로 광범위한 피복재 손상
180분	발전소 비상사태 발동
200분	고압 안전주입계통에 의해 노심 재충수
210분	일반 비상사태(인근지역) 발동
224~226분	용융된 핵연료가 원자로용기 하부 헤드로 이동
300분	노심 냉각 기능 회복
9.5시간	수소 폭발로 인해 격납용기 압력 상승(순간적)
16시간	냉각재 회로 A의 펌프들을 재가동하여 강제 냉각 회복

6.2.2 공학윤리적 고찰

피해를 우려한 주 정부는 임산부와 어린이들을 대피시켰고, 주민들은 공황상태에 빠져 10만 여 명이 일시에 도망치듯 빠져나갔다. 조사 보고서에 따르면 스리마일 섬 사고 당시 상당한 양이 원자로 냉각재계통 및 격납용기 건물로 누출되었으나 1m 두께의 격납용기 덕분에 발전

소 외부 환경으로는 비활성 기체의 약 5%(2.5×106 Ci)와 미량의 기체 상태 요드(15 Ci)만이 누출된 것으로 확인되었다. 또한 사고 기간 중 발전소 부근에서 받은 공중의 피폭선량은 자연방사선량인 100mR에도 못 미치는 양으로 반경 16km 이내 주민들의 방사능 노출 수준은 가슴 X선 촬영을 1~3번 한 정도로 큰 피해는 발생하지 않았다. 이와 같이 방사선 피폭량은 사고 크기에 비해 매우 작았으나 이러한 방사선 피폭은 결정론적(비확률적) 영향을 가져오지 않으므로 장기간에 걸친 확률적 영향에 대한 분석이 이루어졌다. 그 결과 인구 200만 명 중에서 스리마일 섬 사고가 없었을 때 예상되는 325,000명의 암 사망자 수를 1명 정도 늘리는 것으로 평가되었다. 종합적으로 볼 때, 상당한 양의 노심(핵연료)이 녹아내린 중대 사고가 발생했음에도 불구하고 방사성 물질의 환경 누출은 매우 적었으며, 이로 인한 방사선학적 영향은 무시할 만한 수준으로 국제 원자력 사건 등급(INES) 체계로 등급 5로 분류되었다.

다행스럽게도 스리마일 섬 사고로 인해 인적 피해는 크지 않았다. 그러나 상업용으로 사용되는 원자로의 기본적인 안전 결핍은 하드웨어 문제가 아니다. 즉 몇 개의 파이프와 밸브를 교체한다고 해서 해결될 문제가 아니라는 점이 매우 중요하다. 가장 심각한 문제는 산업과 원자력규제위원회(NRC : Nuclear Regulatory Commission)의 근본적인 변화를 통해서만 해결될 수 있다. 이 사고를 통해 드러난 문제는 핵 원자로 설계의 안전을 검토하기 위한 제도적 시스템이 현재 운전 중인 발전소의 안전을 고려하지 않았다는 점이다. 이러한 시스템은 과거에서 최근까지는 안전을 보장할 수 있는 매우 유효한 시스템이었으나 사고가 발생한 시점의 요구를 충족시키지는 못했다. 그 당시 NRC의 구성으로는 핵발전소의 안전을 운영할 만한 능력을 갖추지 못했다. 당시 핵발전소에는 잠재적인 사고를 진단하고 대처하는 공학자들이 있었으나 충분히 교육을 받지 못한 단순 기술자에 의해서 발전소가 운전되고 있었다.

또한 산업적 측면에서는 안전에 대한 전문 지식과 책임이 NRC뿐만 아니라 발전소를 운영하는 공기업, 발전소 설계자, 원자로 시스템 생산자, 계약자, 핵심 부품 공급자와 같이 여러 조직에 분산되어 있었다. 이렇게 많은 조직들 사이, 조직들과 NRC 사이, 심지어는 NRC 내부에서의 유기적인 협조가 적절하게 이루어지지 않았다. 결과적으로 안전에 대한 구조적인 결함이 있었으며, 무엇보다도 산업계와 NRC에는 현재 상태에 안주하려는 자세가 만연해 있었으며, 공학적 설계에 기반한 안전장치가 매우 적절하다는 입장을 고수하고 있었고, 스리마일 섬 사고와 같은 사고는 발생하지 않을 것이라는 안일함이 만연해 있었다. 스리마일 섬의 사고는 기계적인 결함에 의해서라기보다 안전에 대한 시스템적인 관리가 부족하기 때문에 발생한 사고라고 볼 수 있다.

PART

03

공학설계 프로젝트

Engineering Design Project

Part 03에서는 실제로 실습할 수 있는 공학설계 프로젝트를 소개한다. 가능한 한 앞서 배운 설계 프로세스에 맞춰 프로젝트를 진행할 수 있도록 하였다. 설계 프로젝트는 모두 5가지로, 난이도에 따라 쥐덫 차, 종이 헬리콥터, 달걀 낙하는 기초 단계, 스파게티 다리는 중급 단계, 스털링 엔진은 심화 단계로 나눌 수 있다. 각 설계 프로젝트는 주제별로 설계 요약서를 비롯하여 보고서를 작성할 수 있도록 구성하였다.

관련 양식은 다음 사이트에서 다운로드할 수 있다.
http://www.hanbit.co.kr/exam/4109

CHAPTER

Chapter 07

쥐덫 차 프로젝트

일반적으로 쥐덫 차 프로젝트(mouse trap car project)는 문제해결 기술을 익히고, 공간 인식(spatial awareness) 능력을 계발하며, 팀원 간에 협력하는 훈련을 하기 위해 주로 활용된다.

학습 목표

- 역학에 대한 이론을 바탕으로 쥐덫 차의 원리를 이해한다.
- 설계 프로세스에 맞춰 쥐덫 차를 설계해본다.
- 프로젝트의 과정을 기록하고, 이를 보고서에 포함시켜 제출한다.

7.1 설계 개요

쥐덫 차(mouse trap car)는 쥐덫에서 사용하는 스프링의 구동력만을 이용하여 움직이도록 만든 작은 자동차이다. 이 원리는 [그림 7-1]과 같이 끈을 쥐덫의 레버 암(lever arm)에 연결하고 한쪽은 차축에 감을 때 발생하는 스프링의 힘을 이용한 것이다. 스프링의 힘 때문에 레버 암이 180° 회전하게 되는데, 이때 발생하는 견인력이 끈을 통해 차축으로 전달됨으로써 바퀴가 구르게 된다.

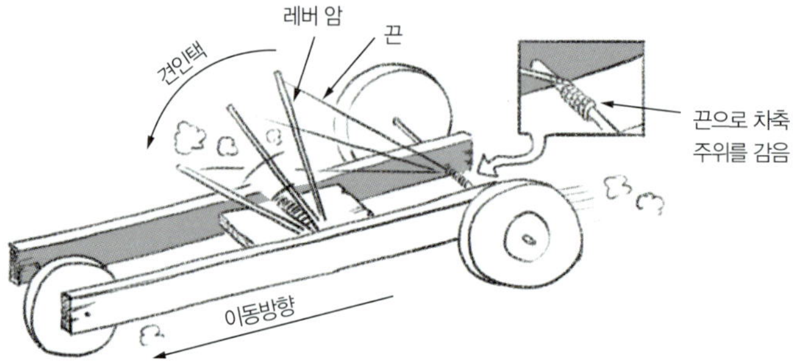

[그림 7-1] 쥐덫 차의 작동 원리

이 차는 더 큰 힘을 얻기 위해 다수의 쥐덫을 이용하거나 아주 큰 쥐덫을 이용하는 방법으로 변형할 수 있다. 대부분 쥐덫 차는 4바퀴를 사용하지만 3바퀴 또는 2바퀴를 사용할 수도 있다. 보통 큰 바퀴를 사용하면 한 회전에 더 많은 거리를 달릴 수 있으나 바퀴 크기가 커질수록 더 많은 회전력이 필요하기 때문에 레버 암에 의해 당겨지는 힘과 조화를 이루어야 한다.

핵심포인트 **쥐덫 차 프로젝트의 목적**

쥐덫을 이용해서 가장 빠르고 가장 멀리 움직이는 차를 설계한다. 쥐덫 차의 동력은 오직 쥐덫의 레버 암을 감는 스프링만을 이용하며, 줄의 한 끝은 쥐덫의 레버 암에 연결하고 다른 한 끝은 뒷바퀴 축에 감는다. 설계된 쥐덫 차가 가장 빠르고 멀리 가게 하기 위해서 쥐덫에 부착되는 부속품의 크기와 길이를 조정하면서 실험을 실시한다.

설계된 작품은 학기 말에 경쟁을 통해 평가하며, 평가 항목은 속도, 거리, 독창성 등이다. 속도와 거리는 정량적으로 평가하지만 독창성은 수강생의 주관적인 평가로 이루어진다. 설계에 참여한 학생들은 프로젝트의 전 과정을 기록해야 하며, 프로젝트 평가를 마친 후에 보고서에 포함시켜 제출해야 한다. 또한 이 프로젝트를 수행하기 위해서는 역학에 대한 이론을 포함하여 쥐덫 차에 관한 이론적인 연구를 수행해야 한다.

7.2 설계 제작 과정

쥐덫 차의 바퀴를 3개로 설계할 경우, 차체 자체가 불안정할 뿐만 아니라 일정한 방향으로 진행하지 못할 것이 예상된다. 따라서 크기가 같은 4개의 바퀴를 사용하기로 한다. 쥐덫을 변형하지 않고 그대로 이용할 때보다 쥐덫의 스프링에 긴 막대를 달아 그곳에 실을 감아 풀어줄 경우 더 오래 진행할 것으로 예상된다. 그리하여 쥐덫의 스프링 부분에는 가능한 한 긴 막대를 사용하기로 한다. [그림 7-2]는 설계하고자 하는 쥐덫 차의 구조를 스케치한 것이다.

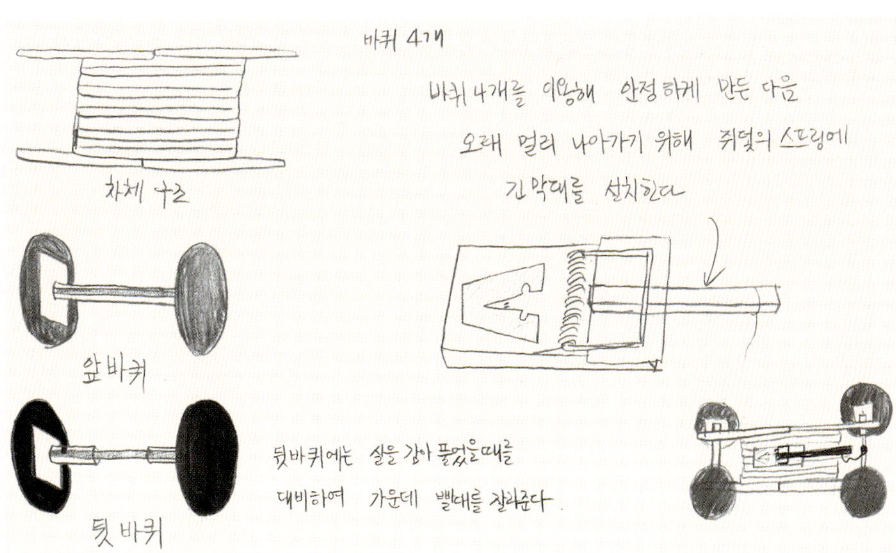

[그림 7-2] 쥐덫 차의 구조

재료 및 준비물

쥐덫 차를 제작하기 위한 재료 및 준비물은 [그림 7-3]과 같다. 쥐덫과 쥐덫 차의 본체로 사용하는 나무젓가락, 바퀴로 사용할 CD, 빨대, 실, 꼬치 등이 필요하다. 또한, 두꺼운 종이를 자를 때 사용하는 가위가 필요하다.

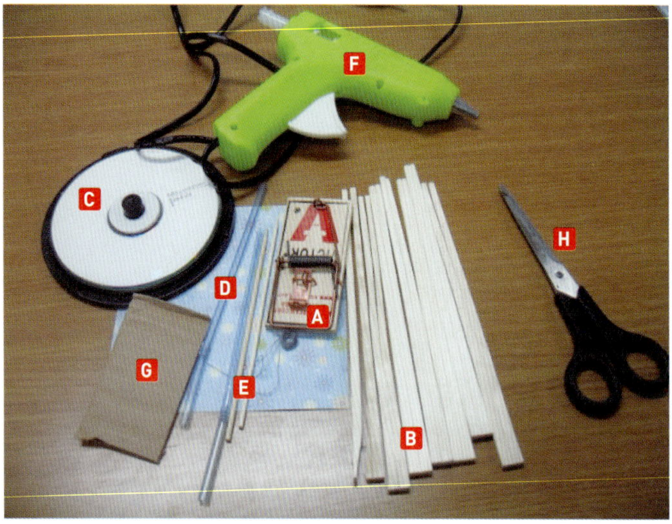

- A 쥐덫
- B 나무젓가락
- C CD
- D 빨대
- E 꼬치
- F 글루건
- G 두꺼운 종이
- H 가위
- I 송곳
- J 실

[그림 7-3] 쥐덫 차 프로젝트의 재료 및 준비물

설계 과정

❶ 쥐덫 차의 본체는 쥐덫과 쥐덫 판으로 이루어진다. 쥐덫 판을 만들기 위해 [그림 7-4]와 같이 여섯 쌍의 나무젓가락을 글루건을 이용해 하나로 붙인다.

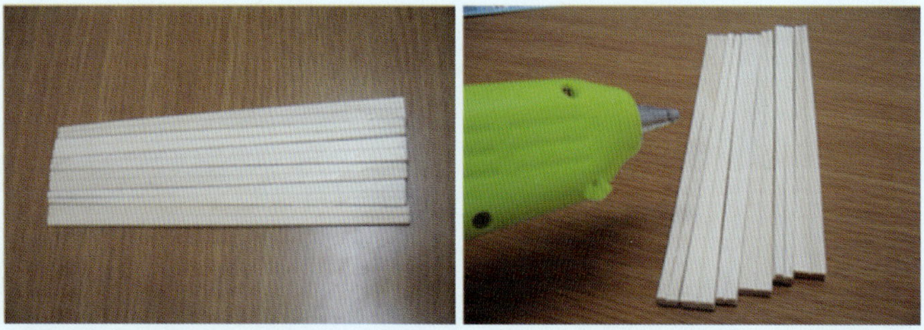

[그림 7-4] 쥐덫 판 제작

❷ 쥐덫을 쥐덫 판에 부착한다. 이때 스프링을 제외하고 쥐덫에서 필요하지 않은 것들을 미리 제거한다.

[그림 7-5] 글루건을 이용해 쥐덫을 쥐덫 판에 부착한 모습

❸ 나무젓가락 두 쌍을 4개로 나눠 쥐덫 판의 양끝에 각각 붙인다.

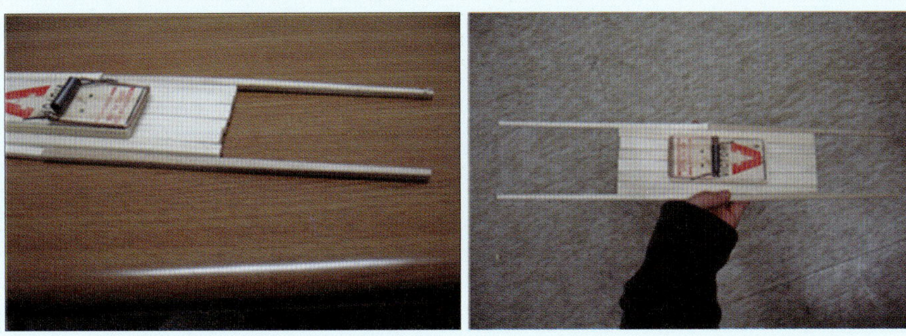

[그림 7-6] 나무젓가락을 쥐덫 판의 양끝에 부착한 모습

❹ 바퀴를 만들기 위해 두꺼운 종이를 작게 잘라 CD 중앙에 각각 붙인 후, 송곳이나 뾰족한 것으로 두꺼운 종이의 중앙을 뚫어준다.

[그림 7-7] 구멍을 뚫어 놓은 바퀴의 모습

❺ 바퀴가 준비되면 두 개의 바퀴를 축에 연결하기 위해 꼬치 양끝의 뾰족한 부분을 잘라낸 다음, 구멍을 낸 바퀴 중앙에 끼우고 글루건으로 접합한다. 이때 양쪽 바퀴를 모두 접합하는 것이 아니라 축의 한쪽 바퀴만 접합한다.

[그림 7-8] 축을 한쪽 바퀴와 접합한 모습

❻ 빨대 하나는 쥐덫 판의 너비보다 약간 길게 자르고, 다른 두 개는 짧게 자른다.

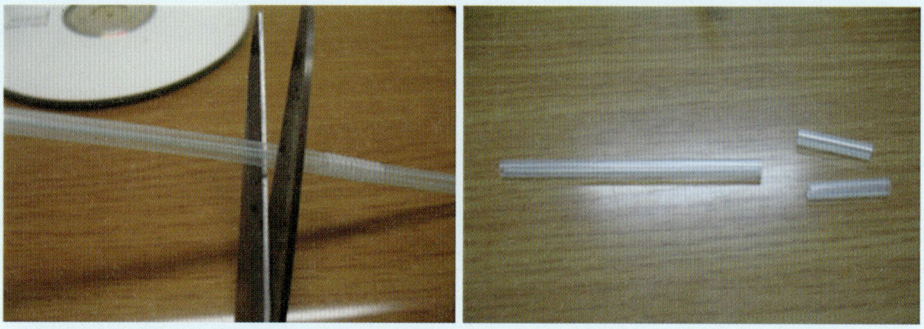

[그림 7-9] 긴 빨대 한 개와 짧은 빨대 두 개

❼ 긴 빨대는 쥐덫 판의 앞쪽에 붙이고, 짧은 빨대는 뒤쪽에 붙인다.

[그림 7-10] 쥐덫 판의 앞뒤에 붙인 빨대

❽ 한쪽에만 바퀴가 부착된 차축을 빨대 사이로 집어 넣고, 차축의 다른 쪽에 CD 바퀴를 꽂아서 글루건으로 접합시킨다.

[그림 7-11] 빨대에 꽂은 차축

❾ 쥐덫 판에 바퀴를 달았으면, 쥐덫의 스프링 힘을 차축으로 전달해 주는 레버 암을 만들어야 한다. 먼저 나무젓가락 끝에 두꺼운 종이를 [그림 7-12]와 같이 붙인다.

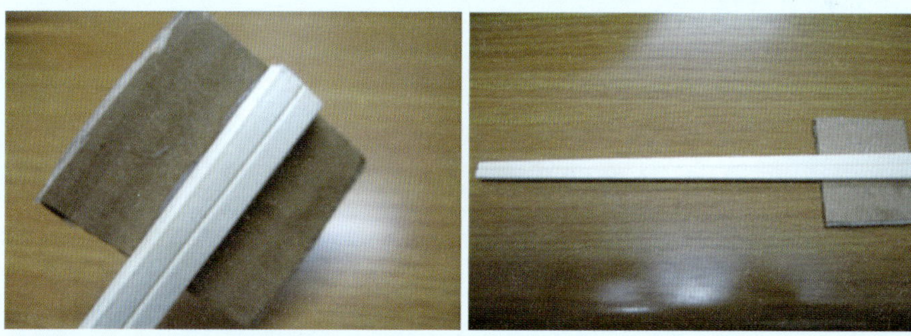

[그림 7-12] 쥐덫 차의 레버 암 제작

❿ 만든 레버 암을 쥐덫의 스프링 손잡이 아래로 밀어 넣고 글루건으로 접착해서 단단히 고정시킨다.

[그림 7-13] 레버 암과 스프링 손잡이의 접작

⑪ 레버 암을 부착했으면 레버 암과 뒤 차축을 실로 연결해야 한다. 쥐덫 차의 뒤 차축과 레버 암의 반대쪽 나무젓가락에 실을 감는다.

[그림 7-14] 레버 암과 뒤 차축을 실로 연결한 모습

⑫ [그림 7-15]와 같이 쥐덫 차가 완성된다. 완성된 쥐덫 차를 움직이게 하려면 레버 암을 당기고, 뒤 차축을 돌려가면서 차축에 실을 감는다. 그리고 레버 암을 당길 수 있게 만든 후에 평평한 지면에 놓으면 스프링에 의해 실이 풀리면서 차축을 돌게 하여 쥐덫 차가 굴러간다.

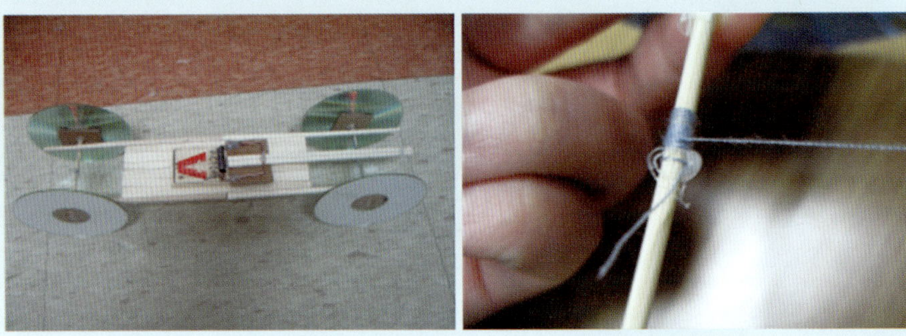

[그림 7-15] 완성된 쥐덫 차와 뒤 차축을 돌려서 실을 감는 모습

쥐덫 차 설계 사례

쥐덫 차 프로젝트는 많은 곳에서, 다양하게 시도되고 있다. [그림 7-16]을 보면 알 수 있듯이 쥐덫 차는 바퀴와 쥐덫이 부착되는 본체의 재질과 크기에 따라 형태가 다양하다. 일반적으로는 CD를 바퀴로 사용하지만 장난감 자동차의 바퀴를 사용하기도 하고, 먼 거리를 주행하기 위해 롱 플레이 레코드(long play record) 크기의 바퀴를 이용하기도 한다.

[그림 7-16] 다양한 쥐덫 차의 형태

■ 초기 설계

앞서 소개했듯이 쥐덫 차 설계의 목적은 나무 또는 스티로폼 보드를 사용해 빠르고 멀리 움직이는 자동차를 제작하는 것이다. 차가 잘 굴러가게 만들기 위해서는 바퀴의 축과 축이 들어가는 몸체 구멍 사이의 마찰을 줄여야 한다. 또 다른 방법은 플라스틱 또는 금속성 축을 사용함으로써 축에 감긴 끈이 잘 풀어지게 하는 것이다.

초기 설계 과정에서 첫 번째 아이디어는 차체를 나무 재질로 만들어서 튼튼하게 하는 것이었다. 그러나 차체가 너무 무거웠고, 줄을 축에 감아서 실험을 했으나 줄과 축 사이의 마찰력이 부족해 쥐덫 스프링이 풀리는 힘이 바퀴에 충분히 전달되지 않아 차는 수십 센티미터밖에 구르지 못했다. 그래서 좀 더 큰 마찰력을 얻기 위해 더 긴 줄을 사용했으나 쥐덫 스프링이 다 풀리며 바퀴가 더 이상 구르지 않았고, 축과 축이 들어가는 몸체 사이에는 마찰력이 너무 커서 설계를 개선해야 했다.

■ 첫 번째 개선

우선 몸체를 나무 재질에서 스티로폼 재질로 바꿨다. 스티로폼은 나무보다 가벼워 차가 더 빠르게 더 멀리 나갈 것이라고 생각했다. 또한 바퀴에 타이어를 씌워서 바퀴가 헛돌지 않게 함으로써 차를 밀어내는 힘을 크게 개선하였다. 아울러 레버 암의 길이를 확장함으로써 감겨있는 줄의 길이가 늘어나, 축에 전달되는 힘을 증가시키는 효과가 나타났다. 차축에는 플라스틱 재질의 대롱을 씌워 축과 축이 들어가는 차체 구멍 사이의 마찰을 최대한 줄였으며, 나중에는 축에 윤활제를 발라 마찰을 더 줄였다. 스티로폼은 연하기 때문에 볼트와 나사 사이에 끼우는 와셔(washer)를 이용해 강화했으며, 스카치테이프로 줄을 축에 부착시켜 미끄러지지 않도록 했다.

개선된 쥐덫 차를 몇 차례 실험한 결과, 초기 모델보다 더 멀리 가는 것을 확인할 수 있었다. [표 7-1]은 다섯 번의 주행 시험을 했을 때의 성능을 정리한 결과이다.

[표 7-1] 첫 번째 개선 작업을 마친 후 성능 테스트를 실시한 결과

시험 횟수 / 테스트 결과	1차	2차	3차	4차	5차	평균
주행 거리(m)	4	3	3.8	2.8	4.4	3.6
주행 시간(초)	3.3	3.3	4.1	3.2	4.4	3.7

성능 테스트는 5회에 걸쳐서 마룻바닥에서 실시했으며, 스톱 워치(stop watch)를 사용해 시간을 측정하고 주행 거리를 측정했다. 쥐덫 차는 3~4초 동안에 평균 3.6m를 주행했으며 초기 설계 모델보다 좋은 성능을 보여줬다. 그러나 좀 더 성능을 높이기 위해 개선이 필요하다고 생각했기 때문에 두 번째 개선을 시도하기로 했다.

■ 두 번째 개선

두 번째 개선에서는 확장 레버에 도르래를 부착해 줄의 길이와 축에 전달되는 힘을 두 배로 늘리기로 했다. 또한 줄을 축에 부착하는 데 스카치테이프를 사용하는 대신에 사용하기 편리한 치과 교정용 고무줄을 사용했다. 첫 번째 개선 때와 마찬가지로 두 번째 설계를 완성한 후에 성능 테스트를 실시했으며, [표 7-2]에 그 결과를 정리하였다.

[표 7-2] 두 번째 개선 작업을 마친 후 성능 테스트를 실시한 결과

시험 횟수 / 테스트 결과	1차	2차	3차	4차	5차	평균
주행 거리(m)	4.3	3.3	4.2	5.2	5.2	4.4
주행 시간(초)	4	3.4	3	4.7	4.7	4.0

쥐덫 차는 첫 번째 개선 모델보다 0.3초 정도 더 주행했으며, 0.8m 정도 더 굴러갔다. 이는 첫 번째 모델보다 개선된 결과이고 최초 목표에 매우 가까웠다.

■ 최종 설계

두 번째로 개선한 쥐덫 차는 처음에 설정한 설계 기준을 거의 만족하는 수준이었으나 좀 더 보강할 필요가 있었다. 따라서 축과 축이 들어가는 본체 구멍에 윤활제를 칠해서 마찰을 더 줄였다. [그림 7-17]은 최종 설계에 따른 결과물이다.

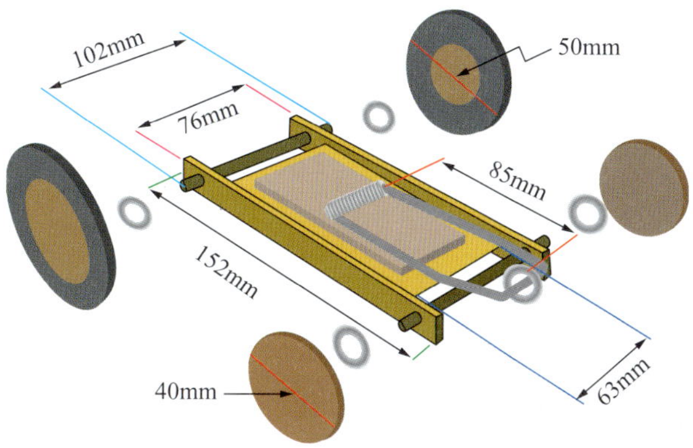

[그림 7-17] 최종 설계된 쥐덫 차

최종적으로 설계된 쥐덫 차의 테스트 결과는 [표 7-3]과 같다. 평균 5.9m를 주행했으며, 6m를 주행한다고 했을 때 약 3~4초가 걸렸다. 이는 당초 설계 기준이었던 4m를 3초 안에 주행하는 만족스러운 결과였다. 2차 개선 때보다 좋은 성능을 보인 이유는 윤활제를 사용해서 바퀴가 부드럽고 회전할 수 있던 것으로 분석된다.

[표 7-3] 최종적으로 설계된 쥐덫 차의 성능 테스트 결과

시험 횟수 / 테스트 결과	1차	2차	3차	4차	5차	평균
주행 거리(m)	5.8	5.9	5.9	6.0	5.8	5.9
주행 시간(초)	3.2	3.1	3.9	3.7	3.6	3.6

7.3 쥐덫 차 설계 실습

이 절에서는 쥐덫 차 설계를 실습해 볼 수 있도록 과정을 정리하였다. 전반적으로 공학설계 프로세스에 맞춰 실습해 볼 수 있도록 구성하였으며, 본문에 있는 관련 양식을 활용하거나 이를 변경하여 진행하면 된다.

1 설계 기준과 제한요소 결정

쥐덫 차를 만들기 위해 필요한 설계 기준과 제한요소를 결정한다. 설계 기준은 주행 거리와 속도를 포함해서 쥐덫 차 개발에 적용할 수 있는 다양한 기준을 적용할 수 있다. 제한 요소는 본문에서 열거한 일반적인 제한요소 중 쥐덫 차에 적용될 수 있는 것뿐만 아니라 그 외에 다른 제한요소를 적용할 수 있다.

[표 7-4] 쥐덫 차 설계 기준 결정

쥐덫 차 설계 기준
• 기준 1 :
• 기준 2 :
• 기준 3 :

[표 7-5] 쥐덫 차 설계 제한요소 결정

쥐덫 차 설계 제한요소
• 제한요소 1 :
• 제한요소 2 :
• 제한요소 3 :

2 설계 요약서 작성

설계 기준과 제한요소가 정리되면 설계 요약서를 작성한다. 설계 요약서에는 반드시 일정표를 포함시키고, 전체 분량이 겉표지를 포함해 5쪽을 넘지 않도록 한다.

[표 7-6] 취덫 차 설계 요약서 작성

취덫 차 설계 요약서

1. 제목 표지

2. 목차

3. 팀 구성

4. 문제 정의

- 취덫 차의 개요
- 취덫 차의 설계 기준
- 제한요소(예산 및 프로젝트 기간 포함)
- 기타

5. 문제 해답에 대한 정성적 분석

- 설계 기준을 만족하기 위해 해결 방안
- 제한요소를 만족하기 위한 방안
- 예상되는 문제점 분석
- 기타

6. 일정

(예) 취덫 차 프로젝트의 일정 예

	프로젝트 : 취덫 차								
	1주차	2주차	3주차	4주차	5주차	6주차	7주차	8주차	9주차
자료 조사	■								
부착절차 정의	■	■							
설계 요약		■							
상세설계			■						
설계 제안서			■	■					
설계 구현					■				
설계 테스트						■			
설계 보완							■	■	
최종 보고서									■

7. 평가 항목

8. 결론 및 요약

3 다양한 해결 방안 모색

쥐덫 차를 만들기 위해서는 바퀴의 수와 크기, 끈의 종류와 길이, 사용할 쥐덫의 개수 및 차의 몸체를 조립하는 방법 등 해결해야 할 사항이 매우 많다. 따라서 이 프로젝트를 진행하는 팀원은 하나의 그룹이 되어서 이와 같은 문제를 해결하기 위한 브레인스토밍을 실행해야 한다. 이때 다음 사항에 유의해야 한다.

- 문제의 범위가 너무 넓지 않아야 하며 구체적이어야 한다.
- 문제의 범위가 너무 넓지 않도록 3~4개의 작은 문제로 세분해야 한다.
- 정의된 문제를 정확하고 명확하게 글로 작성한다.

[표 7-7] 쥐덫 차 설계의 문제 정의를 위한 브레인스토밍 실행

쥐덫 차 설계의 문제 정의
• 주제 : 쥐덫 차 설계를 위한 브레인스토밍 문제 1 : (예) 바퀴를 몇 개로 하는 것이 가장 적절한가? 문제 2 : 문제 3 :

다음에는 백그라운드 메모(background memo)를 작성한다. 백그라운드 메모에는 브레인스토밍의 세션 명칭, 정의된 문제, 일정 및 장소가 포함되도록 한다.

[표 7-8] 쥐덫 차 설계를 위한 백그라운드 메모 작성

쥐덫 차 설계의 백그라운드 메모
• 세션 명칭 : 쥐덫 차 설계를 위한 브레인스토밍 • 정의된 문제 문제 1 : (예) 바퀴를 몇 개로 하는 것이 가장 적절한가? 문제 2 : 문제 3 : • 일정 및 장소

진행자가 정의된 세부 문제를 제시하고 브레인스토밍을 실행한다. 진행자가 세부 문제에 대해서 간단하게 설명한 후 참석자는 각 문제에 대한 아이디어를 제안하고 기록원은 제안된 아이디어를 모든 참석자가 볼 수 있도록 기록한다. 브레인스토밍 시간이 종료되면 제안된 아이디어를 나열하고 참석자가 검토해서 유사하거나 현실성이 없는 아이디어는 삭제한다. 최종적으로 가장 관련성이 있어 보이는 아이디어를 선택해서 기록하고 제한된 시간이 완료되면 세션을 종료하고 각 문제에 대해서 선택된 아이디어를 정리한다.

[표 7-9] 쥐덫 차 설계의 세부 문제 제시를 위한 브레인스토밍 실행

쥐덫 차 설계의 세부 문제 제시
• **문제 1 : (예) 바퀴를 몇 개로 하는 것이 가장 적절한가?** 제안 1 : 차체의 안정감을 높이기 위해 4개의 바퀴를 사용하는 것이 바람직하다. 제안 2 : 바퀴 3개를 사용하면 차체가 가벼워 속도도 빠르고 재료비도 절감할 수 있다. 제안 3 :
• **문제 2 :** 제안 1 : 제안 2 : 제안 3 :
• **문제 3 :** 제안 1 : 제안 2 : 제안 3 :

4 다양한 문제해결 방안에 대한 분석

브레인스토밍을 통해 얻은 수많은 해결 방안은 분석을 통해 장단점을 비교해야 한다. 분석 방법으로는 시뮬레이션 및 수학적 분석 등 다양한 방법을 사용할 수 있으며, 쥐덫 차의 경우 역학적인 이론을 적용할 수 있다. 예를 들어 쥐덫 차의 동력은 스프링의 비틀림 힘(torsion)에 의해 발생하며 후커의 법칙에 의해 다음과 같이 나타난다.

$$\tau = -\kappa\theta$$

위 식에서 τ는 스프링에 의해 발생하는 회전력(torque)을 의미하며, κ는 상수(spring constant), θ는 스프링이 평형 위치에서 라디안(radian)으로 표시된 뒤틀린 각도를 나타낸다. 뒤틀림 스프링에 저장된 에너지를 줄(joule)로 나타내면 다음과 같다.

$$U = \frac{1}{2}\kappa\theta^2$$

이 에너지는 끈(string)을 통해 차축으로 전달되어 바퀴의 회전력으로 변환되며, 이러한 에너지가 회전력으로 전달되어 변환되는 과정이 수식으로 표현되어야 한다. [표 7-10]은 수학적 분석에 사용될 수 있는 기본적인 물리학 공식을 보여준다.

[표 7-10] 기본적인 물리학 공식

공식	수식
가속도 = 속도의 변화[m/s] / 시간[s]	$a = (v_2 - v_1)/(t_2 - t_1)$
평균 속도 = 거리[m] / 시간[s]	$v = d/t$
밀도 = 질량[g] / 부피[cm^2]	$D = m/V$
효율(백분율) = 출력 일의 양[J] / 입력 일의 양[J] = (Work out) / (Work in)	$\%e = W_{out}/W_{in} \times 100$
힘 = 질량[kg] × 가속도[m/s^2]	$F = ma$
모멘텀 = 질량[kg] × 속도[m/s]	$p = mv$
압력 = 힘[N] / 면적[m^2]	$P = F/A$
파장 = 속도[m/s] / 진동 수[Hz]	$\lambda = v/f$
일의 양 = 힘[N] × 거리[m]	$W = Fd$

이때 측정 단위는 다음과 같다.

m = meter　　g = gram　　s = second

cm = centimeter　　kg = kilogram　　Hz = hertz

J = joule(newton-meter)

N = newton(kilogram-meter per second square)

그러나 실습 과정에서 이 이론을 모두 적용해 방안에 대한 장단점을 비교하는 것은 현실적으로 쉽지 않기 때문에 각 해결 방안에 대해 정성적으로 분석해서 장단점을 비교한다.

[표 7-11] 쥐덫 차 설계의 문제해결 방안에 대한 분석

쥐덫 차 설계의 문제해결 방안 분석
• 문제 1 : (예) 바퀴를 몇 개로 하는 것이 가장 적절한가? 제안 1 : 차체의 안정감을 높이기 위해 4개의 바퀴를 사용하는 것이 바람직하다. • 분석 1 : 바퀴 수가 많아지면 지면과의 마찰력이 커지기 때문에 잘 구르지 않을 수 있다 • 분석 2 : 제안 2 : 바퀴를 3개 사용하면 차체가 가벼워서 속도도 빨라지고 재료비도 절감할 수 있다. • 분석 1 : • 분석 2 : 제안 3 : • 분석 1 : • 분석 2 :
• 문제 2 : 제안 1 : • 분석 1 : • 분석 2 : 제안 2 : • 분석 1 : • 분석 2 :

5 분석 결과에 의한 결정

[표 7-12]는 쥐덫 차를 설계할 때 사용할 쥐덫 수와 바퀴 수에 대한 다양한 해결 방안 및 기준에 대해 각 기준 항목이 그 중요도에 따른 가중치를 할당받아 점수화된 결정 매트릭스의 예를 보여준다. 물론 쥐덫 차를 설계할 때 결정해야 할 항목이 쥐덫 수나 바퀴 수만 있는 것은 아니지만, 본 예에서는 간략한 설명을 위해 두 가지 항목에 대해서만 결정 매트릭스를 사용하였다.

[표 7-12] 쥐덫 차에서 가중치를 적용한 결정 매트릭스의 예

해결 방안 / 기준/규격(가중치)	사용하는 쥐덫 수		사용하는 바퀴 수		
	1개	2개	2개	3개	4개
소요 비용(1)	5	4	4	3	2
제작 기간(2)	5	2	3	2	2
테스트 기간(1)	5	5	3	3	3
재설계 시간(2)	5	3	3	2	2
최대 속도(2)	2	5	4	3	3
최대 이동 거리(4)	2	4	4	4	4
총 계	42	45	43	36	35

5 = Best, 1 = Worst

[표 7-12]에서 각 항목에 대한 점수는 5점이 가장 높은 점수이며 1점이 가장 낮은 점수이다. 사용하는 쥐덫 수를 최대 속도 기준에 대해 점수화했을 때 1개를 사용할 때보다 2개를 사용할 때의 속도는 비틀림 힘이 강해서 최대 속도가 더 빠르기 때문에 점수를 각각 2점과 5점을 주었다. 그리고 최대 속도의 중요도를 감안해 가중치 2를 주었기 때문에 가중치를 고려한 점수는 각각 4점과 10점이 되었다.

이와 같은 방법으로 각 항목에 대해 가중치를 고려해 점수를 산정한 후 모든 기준에 대한 점수를 더하면 쥐덫을 1개 사용할 때에는 42점이 되고, 2개를 사용할 때에는 45점이 되었다. 따라서 결정 매트릭스에 의해 쥐덫을 2개 사용하는 것으로 결정할 수 있다. 그러나 만일 쥐덫 차를 개발하는 데 사용할 수 있는 개발비의 여유가 없을 때에는 소요 비용 기준의 가중치가 높아지며 소요 비용에 대한 가중치가 3이 되면 쥐덫을 1개 사용할 때의 점수와 2개를 사용할 때의 점수가 각각 52점과 53점이 되므로 쥐덫을 한 개 사용하는 것으로 결정하게 된다.

위의 예에서 결정 매트릭스를 사용해 문제해결 방안을 결정한 것과 같이 제안된 방안에 대해 분석된 결과를 토대로 어떤 해결 방안을 채택할 것인지를 [표 7-13]의 결정 매트릭스를 사용해 의사를 결정하라.

[표 7-13] 쥐덫 차에서 가중치를 적용한 결정 매트릭스 작성

해결 방안 / 기준/규격(가중치)	문제 1		문제 2		문제 3		
	방안 1	방안 2	방안 1	방안 2	방안 1	방안 2	방안 3
기준 1(1~5)							
기준 2(1~5)							
기준 3(1~5)							
기준 4(1~5)							
기준 5(1~5)							
기준 6(1~5)							
총 계							

5 = Best, 1 = Worst

6 설계 제안서 작성

분석을 통해 설계 방향이 결정되면, 설계에 앞서 설계 제안서를 작성해야 한다.

[표 7-14] 쥐덫 차 설계 제안서 작성

쥐덫 차 설계 제안서

1. 제안서 표지
   - 프로젝트 명
   - 프로젝트 수행 팀(참여 학생)
   - 프로젝트 수행 기간
   - 소요 비용
   - 책임자 서명

2. 프로젝트 제안서
   - 프로젝트 개요 : 프로젝트 요약, 도출 과정, 필요성 및 기대효과, 추진 방법
   - 결과물 및 평가 방법 : 결과물(설계도, 프로토타입), 성능평가 방법
   - 팀원의 역할 분담
   - 추진 일정
   - 소요 비용 내역서
   - 기타

7 상세설계

[그림 7-18]은 쥐덫 차의 다양한 설계도면이다. 세 가지 형태의 설계도면은 각기 다른 쥐덫 차의 설계도면이다. [그림 7-18(a)]는 정확한 치수가 표시되지 않았지만 완성이 됐을 때 전체적인 모양을 볼 수 있고, [그림 7-18(b)]는 쥐덫에서 동력이 전달되는 과정을 상세하게 나타냈으며, [그림 7-18(c)]는 정확한 치수를 포함하여 윗면과 옆면에서의 설계도면을 보여준다.

상세도면에는 [그림 7-18(c)]와 같이 외관 치수와 인터페이스 규격을 표시해야 한다. 또한 재료의 재질과 표면 등 설계도면으로 나타낼 수 없는 부분도 상세하게 기술해야 한다.

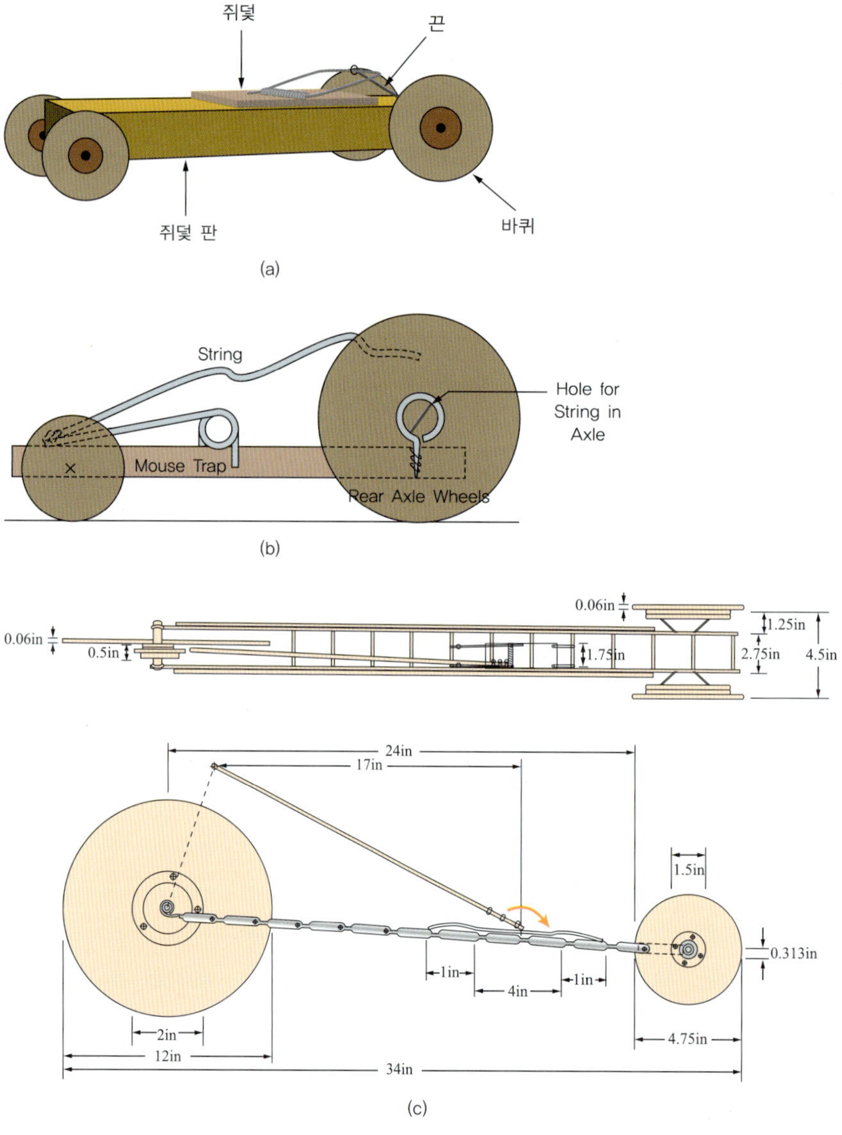

[그림 7-18] 다양한 형태의 쥐덫 차 설계도면

[표 7-15] 쥐덫 차의 상세도면 작성

쥐덫 차의 상세도면

8 테스트와 개선

상세설계를 한 후에 쥐덫 차를 제작한다. 이때 상세설계서에 따라 참여 팀원의 일을 분장한다. 쥐덫 차를 제작한 다음, 설계 초기 단계의 설계 기준을 만족하는지 알아보기 위해 성능 테스트를 실시한다. 테스트를 위해 설계 기준을 바탕으로 테스트 항목을 결정해야 하며, 각 항목에 대해 몇 차례의 동일한 테스트를 한 후에 평균값을 취한다. 설계된 쥐덫 차에 대해서 테스트 항목을 결정하고 각 항목에 대한 결과를 [표 7-16]에 채워라.

[표 7-16] 테스트 결과 작성

결과 / 항목	1차	2차	3차	4차	5차	평균
거리(m)						
속도(m/sec)						
기타						

설계된 쥐덫 차의 테스트 결과가 설계 기준을 만족시키지 못하면 설계를 개선해야 한다. 쥐덫 차의 성능을 향상시키기 위해 개선한 것이 있으면 [표 7-17]에 개선한 사항을 설명하고 앞에서와 같은 성능 테스트를 반복해서 실시한다.

[표 7-17] 개선 사항 작성

1차 개선 및 평가 결과	2차 개선 및 평가 결과

9 최종 보고서 작성

쥐덫 차의 설계와 제작이 완료되고, 성능 테스트를 실시한 결과 설계 기준을 만족하면 설계 최종 보고서를 작성한다.

[표 7-18] 쥐덫 차 설계 최종 보고서 작성

쥐덫 차 설계 최종 보고서
1. 겉표지 – 제목 : 쥐덫 차 설계 보고서 – 소속, 팀, 팀 구성원 – 지도 교수 – 날짜 2. 요약 – 설계의 목적, 방법, 범위, 결과, 결론을 포함해야 함. – 1쪽 이내로 작성해야 함. – 전체적인 내용을 파악할 수 있도록 간결하고 명확하게 서술해야 함. 3. 목차 – 보고서의 각 장과 절의 제목과 쪽 번호를 명확하게 표시해야 함. 4. 서론 – 설계의 개요, 문제를 해결하기 위한 가정, 주어진 제한 조건에서 설계를 통한 문제해결 방안에 대해 설명해야 함. 5. 설계 – 실험 과정에서 변경된 사항에 대해서 논의해야 함. – 부록에 있는 데이터를 근거로 설계를 변경하게 된 결론을 설명해야 함. 6. 제작 과정 – 재료를 나열해야 함. – 쥐덫 차에 대한 지식이 없는 사람도 보고 따라 할 수 있을 정도로 상세하고 명확하게 서술해야 함. 7. 동작 – 쥐덫 차가 굴러갈 수 있게 하는 과정을 단계별로 명확하게 설명해야 함. 8. 결론 – 설계 초기에 세운 가정이 옳았는지 아니면 틀렸는지에 대해서 설명하고, 틀렸다면 그 이유를 설명해야 함. – 최종 설계 결과에 대해 논의하고 개선된 설계가 개선되기 전의 설계보다 성능이 뛰어난 이유에 대해 논의해야 함. – 현재의 설계를 개선시킬 수 있는 방안에 대해 설명해야 함. 9. 부록 – 실험에서 얻어진 모든 데이터를 포함해야 함. – 쥐덫 차의 모든 스케치를 포함해야 함. – 다양한 시도를 했을 때의 비교 차트를 포함해야 함.

10 프로젝트의 평가

■ 평가 반영 비율

평가 항목	제품 성능	제품 완성도	프로젝트 활동	보고서 및 발표	합계
배점	40	30	10	20	100
점수					

■ 제품 성능(40점)

평가 항목 \ 배점	상(20%)	중상(20%)	중(20%)	중하(20%)	하(20%)
	20	18	16	14	12
주행 거리(m)					
주행 속도(m/sec)					
총계					

■ 제품 완성도(30점)

평가 항목	평가 내용	평가 기준	배점	점수
기능성 (15)	쥐덫 차의 모든 기능이 원활하게 동작하는가?	원활하게 잘 동작한다.	15	
		원활하게 동작하는 편이다.	12	
		원활하지는 않지만 동작한다.	9	
		잘 동작하지 않는다.	6	
		전혀 동작하지 않는다.	3	
내구성 (5)	완성된 쥐덫 차가 견고하게 제작되었는가?	매우 견고하다.	5	
		견고하다.	3	
		견고하지 못하다.	1	
디자인 (5)	완성된 쥐덫 차의 상하좌우 균형이 잘 맞고 보기에 좋은가?	균형과 디자인이 매우 잘 되었다.	5	
		균형과 디자인이 양호하다.	3	
		균형과 디자인이 형편없다.	1	
경제성 (5)	경제적으로 제작되었는가?	소요된 경비가 매우 적다.	5	
		소요된 경비가 적다.	3	
		경비가 많이 소요되었다.	1	

■ 프로젝트 활동(10점)

평가 항목	평가 내용	평가 기준	배점	점수
참여도 (5)	프로젝트에 적극적으로 참여했는가?	관심을 보이고 적극적으로 참여하였다.	5	
		관심은 보이지만 프로젝트에 소극적이었다.	3	
		관심도 없으며 프로젝트에 소극적이었다.	1	
팀워크 (5)	팀원 간의 역할 분담이 잘 되었고 의사소통이 원활했는가?	팀원 간의 역할 분담과 의사소통이 잘 되었다.	5	
		팀원 간의 역할 분담과 의사소통이 보통이다.	3	
		팀원 간의 역할 분담과 의사소통이 잘 안됐다.	1	

■ 보고서 및 발표(20점)

평가 항목	평가 내용	평가 기준	배점	점수
설계서 (5)	설계서의 구성이 잘 되었고, 설계 내용이 충실한가?	설계서의 내용과 구성이 뛰어나다.	5	
		설계서의 내용과 구성이 보통이다.	3	
		설계서의 내용과 구성이 미흡하다.	1	
보고서 (10)	보고서의 구성이 잘 되었고, 본문의 내용 및 그림 데이터가 잘 작성되었는가?	보고서의 내용과 구성이 매우 뛰어나다.	10	
		보고서의 내용과 구성이 뛰어난 편이다.	8	
		보고서의 내용과 구성이 보통이다.	6	
		보고서의 내용과 구성이 만족스럽지 못하다.	4	
		보고서의 내용과 구성이 수준 이하이다.	2	
발표 (5)	발표 자료가 잘 작성되고 발표 시간 내에 내용을 잘 전달했는가?	발표 자료가 잘 작성되었고 발표를 잘 하였다	5	
		발표 자료와 발표가 보통이다.	3	
		발표 자료와 발표가 매우 부실하다.	1	

Chapter 08

종이 헬리콥터 프로젝트

종이 헬리콥터 프로젝트(paper helicopter project)는 실제 헬리콥터의 날개를 모방해서 체공 시간을 최대화하는 종이 날개를 제작하는 프로젝트이다. 이를 통해 실험 계획을 수립하고 체공 시간을 최대화할 수 있는 이론적 지식을 얻고자 한다.

학습 목표

- 종이 헬리콥터의 체공 시간을 늘리기 위해 낙하하는 원리를 이해한다.
- 이론적으로 체공 시간을 최대화하기 위한 방법을 살펴보고, 실제 실험 결과와 비교해본다.
- 프로젝트의 과정과 결과를 기록하고, 보고서를 작성하는 방법을 익힌다.

8.1 설계 개요

어렸을 때 종이를 잘라 헬리콥터의 날개 모양으로 접고, 이 종이를 높은 옥상에서 떨어뜨려서 땅으로 천천히 낙하시키는 놀이를 한 번쯤 해 봤을 것이다. 이렇게 헬리콥터 날개 모양으로 만든 종이를 종이 헬리콥터(paper helicopter)라고 한다. 이 종이 헬리콥터는 접은 날개가 공기의 저항에 부딪히면서 천천히 떨어지고, 날개가 반대 방향으로 접혔기 때문에 빙글빙글 돌면서 낙하한다. 그러나 어렸을 때 별 생각 없이 재미로 했던 놀이가 통계학과 수학에서 선형 회귀(linear regression)를 가르치는 데 좋은 보조 자료로 사용되고 있다. [그림 8-1]은 가장 일반적인 종이 헬리콥터 모양을 보여준다.

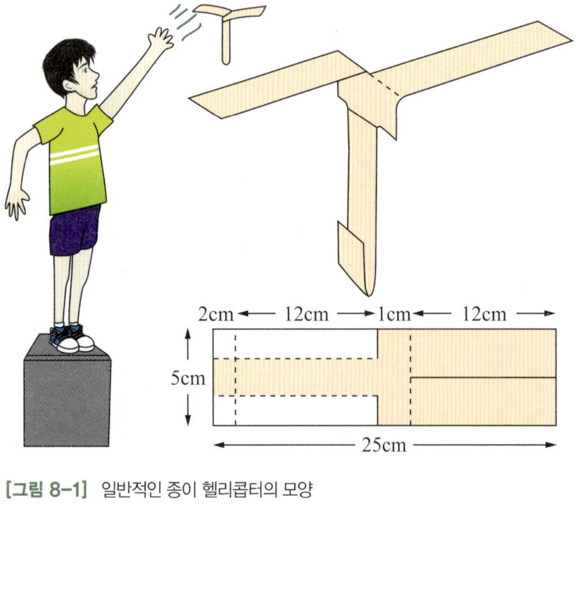

[그림 8-1] 일반적인 종이 헬리콥터의 모양

핵심포인트 **종이 헬리콥터 프로젝트의 목적**

종이로 헬리콥터의 날개 모양을 만들어 같은 높이에서 하강하는 속도를 최소로 줄여 체공 시간을 최대로 설계한다. 종이 헬리콥터의 체공 시간은 각 구성요소의 길이와 폭, 무게에 따라 달라지기 때문에 다양한 길이와 폭, 무게의 변화에 따른 성능을 비교하고, 체공 시간을 최대로 늘릴 수 있는 값을 찾아야 한다.

[그림 8-2]는 종이 헬리콥터의 성능에 영향을 미치는 각 구성요소를 보여준다. 헬리콥터는 날개에 해당하는 로터(rotor)와 본체(body), 꼬리로 구성되며, 무게를 늘리기 위해 클립을 사용하기도 하고 각 구성요소에 얇은 종이 테이프를 덧붙이기도 한다.

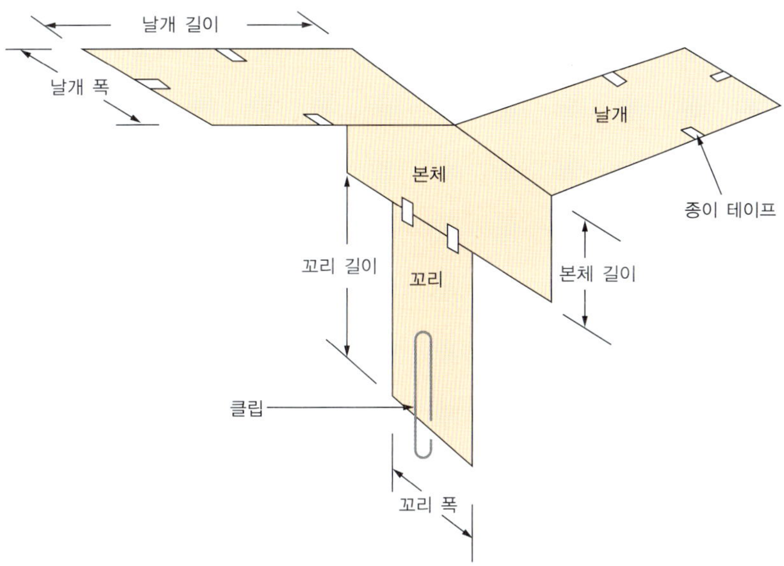

[그림 8-2] 종이 헬리콥터의 구성요소

종이 헬리콥터의 체공 시간을 결정하는 요소에는 앞에서 설명한 요소 외에 종이 재질, 본체의 폭, 날개 모양 등이 포함될 수 있다. 따라서 이 프로젝트에서는 종이 헬리콥터의 성능에 영향을 주는 요소를 정의하고, 각 값을 바꿔가면서 실험하여 같은 높이에서 낙하했을 때 체공 시간이 가장 긴 값을 찾는다. 설계된 작품은 학기 말에 경쟁을 통해 평가하며, 평가 항목은 높이에 따른 체공 시간과 독창성으로 구성된다. 독창성은 수강생의 주관적인 평가로 이루어진다. 설계에 참여한 학생들은 프로젝트의 전 과정을 기록해야 하며, 프로젝트 평가를 마친 후에 보고서에 포함시켜서 제출해야 한다. 또한 이 프로젝트를 수행하기 위해서는 종이 헬리콥터의 구성요소와 체공 시간의 관련성에 대한 이론적인 연구가 수행되어야 한다.

8.2 설계 제작 과정

종이 헬리콥터는 구조적으로 워낙 단순하기 때문에 설계 제작 과정을 보여주지 않아도 잘 만들 수 있을 것이다. 그러나 설계 주제를 처음 접하는 학생들을 위해 제작에 필요한 재료 및 준비물과 종이 헬리콥터의 설계 제작 과정을 보여준다. 여기에서 보여주는 과정은 하나의 사례일 뿐이며, 이 과정을 참고해서 본인만의 독창적인 설계를 하는 데 응용할 수 있다.

재료 및 준비물

종이 헬리콥터를 제작하기 위한 재료 및 준비물은 [그림 8-3]과 같다. 재료는 크게 종이 헬리콥터의 본체를 이루는 종이와 무게를 조절하는 클립과 종이 테이프로 구성된다. 사용되는 종이는 A4 용지, 색종이 외에 다양한 종이가 사용될 수 있다. 또한, 종이를 자를 때 사용하는 가위와 칼, 자가 필요하다.

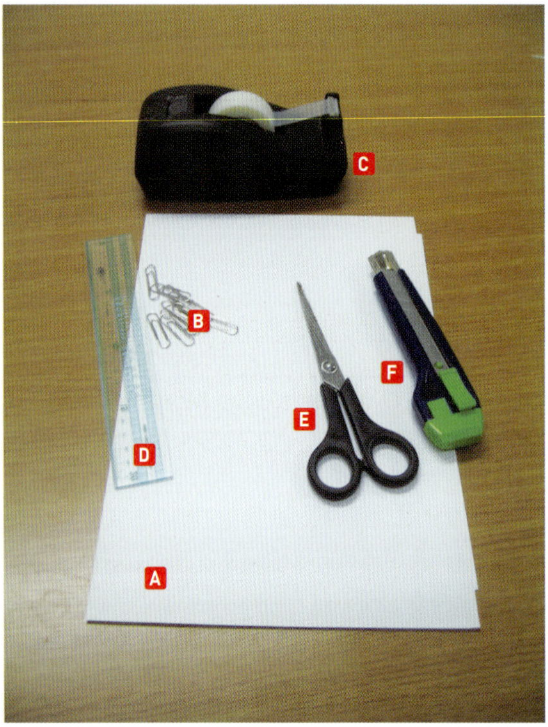

A A4 용지
B 클립
C 종이 테이프
D 자
E 가위
F 칼

[그림 8-3] 종이 헬리콥터 프로젝트의 재료 및 준비물

설계 과정

❶ A4 용지에 종이 헬리콥터의 형태를 갖도록 도면을 그린다. A4 용지 오른쪽에 가로 25cm, 세로 5cm인 직사각형을 그린 후, 날개 길이는 12cm, 본체 길이는 1cm, 꼬리 길이는 12cm로 나눈다. 꼬리 밑단은 2cm로 하고, 꼬리는 약 1.67cm로 삼등분한다.[1]

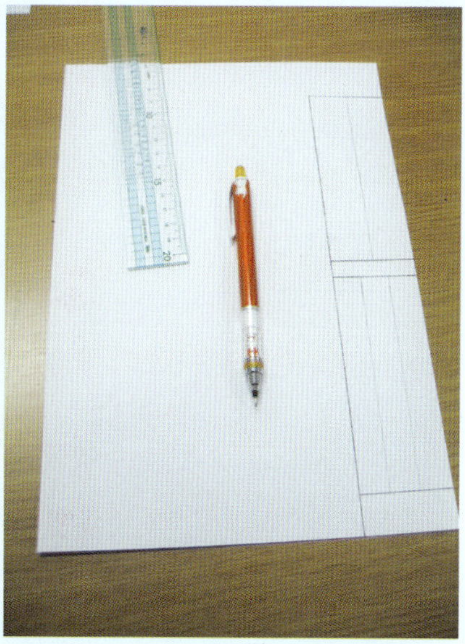

[그림 8-4] 종이 헬리콥터 도면 그리기

❷ 칼과 자를 이용해서 A4 용지에서 테두리를 잘라낸다.

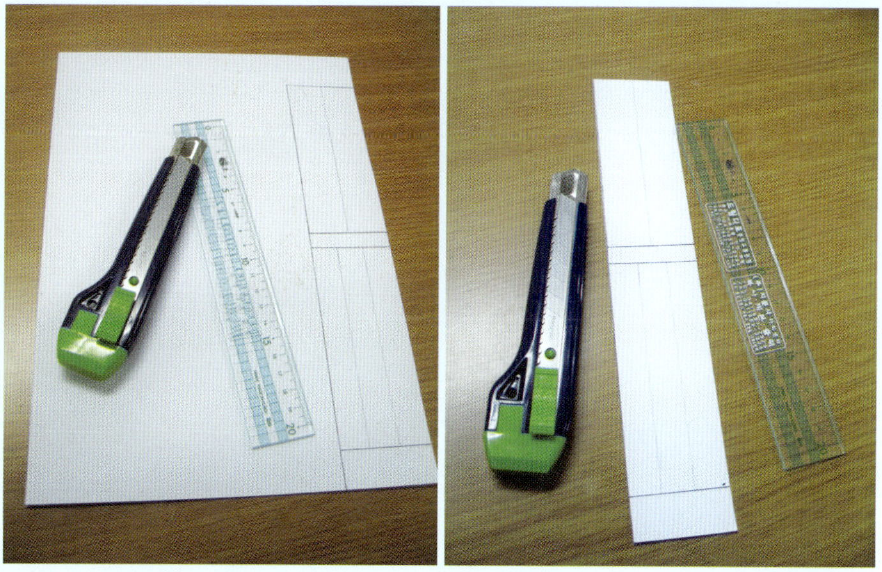

[그림 8-5] 종이 헬리콥터 테두리 잘라내기

1 본 사례에서는 미리 정해진 설계 기준과 제한 조건에 맞춰서 크기를 정했으며, 각자의 설계 기준과 제한 조건에 따라서 달라질 수 있다.

❸ 잘라낸 부분에서 날개와 꼬리를 만들기 위해 [그림 8-6(a)]처럼 날개를 두 부분으로 잘라준 다음, [그림 8-6(b)]처럼 위해 붉은 선으로 표시된 부분을 가위로 자른다.

(a) 날개 만들기　　　　(b) 꼬리 만들기

[그림 8-6] 날개와 꼬리 만들기

❹ 자른 꼬리 부분의 오른쪽 면을 중앙으로 접고, 다른 한쪽도 같은 방법으로 접는다.

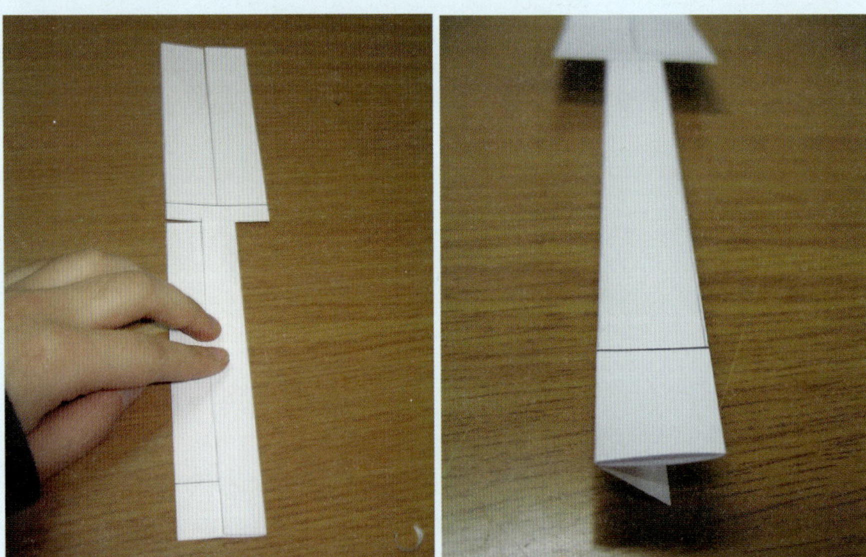

[그림 8-7] 꼬리 접기

❺ 경우에 따라 꼬리에 클립을 끼워서 무게를 늘릴 수 있으므로 클립이 잘 끼워지도록 꼬리의 아랫부분을 접는다.

[그림 8-8] 꼬리 아래 접기

❻ 종이 헬리콥터가 안정적으로 비행하기 위해서 [그림 8-9(a)]와 같이 꼬리의 접힌 부분에 클립을 끼우거나 [그림 8-9(b)]와 같이 날개에 종이 테이프를 붙여서 무게를 조절할 수 있다.

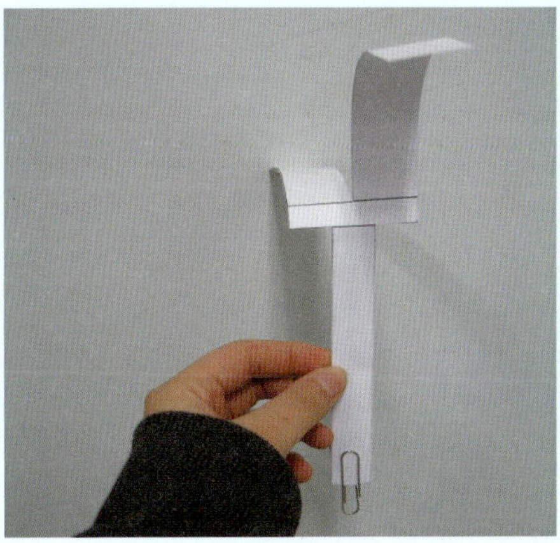

(a) 꼬리에 클립을 끼운 종이 헬리콥터

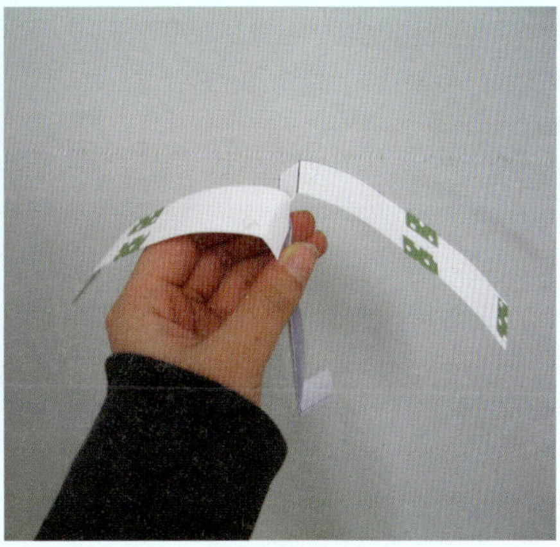

(b) 날개에 종이 테이프를 붙인 종이 헬리콥터

[그림 8-9] 무게를 늘린 종이 헬리콥터

종이 헬리콥터 설계 사례

종이 헬리콥터 설계는 무척 단순해 보이지만 다른 어떤 설계보다 많은 이론적 배경과 해결 방안이 필요하다. 따라서 주어진 문제는 동일하지만 해결 방법은 다양한 공학설계의 특징을 잘 보여준다. [그림 8-10]은 다른 방법으로 설계된 다양한 종이 헬리콥터의 모습이다.

[그림 8-10] 다양한 모양의 종이 헬리콥터

■ 초기 설계

본 프로젝트의 조건은 A4 용지 한 장으로 가능한 한 헬리콥터를 많이 제작하는 것이므로 전체 크기가 작아야 한다. 또한 일반적인 종이 헬리콥터의 평가 요소인 긴 체공 시간 외에 방향성이 좋아서 착륙 지점이 정확해야 한다는 조건이 있다. 따라서 개념설계 단계에서 성능에 영향을 미칠 수 있는 요소를 '꼬리', '날개', '무게' 세 가지로 정하였다. 처음에는 체공 시간에 직접적인 영향을 줄 수 있는 요소를 '날개 폭'과 '날개 길이'로 줄여서 실험했으며, 여기에 체공 시간에 영향을 미치는 것이 확인된 '날개 폭'에 '테이프'라는 요인을 추가해서 실험했다. 또한 개념설계 단계에서는 헬리콥터를 제작하는 A4 용지 외에 무게에 변화를 주기 위해 클립과 테이프를 사용했을 때의 영향을 고려했으며, 이들 요소들이 미치는 영향을 다음과 같이 분석하였다.

- 클립을 사용하면 전체 무게가 증가하기 때문에 낙하 지점이 정확해지는 효과가 있지만 무게가 증가함에 따라 체공 시간이 짧아질 수 있다.
- 테이프를 날개에 붙이면 날개의 무게가 늘거나 낙하하면서 날개가 접혀지는 것을 막기 때문에 공기저항이 늘어나 체공 시간이 길어질 수 있다. 그러나 전체 무게를 증가시키므로 오히려 체공 시간이 짧아질 수도 있다.

■ 첫 번째 개선

개념설계의 결과를 바탕으로 종이 헬리콥터의 성능에 영향을 미치는 요소를 날개 폭, 날개 길이, 전체 무게, 꼬리 폭으로 정하였다. 이 가운데 체공 시간에 가장 많은 영향을 미치는 변수를 결정하기 위해 각각의 요소에 대한 변위의 범위를 정하고, 이 범위 내에서 값을 변화시키면서 [표 8-1]처럼 체공 시간을 측정하여 영향을 평가하였다.

[표 8-1] 체공 시간에 영향을 미치는 요소와 그 범위

요소 \ 실험 결과	내용
날개 폭	날개 폭을 각각 1cm, 2cm, 3cm일 때를 각각 비교했으며, 날개 폭이 체공 시간에 영향을 미치는 것을 알 수 있었다.
날개 길이	날개 길이를 각각 4cm, 5cm, 6cm일 때를 각각 비교했으며, 날개 길이가 체공 시간에 영향을 미치는 것을 알 수 있었다.
전체 무게	클립 또는 테이프를 붙였을 때를 각각 비교했으며, 전체 무게의 변화가 체공 시간에 영향을 미치는 것을 알 수 있었다.
꼬리 폭	대체로 꼬리 폭을 작게 했을 때 체공 시간이 늘어나는 것을 알 수 있었다.

따라서 체공 시간에 가장 영향을 많이 주는 요소는 날개 폭, 날개 길이, 전체 무게로 결정하였다. 날개 폭이나 길이는 낙하하면서 날개의 표면적이 공기저항을 높이기 때문에 낙하 속도를 낮추게 되어 체공 시간을 늘리는 것으로 분석하였다. 전체 무게가 종이 헬리콥터의 체공 시간에 영향을 미치는 이유는 적절하게 무게가 증가함으로써 헬리콥터가 하강하려는 힘은 증가하지만 이에 반발하는 공기저항도 커지기 때문인 것으로 분석되었다. 체공 시간은 헬리콥터가 낙하하면서 받는 공기 저항에 가장 큰 영향을 받으며, 날개 각도는 공기저항에 큰 영향을 주지 못하기 때문에 체공 시간에 영향을 미치지 못하는 것으로 분석되었다. 또한 꼬리 폭을 작게 하면 헬리콥터가 회전할 때 꼬리에 의한 공기저항을 작게 받기 때문에 상대적으로 회전이 빨라지고 이로 인해 날개의 공기저항이 커지기 때문에 체공 시간이 길어지는 것으로 분석되었다. 또한 테이프로 날개 무게를 증가시키면 헬리콥터가 회전할 때 안정감은 생기지만, 날개가 무거워져 회전력을 감소시켜서 체공 시간을 늘리는 데 도움이 되지 않는 것으로 분석되었다.

이와 같이 체공 시간에 영향을 주는 요소로 날개 폭(3개의 값), 날개 길이(3개의 값), 클립의 유무(2가지 경우)에 대한 모든 경우를 실험하기 위해서는 18번의 실험을 해야 하지만, 실험 횟수를 줄이기 위해서 날개 폭과 길이를 하나로 묶어 각각 (1cm, 6cm), (2cm, 5cm), (3cm, 4cm)인 경우와 클립을 부착했을 때와 하지 않았을 때로 나누어 6번의 실험에 대해서만 체공 시간을 비교하기로 하였다.

■ 설계 개선

앞의 설계 단계에서 얻은 결과를 바탕으로 실험 범위를 정하고 상세설계에 의한 실험을 실시하였다. 상세설계에서 정한 날개 폭, 날개 길이, 전체 무게에 변화를 주고 실험 결과를 분석하였다.

• 날개 폭도 체공 시간에 영향을 주었으며, 상세설계에서 정한 1cm, 2cm, 3cm의 세 가지 값으로 실험했다.
• 날개 길이는 체공 시간에 많은 영향을 주었으며, 표준 길이인 5cm일 때 체공 시간이 가장 길었기 때문에 4cm, 5cm, 6cm의 세 가지 값으로 실험했다.
• 전체 무게를 늘리기 위해 꼬리 부분에 클립을 부착하거나 날개에 테이프를 붙일 수 있는데, 날개에 테이프를 붙이는 것은 얇은 날개가 너무 쳐질 수 있어 꼬리 부분에 클립을 끼워서 실험했다.

[표 8-2]에서 보듯이 날개 폭과 길이를 각각 (1cm, 6cm), (2cm, 5cm), (3cm, 4cm)일 때, 클립으로 무게를 변화시킨 후 약 3m 높이에서 종이 헬리콥터의 체공 시간을 측정하였다. 이때 체공 시간은 3회씩 측정하여 평균 체공 시간을 구하였다. 그 결과 날개 폭이 2cm, 날개 길이가 5cm인 조건에서 종이 헬리콥터의 체공 시간이 가장 길었다. 따라서 이 경우가 최적의 상태라는 결론을 내렸다.

[표 8-2] 설계 개선에 대한 실험 결과

날개 폭 (cm)	날개 길이 (cm)	무게 (클립)	체공 시간(초)			
			1회	2회	3회	평균
1	6	유	4.20	4.54	4.56	4.43
		무	5.13	5.25	5.13	5.17
2	5	유	3.33	2.96	2.62	2.98
		무	6.22	6.56	5.85	6.21
3	4	유	3.80	3.67	3.43	3.63
		무	6.34	5.85	6.87	6.09

위 실험을 바탕으로 최적의 체공 시간일 때의 날개 폭과 길이를 적용한 종이 헬리콥터를 다시 제작하여 실험과 평가를 하였다. 위 실험에서 클립을 사용하지 않았을 때 체공 시간이 더 길었기 때문에 클립은 사용하지 않았다.

■ 최종 설계

실험 결과를 바탕으로 최종적으로 제작된 종이 헬리콥터에 대한 실험과 평가를 실시하였다. [그림 8-11]은 최종 완성된 종이 헬리콥터의 모습이다. [표 8-3]은 최종 실험 결과를 보여주며, 이때 정확도는 정확한 목표 지점에서 착지 지점까지의 거리를 나타낸다.

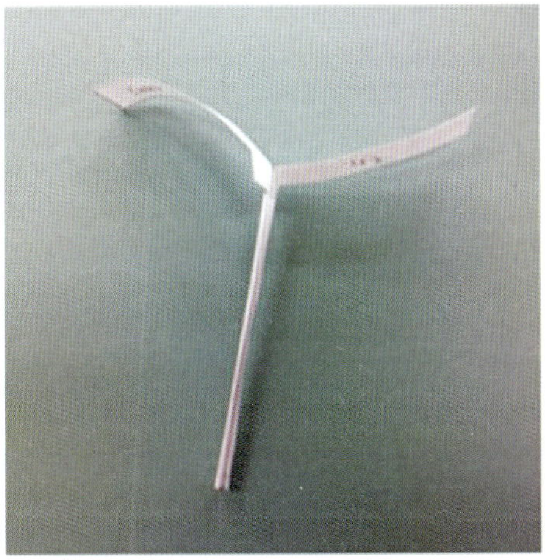

[그림 8-11] 완성된 종이 헬리콥터

[표 8-3] 최종 시험 결과

1회		2회		3회	
체공 시간(초)	정확도(cm)	체공 시간(초)	정확도(cm)	체공 시간(초)	정확도(cm)
5.30	5	5.21	2.5	5.67	12.5
5.81	12.5	5.25	3.5	5.58	30
5.63	17.5	5.49	2	5.39	37.5
5.86	20	5.21	2.5	5.43	10
5.73	15	5.28	4	5.64	20

8.3 종이 헬리콥터 설계 실습

이 절에서는 체공 시간이 가장 긴 종이 헬리콥터를 설계하고, 설계 후에 실험 결과를 비교하는 실습을 시행한다.

1 설계 기준과 제한요소 결정

종이 헬리콥터를 만들기 위해 필요한 설계 기준을 결정한다. 설계 기준은 앞의 예에서 정한 체공 시간, 착지 위치의 정확도 외에 종이 헬리콥터 개발에 적용할 수 있는 다양한 기준을 적용할 수 있다. 제한요소는 본문에서 열거한 일반적인 제한요소 중 종이 헬리콥터에 적용될 수 있는 것뿐만 아니라 그 외에 다른 제한요소를 적용할 수 있다.

[표 8-4] 종이 헬리콥터 설계 기준 결정

종이 헬리콥터 설계 기준
• 기준 1 :
• 기준 2 :
• 기준 3 :

[표 8-5] 종이 헬리콥터 설계 제한요소 결정

종이 헬리콥터 설계 제한요소
• 제한요소 1 :
• 제한요소 2 :
• 제한요소 3 :

2 설계 요약서 작성

설계 기준과 제한요소가 결정되면 설계 요약서를 작성한다. 설계 요약서에는 반드시 일정표를 포함시키고, 전체 분량이 겉표지를 포함해서 5쪽을 넘지 않도록 한다.

[표 8-6] 종이 헬리콥터 설계 요약서 작성

종이 헬리콥터 설계 요약서
1. 제목 표지 2. 목차 3. 팀 구성 4. 문제 정의 – 종이 헬리콥터의 개요 – 종이 헬리콥터의 설계 기준 – 제한요소(예산 및 프로젝트 기간 포함) – 기타 5. 문제 해답에 대한 정성적 분석 – 설계 기준을 만족하기 위한 해결 방안 – 제한요소를 만족하기 위한 방안 – 예상되는 문제점 분석 – 기타 6. 일정 7. 평가 항목 8. 결론 및 요약

3 다양한 해결 방안 모색

종이 헬리콥터를 만들기 위해서는 날개, 본체 및 꼬리의 길이와 폭을 정하는 등 해결해야 할 사항이 매우 많다. 따라서 이 프로젝트를 진행하는 팀원은 하나의 그룹이 되어서 이와 같은 문제를 해결하기 위한 브레인스토밍을 실행해야 한다. 이때 다음 사항에 유의해야 한다.

- 문제가 너무 광범위하지 않아야 하며 구체적이어야 한다.
- 문제의 범위가 너무 크지 않도록 3~4개의 작은 문제로 세분화해야 한다.
- 정의된 문제를 정확하고 명확하게 글로 작성한다.

[표 8-7] 종이 헬리콥터 설계의 문제 정의를 위한 브레인스토밍 실행

종이 헬리콥터 설계의 문제 정의
• 주제 : 종이 헬리콥터 설계를 위한 브레인스토밍 문제 1 : (예) 날개 폭과 길이가 체공 시간과 정확도에 어떤 영향을 미칠 것인가? 문제 2 : (예) 날개 폭과 길이를 얼마로 하는 것이 적절한가? 문제 3 :

다음에는 백그라운드 메모를 작성한다. 백그라운드 메모에는 브레인스토밍의 세션 명칭, 정의된 문제, 일정 및 장소가 포함되도록 한다.

[표 8-8] 종이 헬리콥터 설계를 위한 백그라운드 메모 작성

종이 헬리콥터 설계의 백그라운드 메모
• 세션 명칭 : 종이 헬리콥터 설계를 위한 브레인스토밍 • 정의된 문제 문제 1 : (예) 날개 폭과 길이가 체공 시간과 정확도에 어떤 영향을 미칠 것인가? 문제 2 : (예) 날개 폭과 길이를 얼마로 하는 것이 적절한가? 문제 3 : • 일정 및 장소

진행자가 정의된 세부 문제를 제시하고 브레인스토밍을 실행한다. 진행자가 세부 문제에 대해서 간단하게 설명한 후 참석자는 각 문제에 대한 아이디어를 제안하고 기록원은 제안된 아이디어를 모든 참석자가 볼 수 있도록 기록한다. 브레인스토밍 시간이 종료되면 제안된 아이디어를 나열하고 참석자가 검토해서 유사하거나 현실성이 없는 아이디어는 삭제한다. 최종적으로 가장 관련성이 있어 보이는 아이디어를 선택해서 기록하고 제한된 시간이 완료되면 세션을 종료하고 각 문제에 대해서 선택된 아이디어를 아래 형식에 맞춰 정리한다.

[표 8-9] 종이 헬리콥터 설계의 세부 문제 제시를 위한 브레인스토밍 실행

종이 헬리콥터 설계의 세부 문제 제시
• 문제 1 : (예) 날개 폭과 길이가 체공 시간과 정확도에 어떤 영향을 미칠 것인가? 제안 1 : 날개 폭과 길이를 넓게 하면 낙하할 때 공기저항을 많이 받아서 체공 시간을 늘릴 수 있다. 제안 2 : 날개 폭과 길이를 넓게 하면 전체 무게가 증가해서 낙하 속도가 빨라지기 때문에 체공 시간이 감소한다. 제안 3 : • 문제 2 : 제안 1 : 제안 2 : 제안 3 : • 문제 3 : 제안 1 : 제안 2 : 제안 3 :

4 다양한 문제해결 방안에 대한 분석

브레인스토밍을 통해 얻은 수많은 해결 방안은 분석을 통해서 장단점을 비교해야 한다. 분석 방법으로는 시뮬레이션 및 수학적 분석 등 다양한 방법을 이용할 수 있으며, 종이 헬리콥터의 경우에는 제작하는 데 비용과 시간이 많이 들지 않기 때문에 다양한 모양으로 제작하여 실험 결과를 통계적으로 분석하는 방법도 이용할 수 있다. 그러나 일반적인 프로젝트에서 다양한 모델로 시작품을 제작해서 실험한다는 것은 불가능할 수 있으므로 먼저 실험을 하기 전에 이론적인 분석을 통해 결과를 얻자.

분석 모델에서 헬리콥터에 가해지는 힘 D는 다음과 같다.

$$D = \frac{1}{2}\rho_{\text{air}} V^2 S C_D \qquad (8.1)$$

V : 헬리콥터의 하강 속도
S : 날개의 회전에 의한 면적($S = \pi R r^2$)
ρ_{air} : 공기의 밀도
C_D : 항력 계수(drag coefficient)

종이 헬리콥터는 하강하면서 빠르게 종단속도(steady state velocity) Vss에 도달하게 되며 식 (8.1)이 다음과 같이 유도된다.

$$V_{SS} = \sqrt{\frac{2W}{\rho_{\text{air}} \pi R_r^2 C_D}} \qquad (8.2)$$

W : 헬리콥터의 무게

이 종단속도를 최소로 하는 것은 체공 시간을 최대로 하는 것이기 때문에 이 속도를 최소로 하기 위한 각 입력 변수의 값들을 찾아야 한다. 헬리콥터의 무게는 날개와 본체, 꼬리의 무게 그리고 클립(테이프 포함) 무게의 합으로 주어진다.

$$W = W_{날개} + W_{본체} + W_{꼬리} + W_{클립} \qquad (8.3)$$

본체와 꼬리의 무게는 면적에 종이의 밀도를 곱한 값이다.

$$\boldsymbol{W}_{본체} = \boldsymbol{B}_{\text{l}} \times \boldsymbol{B}_{\text{w}} \times \boldsymbol{\rho}_{\text{paper}} \qquad (8.4)$$

$$\boldsymbol{W}_{꼬리} = \boldsymbol{T}_{\text{l}} \times \boldsymbol{T}_{\text{w}} \times \boldsymbol{\rho}_{\text{paper}} \qquad (8.5)$$

그리고 날개는 두 개이므로 날개 무게는 한쪽 무게의 2배이다.

$$\boldsymbol{W}_{날개} = 2 \times \boldsymbol{R}_{\text{r}} \times \boldsymbol{R}_{\text{w}} \times \boldsymbol{\rho}_{\text{paper}} \qquad (8.6)$$

따라서 식 (8.3)의 무게는 다음과 같이 설계 변수로 표현된다.

$$\boldsymbol{W} = 2 \times \boldsymbol{R}_{\text{r}} \times \boldsymbol{R}_{\text{w}} \times \boldsymbol{\rho}_{\text{paper}} + \boldsymbol{B}_{\text{l}} \times \boldsymbol{B}_{\text{w}} \times \boldsymbol{\rho}_{\text{paper}} + \boldsymbol{T}_{\text{l}} \times \boldsymbol{T}_{\text{w}} \times \boldsymbol{\rho}_{\text{paper}} + \boldsymbol{W}_{클립} \qquad (8.7)$$

따라서 식 (8.7)을 식 (8.2)에 대입했을 때 Vss를 최소로 하는 값을 구할 수 있다. [표 8-10]은 분석에 사용된 설계 변수에 대한 설명과 고정 상수이며 날개, 본체 및 꼬리 등과 같이 헬리콥터를 구성하는 요소들의 크기를 변화시켜가면서 Vss를 최소로 하는 값을 찾아야 한다.

[표 8-10] 종이 헬리콥터를 구성하는 변수 및 파라미터

변수 및 파라미터	설명	값
R_r	날개 반지름	변수
R_w	날개 폭	변수
T_l	꼬리 길이	변수
T_w	꼬리 폭	변수
B_l	본체 길이	변수
B_w	본체 폭	변수
W_{clip}	클립 무게	변수
ρ_{paper}	종이 밀도	0.0075275 g/cm^2
ρ_{air}	공기 밀도	0.0013 g/cm^3
g	중력 상수	980 cm/sec^2
C_D	항력 계수	1.1

여러 개의 입력 변수에서 최적의 값을 찾는 가장 쉬운 방법은 엑셀을 사용하는 것이다. 엑셀에 다양한 값의 변수를 입력하고 Vss가 자동으로 계산되도록 해서 어떤 입력 값에서 Vss가 최소로 되는지를 찾는 것이다. 이때 주의해야 할 점은 종이 헬리콥터에 적용할 수 있는 크기에서 입력 값의 범위를 정해야 한다는 것이다. 따라서 우선 입력할 값의 범위를 정한 다음에 가능한 답을 찾아야 한다. 이 외에 다른 방법을 적용해서 최적의 값을 구할 수도 있다.

[표 8-11] 종이 헬리콥터 설계의 문제해결 방안에 대한 분석

종이 헬리콥터 설계의 문제해결 방안 분석
• 문제 1 : <u>(예) 날개 길이를 얼마로 하는 것이 가장 적절한가?</u> 제안 1 : 공기저항을 많이 받게 하기 위해 길수록 좋다. • 분석 1 : 날개가 길면 낙하할 때 접혀질 수 있으므로 오히려 공기저항을 적게 받을 수 있다. • 분석 2 : 제안 2 : • 분석 1 : • 분석 2 : 제안 3 : • 분석 1 : • 분석 2 :

• 문제 2 :
제안 1 :
• 분석 1 :
• 분석 2 :
제안 2 :
• 분석 1 :
• 분석 2 :

[표 8-12] 문제해결 방안에 대한 수학적 분석

수학적 분석

5 분석 결과에 의한 결정

[표 8-13]은 종이 헬리콥터를 설계할 때 날개, 본체 및 꼬리의 길이와 폭, 그리고 테이프, 클립의 유무와 무게에 대해서 각 기준 항목이 그 중요도에 따른 가중치를 할당받아 점수화된 결정 매트릭스의 예를 보여준다. 종이 헬리콥터를 설계할 때 결정해야 할 항목에는 다른 항목과 기준이 있을 수 있으므로 [표 8-13]을 수정해서 제작할 종이 헬리콥터의 규격을 정해야 한다.

[표 8-13] 종이 헬리콥터에서 가중치를 적용한 결정 매트릭스의 예

해결 방안 / 기준/규격 (가중치)	날개		본체		꼬리		무게		
	길이 (cm)	폭 (cm)	길이 (cm)	폭 (cm)	길이 (cm)	폭 (cm)	클립 (유무)	테이프 (유무)	무게
소요 비용(1)									
제작 기간(2)									
테스트 기간(1)									
재설계 시간(2)									
체공 시간(5)									
정확도(2)									
기타(2)									
총 계									

5 = Best, 1 = Worst

6 설계 제안서 작성

분석을 통해 설계 방향이 결정되면, 설계에 앞서 설계 제안서를 작성해야 한다.

[표 8-14] 종이 헬리콥터 설계 제안서 작성

종이 헬리콥터 설계 제안서
1. 제안서 표지 – 프로젝트 명 – 프로젝트 수행 팀(참여 학생) – 프로젝트 수행 기간 – 소요 비용 – 책임자 서명 2. 프로젝트 제안서 – 프로젝트 개요 : 프로젝트 요약, 도출 과정, 필요성 및 기대효과, 추진 방법 – 결과물 및 평가 방법 : 결과물(설계도, 프로토타입), 성능평가 방법 – 팀원의 역할 분담 – 추진 일정 – 소요 비용 내역서 – 기타

7 상세설계

[그림 8-12]는 종이 헬리콥터를 다양하게 설계한 도면을 보여준다. 네 가지 형태의 설계도면은 각기 다른 종이 헬리콥터의 설계도면이다. 그러나 공통점은 날개, 본체 그리고 꼬리로 이루어져 있으며 각 구성요소마다 정확한 치수가 기입되어있다는 것이다.

이제 종이 헬리콥터의 상세도면을 작성한다. 상세도면에는 [그림 8-12]와 같이 각 구성요소의 정확한 치수가 표시되어야 한다. 또한 사용할 종이의 종류 또는 재질과 테이프, 클립을 사용할 경우 어떤 종류를 사용할 것인가에 대해서도 명시해야 한다.

[표 8-15] 종이 헬리콥터의 상세도면 작성

종이 헬리콥터의 상세도면

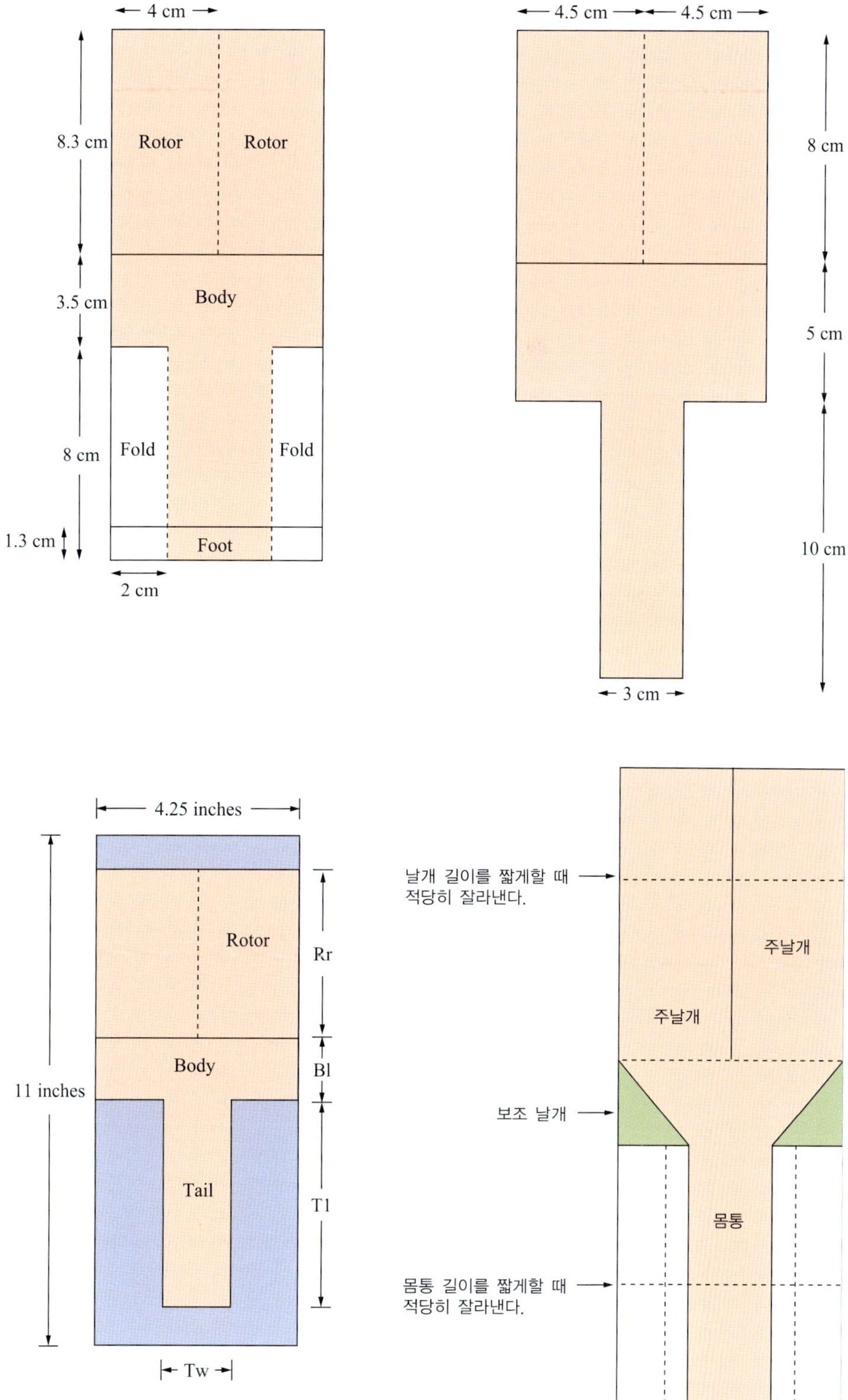

[그림 8-12] 다양한 형태의 종이 헬리콥터의 설계도면

8 테스트와 개선

상세설계를 한 후에 종이 헬리콥터를 제작한다. 제작할 때에는 상세설계서와 같이 참여 팀원이 일을 분장해서 작업을 수행한다. 또한 제작된 종이 헬리콥터에 대해서 설계 초기 단계의 설계 기준을 만족하는지에 대한 성능 테스트를 실시해야 한다. 테스트를 위해서는 설계 기준을 바탕으로 테스트 항목을 결정해야 하며, 각 항목에 대해서 몇 차례의 동일한 테스트를 한 후에 평균 값을 취한다. 설계된 종이 헬리콥터에 대해서 테스트 항목을 결정하고 각 항목에 대한 결과를 [표 8-16]에 채워라.

[표 8-16] 테스트 결과 작성

항목 \ 결과	1차	2차	3차	4차	5차	평균
체공시간(초)						
정확도(cm)						
기타						

설계된 종이 헬리콥터의 테스트 결과가 설계 기준을 만족시키지 못하면 설계를 개선해야 한다. 종이 헬리콥터의 성능을 향상시키기 위해 개선한 것이 있으면 [표 8-17]에 개선한 사항을 설명하고 앞에서와 같은 성능 테스트를 반복해서 실시한다.

[표 8-17] 개선 사항 작성

1차 개선 및 평가 결과	2차 개선 및 평가 결과

9 최종 보고서 작성

종이 헬리콥터의 설계와 제작이 완료되고, 성능 테스트를 실시한 결과가 설계 기준을 만족하면 최종 보고서를 작성한다.

[표 8-18] 종이 헬리콥터 설계 최종 보고서 작성

종이 헬리콥터 설계 최종 보고서
1. 겉표지 – 제목 : 종이 헬리콥터 설계 보고서 – 소속, 팀, 팀 구성원 – 지도 교수 – 날짜 2. 요약 – 설계의 목적, 방법, 범위, 결과, 결론을 포함해야 함. – 1쪽 이내로 작성해야 함. – 전체적인 내용을 파악할 수 있도록 간결하고 명확하게 서술해야 함. 3. 목차 – 보고서의 각 장과 절의 제목과 쪽 번호를 명확하게 표시해야 함. 4. 서론 – 설계의 개요, 문제를 해결하기 위한 가정, 주어진 제한 조건에서 설계를 통한 문제해결 방안을 설명해야 함. 5. 설계 – 실험 과정에서 변경된 사항에 대해서 논의해야 함. – 부록에 있는 데이터를 근거로 설계를 변경하게 된 결론을 설명해야 함. 6. 제작 과정 – 재료를 나열해야 함. – 종이 헬리콥터에 대한 지식이 없는 사람도 보고 따라 할 수 있을 정도로 상세하고 명확하게 서술해야 함. 7. 동작 – 종이 헬리콥터의 체공 시간을 최대로 하고 정확도를 높여서 낙하할 수 있게 한 과정을 단계별로 명확하게 설명해야 함. 8. 결론 – 설계 초기에 세운 가정이 옳았는지 아니면 틀렸는지에 대해서 설명하고, 틀렸다면 그 이유를 설명해야 함. – 최종 설계 결과에 대해 논의하고 개선된 설계가 개선되기 전의 설계보다 성능이 뛰어난 이유에 대해 논의해야 함. – 현재의 설계를 개선시킬 수 있는 방안에 대해 설명해야 함. 9. 부록 – 실험에서 얻어진 모든 데이터를 포함해야 함. – 종이 헬리콥터의 모든 스케치를 포함해야 함. – 다양한 시도를 했을 때의 비교 차트를 포함해야 함.

10 프로젝트의 평가

■ 평가 반영 비율

평가 항목	제품 성능	제품 완성도	프로젝트 활동	보고서 및 발표	합계
배점	40	30	10	20	100
점수					

■ 제품 성능(40점)

배점 / 평가 항목	상(20%)	중상(20%)	중(20%)	중하(20%)	하(20%)
	20	18	16	14	12
체공 시간(초)					
정확도(cm)					
총계					

■ 제품 완성도(30점)

평가 항목	평가 내용	평가 기준	배점	점수
기능성 (15)	종이 헬리콥터가 안정적으로 낙하를 하는가?	아주 안정적으로 낙하를 잘 한다.	15	
		안정적으로 낙하를 잘 하는 편이다.	12	
		안정적이지는 않지만 낙하를 한다.	9	
		낙하하는 모양이 안정적이지 못하다.	6	
		그냥 떨어진다.	3	
내구성 (5)	종이 헬리콥터가 견고하게 제작되었는가?	매우 견고하다.	5	
		견고하다.	3	
		견고하지 못하다.	1	
디자인 (5)	완성된 종이 헬리콥터의 균형이 잘 맞고 보기에 좋은가?	균형과 디자인이 매우 잘 되었다.	5	
		균형과 디자인이 양호하다.	3	
		균형과 디자인이 형편없다.	1	
경제성 (5)	1장의 A4 용지로 몇 개의 헬리콥터가 제작되었는가?	아주 많이 제작되었다.	5	
		많이 제작되었다.	3	
		많이 제작되지 못했다.	1	

■ 프로젝트 활동(10점)

평가 항목	평가 내용	평가 기준	배점	점수
참여도 (5)	프로젝트에 적극적으로 참여 했는가?	관심을 보이고 적극적으로 참여하였다.	5	
		관심은 보이지만 프로젝트에 소극적이었다.	3	
		관심도 없으며 프로젝트에 소극적이었다.	1	
팀워크 (5)	팀원 간의 역할 분담이 잘 되었고 의사소통이 원활했는가?	팀원 간의 역할 분담과 의사소통이 잘 되었다.	5	
		팀원 간의 역할 분담과 의사소통이 보통이다.	3	
		팀원 간의 역할 분담과 의사소통이 잘 안됐다.	1	

■ 보고서 및 발표(20점)

평가 항목	평가 내용	평가 기준	배점	점수
설계서 (5)	설계서의 구성이 잘 되었고, 설계 내용이 충실한가?	설계서의 내용과 구성이 뛰어나다.	5	
		설계서의 내용과 구성이 보통이다.	3	
		설계서의 내용과 구성이 미흡하다.	1	
보고서 (10)	보고서의 구성이 잘 되었고, 본문의 내용 및 그림 데이터가 잘 작성되었나?	보고서의 내용과 구성이 매우 뛰어나다.	10	
		보고서의 내용과 구성이 뛰어난 편이다.	8	
		보고서의 내용과 구성이 보통이다.	6	
		보고서의 내용과 구성이 만족스럽지 못하다.	4	
		보고서의 내용과 구성이 수준 이하이다.	2	
발표 (5)	발표자료가 잘 작성되고 발표 시간 내에 내용을 잘 전달했는가?	발표자료가 잘 작성되었고 발표를 잘 하였다.	5	
		발표자료와 발표가 보통이다.	3	
		발표자료와 발표가 매우 부실하다.	1	

Chapter 09 달걀 낙하 프로젝트

달걀 낙하 프로젝트(egg drop project)는 물리학 이론을 설명하는 설계 주제로, 달걀이 낙하할 때 발생하는 물리적인 충격량을 흡수해서 달걀이 깨지지 않도록 용기를 설계하는 것이다.

학습 목표

- 낙하하는 물체의 물리적인 충격량에 대한 이론을 이해한다.
- 물리적인 충격량을 최소화하는 용기를 설계하고, 이를 낙하하는 달걀에 적용한다.
- 프로젝트의 과정과 결과를 기록하고, 보고서를 작성하는 방법을 익힌다.

9.1 설계 개요

달걀 낙하 프로젝트는 공학입문 설계 주제로 가장 많이 등장하는 주제 가운데 하나이다. 왜냐하면 공학입문 설계는 이론적인 배경을 가지고 이를 분석해서 적용했을 때 가장 최적의 해답을 찾는 과정이 핵심인데, 달걀 낙하 프로젝트는 이러한 구성요소를 모두 포함하고 있기 때문이다. 전통적으로 달걀 낙하 프로젝트는 오랫동안 물리학 이론을 설명하는 설계 주제로 사용되어 왔다. 이 프로젝트는 삶거나 굽지 않은 생 달걀을 감싸는 용기(container)를 제작한 후 일정한 높이에서 떨어뜨린다. 이때 문제는 달걀이 낙하하면서 발생하는 물리적인 충격량이며, 설계 과정에서 이 충격량을 흡수해서 달걀이 깨지지 않도록 용기를 설계하는 것이 문제에 대한 해답이다.

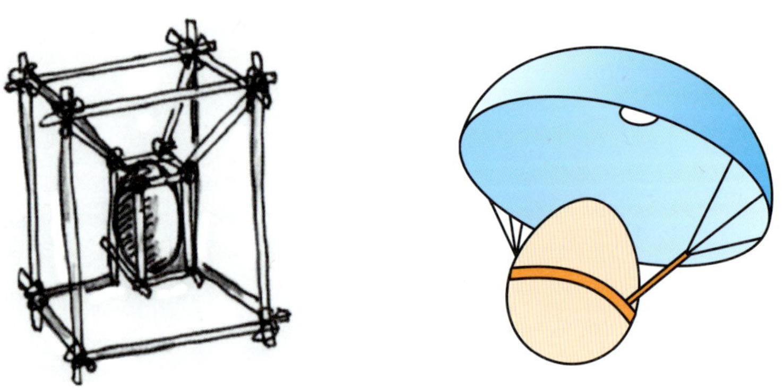

(a) 달걀이 들어갈 수 있는 용기를 설계하는 방법 (b) 달걀이 천천히 낙하할 수 있도록 하는 방법

[그림 9-1] 달걀 낙하의 원리

달걀을 낙하시켜 깨지지 않게 하는 방법은 크게 두 가지로 생각할 수 있다. [그림 9-1(a)]와 같이 달걀이 들어갈 수 있는 용기를 설계하여 달걀이 떨어졌을 때 충격을 흡수할 수 있도록 용기와 달걀을 연결시키는 방법과 [그림 9-1(b)]와 같이 달걀이 천천히 낙하할 수 있도록 하는 방법이다. 이 두 가지 방법 중에 어떤 방법으로 해도 괜찮지만, 본 프로젝트에서는 제약 조건을 일관성 있게 적용하기 위해 첫 번째 방법을 이용하려고 한다.

핵심포인트 **달걀 낙하 프로젝트의 목적**

달걀을 높은 곳에서 떨어뜨려도 깨지지 않게 설계한다. 물리학의 기본 원리를 적용하고 용기를 구성하는 기구를 선택하며, 용기를 다루고 내부에 달걀을 포장함으로써 주어진 다양한 재료를 이용해 기구를 설계하는 방법을 찾는다. 이 과정에서 자유 낙하를 이해하고 재질의 특성에 대해 이해하며, 공학적인 기구로써 제품을 다루는 방법을 배울 수 있게 된다.

이제 달걀 낙하 장치 설계의 제작 과정을 살펴보자. 다음 설계가 반드시 최적의 문제해결 방안이라고 할 수는 없지만, 학생들이 설계하고자 하는 달걀 낙하 장치를 어떻게 분석해서 설계하고, 어떤 실험 과정을 거쳐 개선할 것인가에 대한 참고 자료로 활용할 수 있을 것이다.

9.2 설계 제작 과정

설계하고자 하는 달걀 낙하 장치는 무게중심이 한 가운데 있는 정팔면체 구조를 기본으로 한다. 삼각뿔이나 사각뿔 형태의 구조는 무게중심이 쏠리거나 달걀이 낙하할 때 밖으로 나올 수 있고, 지면에 나무젓가락이 먼저 닿을 수 있는 구조이기 때문에 정팔면체의 안정감 있는 구조를 선택하였다. 달걀을 포장할 소재는 빨대이며 틈이 생기지 않게 촘촘하게 잘 포장했다. 달걀이 흔들리지 않게 고무줄로 모든 정팔면체의 마주보고 있는 꼭짓점에 길게 늘려 연결하였다. [그림 9-2]는 정팔면체 달걀 낙하 장치의 구조를 보여준다.

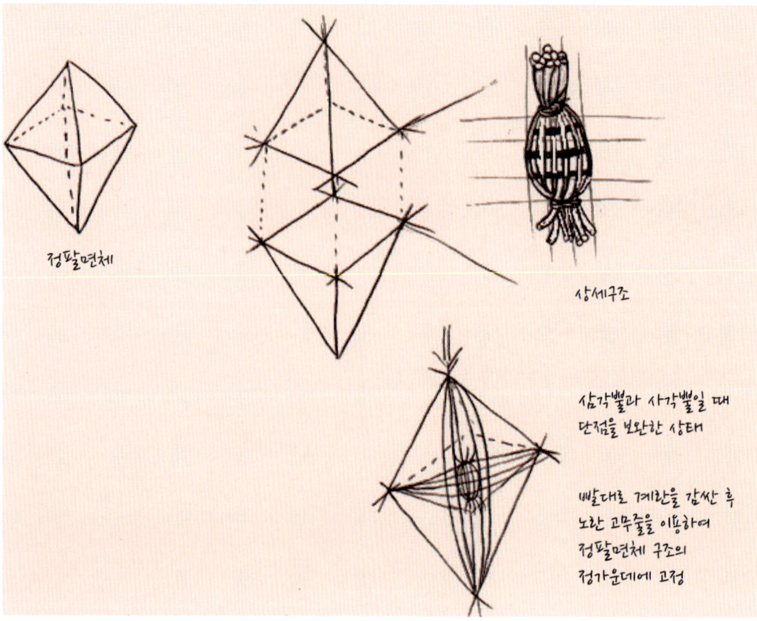

[그림 9-2] 정팔면체 달걀 낙하 장치의 구조

재료 및 준비물

달걀 낙하 장치를 제작하기 위한 재료 및 준비물은 [그림 9-3]과 같다. 또한, 기본적인 작업을 위해 칼과 가위, 자가 필요하다.

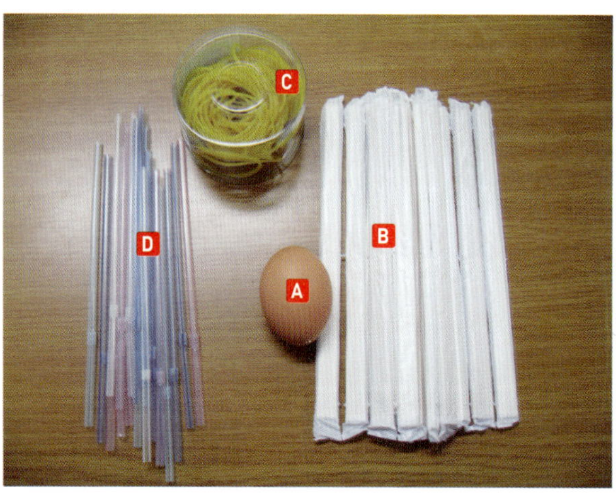

- **A** 달걀
- **B** 나무젓가락
- **C** 고무줄
- **D** 빨대
- **E** 스테이플러
- **F** 칼
- **G** 자
- **H** 가위

[그림 9-3] 달걀 낙하 프로젝트의 재료 및 준비물

외부 용기 제작

❶ 달걀 낙하 장치의 외부 용기 형태는 정팔면체로 설계한다. 지면에 떨어지는 순간 적절하게 충격력을 버틸 수 있기 때문이다. 정팔면체는 모두 12개의 모서리로 구성되므로 6쌍의 나무젓가락을 12개로 나누어서 모서리를 구성한다.

[그림 9-4] 6쌍의 나무젓가락을 12개로 분리

❷ 정팔면체의 윗부분을 구성하기 위해 4개의 젓가락 끝을 모아서 하나의 꼭지를 만든 후에 [그림 9-5]와 같이 고무줄로 고정시키고 텐트 모양으로 펼친다. 같은 방법으로 정팔면체의 아랫부분을 똑같은 모양으로 제작한다.

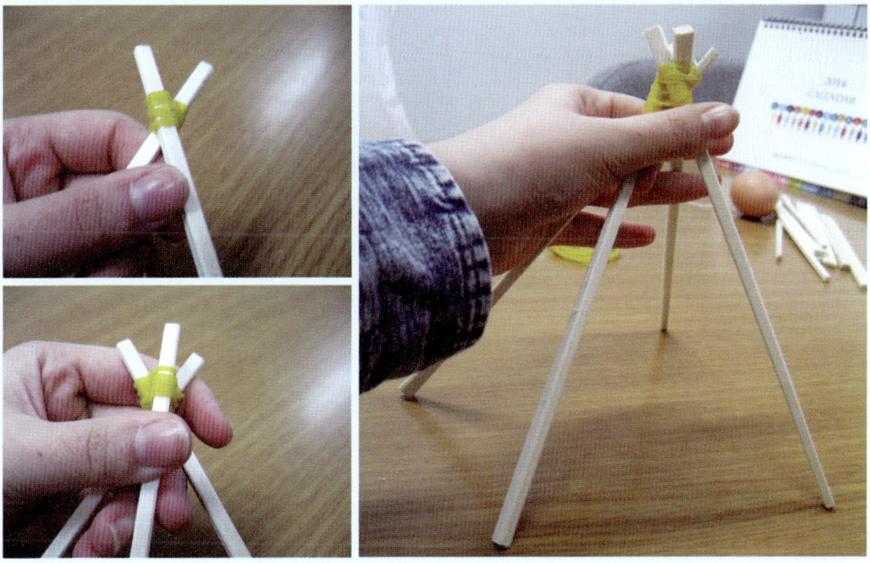

[그림 9-5] 팔면체의 윗부분 꼭지 만들기

❸ 텐트 모양으로 펼쳐진 나무젓가락이 형태를 유지할 수 있도록 [그림 9-6]과 같이 꼭지 반대 부분을 다른 나무젓가락과 고무줄을 이용해 고정시킨다.

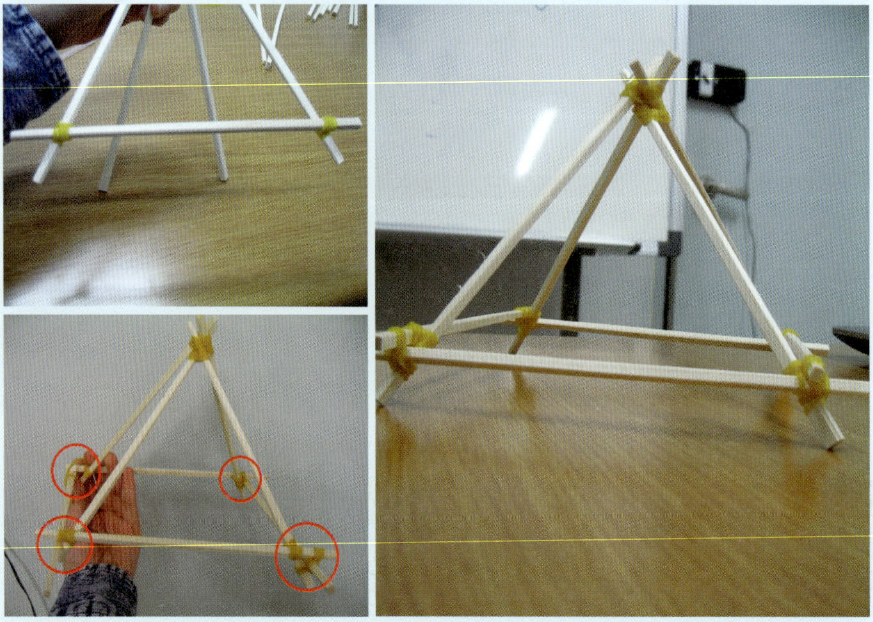

[그림 9-6] 꼭지 반대 부분 고정시키기

❹ 정팔면체를 만들기 위해 앞에서 제작한 아랫부분을 [그림 9-7]과 같이 윗부분과 포갠 후에 4개의 꼭지 부분을 고무줄로 고정시켜 완성한다.

[그림 9-7] 완성된 정팔면체

달걀의 포장 제작

❺ 외부 용기를 제작한 후에는 충격을 흡수할 수 있는 빨대로 달걀을 포장해야 한다. 달걀을 포장하는 빨대는 낙하 장치가 떨어졌을 때 달걀이 받는 충격을 완화하는 완충 역할을 할 수 있어야 한다. 먼저 [그림 9-8]과 같이 여러 개의 빨대를 하나로 모아 양쪽을 고무줄로 단단히 묶은 다음에 달걀이 들어갈 수 있도록 가운데 부분을 둥글게 벌린다.

[그림 9-8] 여러 개의 빨대 양쪽을 고무줄로 묶기

❻ 벌린 부분에 달걀을 집어넣는다.

[그림 9-9] 빨대 가운데에 달걀 넣기

❼ 달걀을 넣은 후 달걀이 빠지지 않도록 하기 위해 다른 빨대를 지그재그로 움직여 달걀을 감싸고, 감싼 빨대가 움직이지 않도록 [그림 9-10]과 같이 스테이플러나 고무줄로 고정한다.

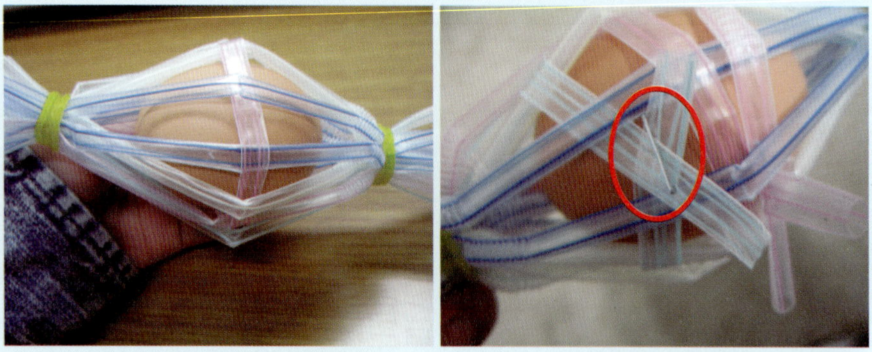

[그림 9-10] 빨대로 달걀을 감싼 후 감싼 빨대 고정시키기

포장된 달걀과 외부 용기의 결합

❽ 포장된 달걀을 고무줄로 외부 용기의 내부에 고정시킨다. 고무줄은 최대한 팽팽하게 당겨야 한다. 그래야 달걀 낙하 장치가 지면에 부딪혔을 때 충격을 줄일 수 있으며, 달걀이 움직이지 않도록 고정할 수 있다. [그림 9-11]과 같이 포장된 달걀을 정팔면체 외부 용기의 한 꼭짓점에 고무줄을 이용해 매달아 놓는다. 그리고 포장된 달걀의 다른 방향도 반대편 꼭짓점에 매달아 놓는다.

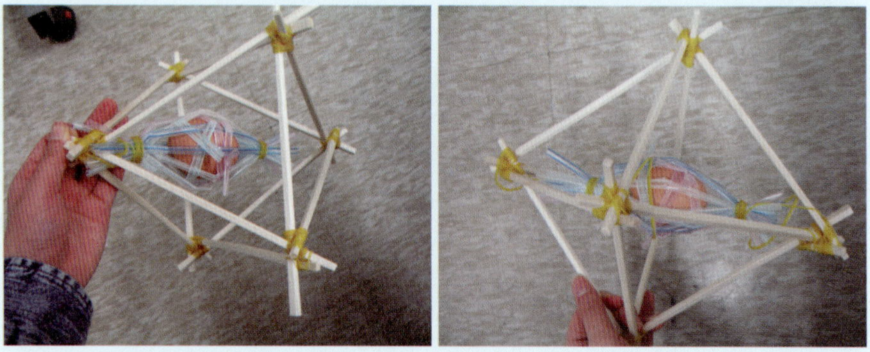

[그림 9-11] 포장된 달걀의 양끝을 정팔면체 꼭짓점에 매달기

❾ [그림 9-12]와 같이 고무줄을 한 꼭짓점에 걸어서 늘어뜨린 다음에 반대편 꼭짓점에 걸어 놓는다.

[그림 9-12] 고무줄을 정팔면체의 양 꼭짓점에 걸기

❿ 달걀이 빠져 나오지 않도록 고무줄로 여러 겹 감싸면 정팔면체 달걀 낙하 장치가 완성된다. [그림 9-13]은 완성된 달걀 낙하 장치를 보여준다.

[그림 9-13] 완성된 달걀 낙하 장치

달걀 낙하 설계 사례

달걀 낙하 설계는 다른 설계에 비해 더욱 다양한 모양으로 개발이 가능하다. 따라서 이 프로젝트를 시작하기 전에는 조건을 동일하게 하기 위해 사용 가능한 재료와 제한요소를 명확하게 제시해야 한다. 이 프로젝트에서는 달걀을 천천히 낙하시키는 것이 아니라 용기 안에 넣어 낙하시켜야 하는 등 제한요소가 따른다. [그림 9-14]는 여러 프로젝트에서 개발한 다양한 모양의 달걀 낙하 장치를 보여준다.

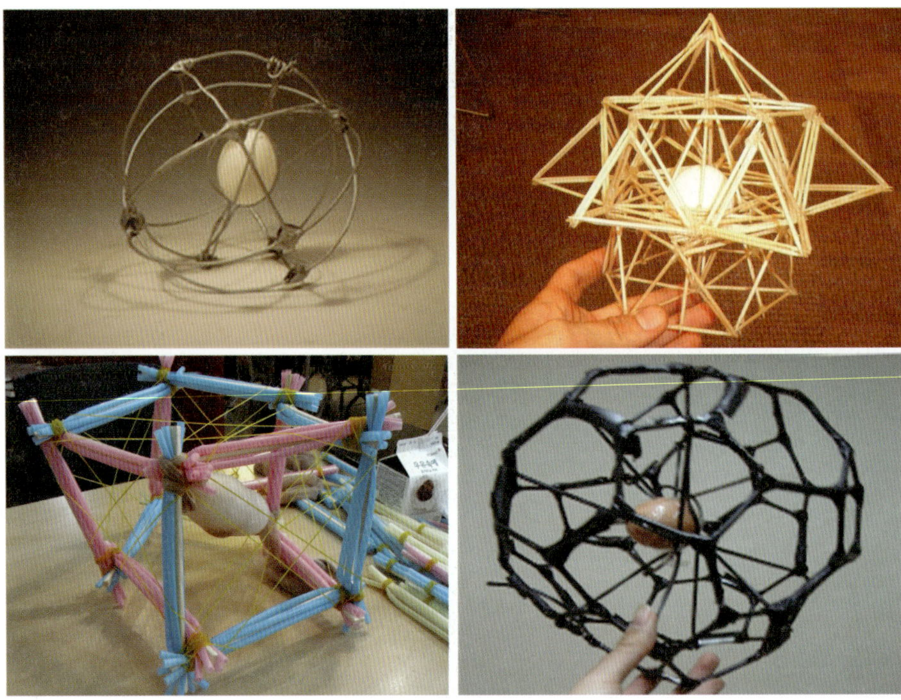

[그림 9-14] 다양한 달걀 낙하 장치

■ 이론 및 설계

이 프로젝트의 중요한 설계 조건은 달걀의 충격을 흡수하도록 부드러운 천이나 헝겊으로 달걀을 포장하면 안 된다는 것이다. 또한 용기를 제작할 때 사용할 수 있는 재료에 제한을 두어야 한다. 본 사례에 사용할 수 있는 재료는 나무젓가락 10개, 빨대 20개, 고무밴드 20개로 제한하였다. 장치를 개발하기 전에 역학적 에너지 보존 법칙에 대한 분석을 실시했다. 그 결과, 장치가 항상 일정한 높이에서 낙하하기 때문에 높은 위치에서 낙하하기 전에는 위치 에너지를 가지고 있지만 낙하하면서 위치 에너지는 운동 에너지로 바뀌면서 에너지 총량은 보존된다는 사실을 확인했다. 따라서 가장 핵심은 달걀이 땅에 도달했을 때 달걀이 받는 충격을 최소화하는 것으로 분석했다.

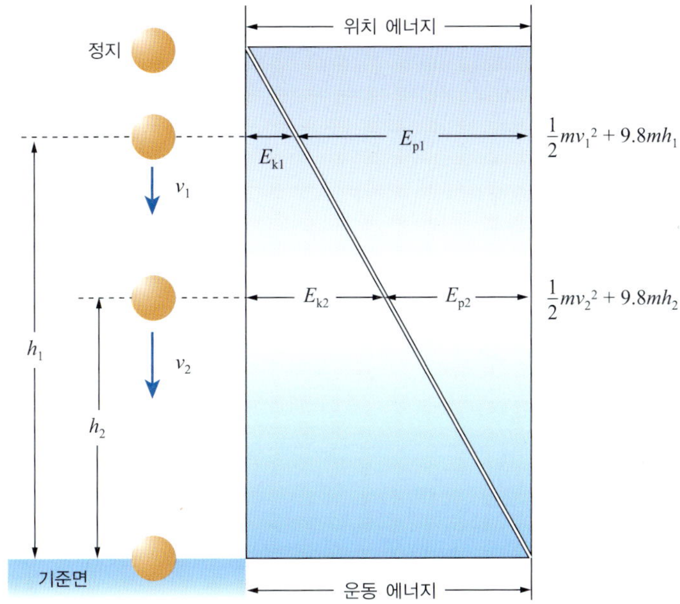

[그림 9-15] 위치 에너지와 운동 에너지

[그림 9-15]는 낙하하는 물체의 역학적 에너지 전환과 보존에 대해 보여주고 있다. 질량 m인 물체가 기준면으로부터 높이 h_1인 곳에서 h_2인 곳으로 낙하할 때 감소한 위치 에너지와 증가한 운동 에너지는 같다. 이를 식으로 정리하면 다음과 같다.

$$\frac{1}{2}mv_1^2 + 9.8mh_1 = \frac{1}{2}mv_2^2 + 9.8mh_2$$

충격량은 작용한 힘과 시간의 곱으로 나타내기 때문에 다음과 같이 표현할 수 있다.

충격량 = 충격력 × 시간

충격력 = 충격량 / 시간

위의 식에서 충격량은 낙하하는 달걀의 운동량에 의해서 발생하기 때문에 동일한 높이에서 떨어뜨린다면 달걀이 지면에 닿았을 때 운동량의 변화량, 즉 충격량은 항상 일정하다. 따라서 달걀이 지면에 닿는 순간의 시간을 늘리면 충격력은 감소하게 된다. 위의 이론으로 정리하면 충격력을 최소화하기 위해서는 탄성을 가지고 있는 고무줄과 빨대가 충격을 흡수하는 것이 중요하며, 나무젓가락은 탄성이 적기 때문에 구조물을 고정시키는 역할만 하도록 설계해야 한다.

9.3 달걀 낙하 장치 설계 실습

이 절에서는 앞에서 보여준 달걀 낙하 장치의 설계 제작 과정을 참고해서 충격량을 최소화하는 낙하 장치를 설계한다.

1 설계 기준과 제한요소 결정

달걀 낙하 장치를 만들기 위해 필요한 설계 기준과 제한요소를 결정한다. 설계 기준은 앞에서 살펴본 달걀이 깨지지 않는 높이, 정해진 낙하 위치, 달걀이 깨지지 않아야 한다는 기준 외에 달걀 낙하 장치 개발에 적용할 수 있는 다양한 기준을 적용할 수 있다. 제한요소는 본문에서 열거한 일반적인 제한요소 중 달걀 낙하 장치에 적용될 수 있는 것뿐만 아니라 그 외에 다른 제한요소를 적용할 수 있다.

[표 9-1] 달걀 낙하 장치 설계 기준 결정

달걀 낙하 장치 설계 기준
• 기준 1 :
• 기준 2 :
• 기준 3 :

[표 9-2] 달걀 낙하 장치 설계 제한요소 결정

달걀 낙하 설계 제한요소
• 제한요소 1 :
• 제한요소 2 :
• 제한요소 3 :

2 설계 요약서 작성

설계 기준과 제한요소가 결정되면 설계 요약서를 작성한다. 설계 요약서에는 반드시 일정표를 포함시키고, 전체 분량이 겉표지를 포함해 5쪽을 넘지 않도록 한다.

[표 9-3] 달걀 낙하 장치 설계 요약서 작성

달걀 낙하 장치 설계 요약서
1. 제목 표지
2. 목차
3. 팀 구성
4. 문제 정의 – 달걀 낙하 장치의 개요 – 달걀 낙하 장치의 설계 기준 – 제한요소(예산 및 프로젝트 기간 포함) – 기타
5. 문제 해답에 대한 정성적 분석 – 설계 기준을 만족하기 위한 해결 방안 – 제한요소를 만족하기 위한 방안 – 예상되는 문제점 분석 – 기타
6. 일정
7. 평가 항목
8. 결론 및 요약

3 다양한 해결 방안 모색

달걀 낙하 장치를 만들기 위해서는 재료, 구조물의 형태, 연결 방법 등 결정해야 할 사항이 매우 많다. 따라서 이 프로젝트를 진행하는 팀원은 하나의 그룹이 되어서 이와 같은 문제를 해결하기 위한 브레인스토밍을 실행해야 한다. 이때 다음 사항을 유의해야 한다.

- 문제가 너무 광범위하지 않아야 하며 구체적이어야 한다.
- 문제의 범위가 너무 넓지 않도록 3~4개의 작은 문제로 세분해야 한다.
- 정의된 문제를 정확하고 명확하게 글로 작성한다.

[표 9-4] 달걀 낙하 장치 설계의 문제 정의를 위한 브레인스토밍 실행

달걀 낙하 장치 설계의 문제 정의
• 주제 : 달걀 낙하 장치 설계를 위한 브레인스토밍 문제 1 : (예) 달걀을 감싸는 구조물은 어떤 형태를 갖는 것이 가장 충격을 많이 흡수할 수 있을까? 문제 2 : 문제 3 :

다음은 백그라운드 메모를 작성한다. 백그라운드 메모에는 브레인스토밍의 세션 명칭, 정의된 문제, 일정 및 장소가 포함되도록 한다.

[표 9-5] 달걀 낙하 장치 설계를 위한 백그라운드 메모 작성

달걀 낙하 장치 설계 백그라운드 메모
• 세션 명칭 : 달걀 낙하 장치 설계를 위한 브레인스토밍 • 정의된 문제 문제 1 : (예) 충격을 가장 잘 흡수할 수 있는 구조물의 형태는 무엇인가? 문제 2 : 문제 3 : • 일정 및 장소

진행자가 정의된 세부 문제를 제시하고 브레인스토밍을 실행한다. 진행자가 세부 문제에 대해서 간단하게 설명한 후 참석자는 각 문제에 대한 아이디어를 제안하고 기록원은 제안된 아이디어를 모든 참석자가 볼 수 있도록 기록한다. 브레인스토밍 시간이 종료되면 제안된 아이디어를 나열하고 참석자가 검토해서 유사하거나 현실성이 없는 아이디어는 삭제한다. 최종

적으로 가장 관련성이 있어 보이는 아이디어를 선택해서 기록하고 제한된 시간이 완료되면 세션을 종료하고 각 문제에 대해서 선택된 아이디어를 아래 형식에 맞춰 정리한다.

[표 9-6] 달걀 낙하 장치 설계의 세부 문제 제시를 위한 브레인스토밍 실행

달걀 낙하 장치 설계의 세부 문제 제시
• **문제 1 : (예) 나무젓가락으로 만드는 외부 구조물은 어떤 형태가 적절한가?** 제안 1 : 땅에 닿을 때 충격을 가장 많이 분산할 수 있는 풀러렌(fullerene) 구조가 가장 적합하다. 제안 2 : 빨대로 감싼 달걀을 구조물 내부의 중간에 고정시키기 쉬운 사각형 구조가 적합하다. 제안 3 : • **문제 2 :** 제안 1 : 제안 2 : 제안 3 : • **문제 3 :** 제안 1 : 제안 2 : 제안 3 :

4 다양한 문제해결 방안에 대한 분석

브레인스토밍을 통해 얻어진 수많은 해결 방안은 분석을 통해 장단점을 비교해야 한다. 분석 방법으로는 시뮬레이션 및 수학적 분석 등 다양한 방법을 이용할 수 있으며, 시뮬레이션을 하기 위해서는 기존의 시뮬레이션 프로그램을 사용하거나 프로그램을 작성해야 한다.

또한 달걀 낙하의 경우 수학적인 분석 중 낙하 물체에 대한 위치 에너지와 운동 에너지는 분석이 가능하지만 사용하는 재료가 충격을 어떻게 흡수하는지 분석이 쉽지 않을 수 있다. 그러므로 위의 사례에서 달걀이 지면에 닿는 순간의 충격력을 최소로 해야 한다는 점을 참고하고, 충격을 가장 분산할 수 있는 외부 용기의 형태와 외부 용기에 가해지는 충격이 달걀에 전달되지 않게 하는 방법에 대한 정성적인 분석이 수행되어야 한다.

[표 9-7] 달걀 낙하 장치 설계의 문제해결 방안에 대한 분석

달걀 낙하 장치 설계의 문제해결 방안 분석
• 문제 1 : (예) 달걀을 포함하는 외부 용기는 어떤 것이 가장 안전한가? 제안 1 : 지면을 닿을 때 충격을 최소화하기 위해 풀러렌 구조가 가장 안전하다. • 분석 1 : 외부 용기의 제작이 어렵고 재료가 많이 소모되기 때문에 효율적이지 못하다. • 분석 2 : 제안 2 : 나무젓가락을 사용한 피라미드 구조가 바람직하다. • 분석 1 : • 분석 2 : 제안 3 : • 분석 1 : • 분석 2 :
• 문제 2 : 제안 1 : • 분석 1 : • 분석 2 : 제안 2 : • 분석 1 : • 분석 2 :

5 분석 결과에 의한 결정

[표 9-8]은 달걀 낙하 장치를 설계할 때 외부 용기의 형태에 따라 각 기준 항목이 그 중요도에 따른 가중치를 할당받아 점수화된 결정 매트릭스의 예를 보여준다. 달걀 낙하 장치를 설계할 때 결정해야 할 항목은 다른 항목과 기준이 있을 수 있으므로 [표 9-8]을 수정해서 제작할 달걀 낙하 장치의 규격을 정해야 한다.

[표 9-8] 달걀 낙하 장치에서 가중치를 적용한 결정 매트릭스의 예

해결 방안 / 기준/규격(가중치)	외부 용기의 형태				
	풀러렌	피라미드			
소요 비용(1)					
제작 기간(2)					
테스트 기간(1)					
재설계 시간(2)					
정확도(3)					
총 계					
					5 = Best, 1 = Worst

6 설계 제안서 작성

분석을 통해 설계 방향이 결정되면, 설계에 앞서 설계 제안서를 작성해야 한다.

[표 9-9] 달걀 낙하 장치 설계 제안서 작성

달걀 낙하 장치 설계 제안서
1. 제안서 표지 – 프로젝트 명 – 프로젝트 수행 팀(참여 학생) – 프로젝트 수행 기간 – 소요 비용 – 책임자 서명 2. 프로젝트 제안서 – 프로젝트 개요 : 프로젝트 요약, 도출 과정, 필요성 및 기대효과, 추진 방법 – 결과물 및 평가 방법 : 결과물(설계도, 프로토타입), 성능평가 방법 – 팀원의 역할 분담 – 추진 일정 – 소요 비용 내역서 – 기타

7 상세설계

[그림 9-16]은 달걀 낙하 장치의 설계도면이다. 각 설계도면은 외부 용기의 형태와 크기, 그리고 고무줄을 연결해서 고정시키는 방법 등을 설명과 함께 그림으로 나타내고 있다. 특히 달걀 낙하 장치는 상세설계도만으로 정확하게 표현하는 것이 쉽지 않다. 따라서 도면에 추가적으로 나무젓가락을 연결하는 방법, 달걀의 충격을 흡수하기 위해 포장하는 방법과 같은 설명을 상세하게 적어야 한다.

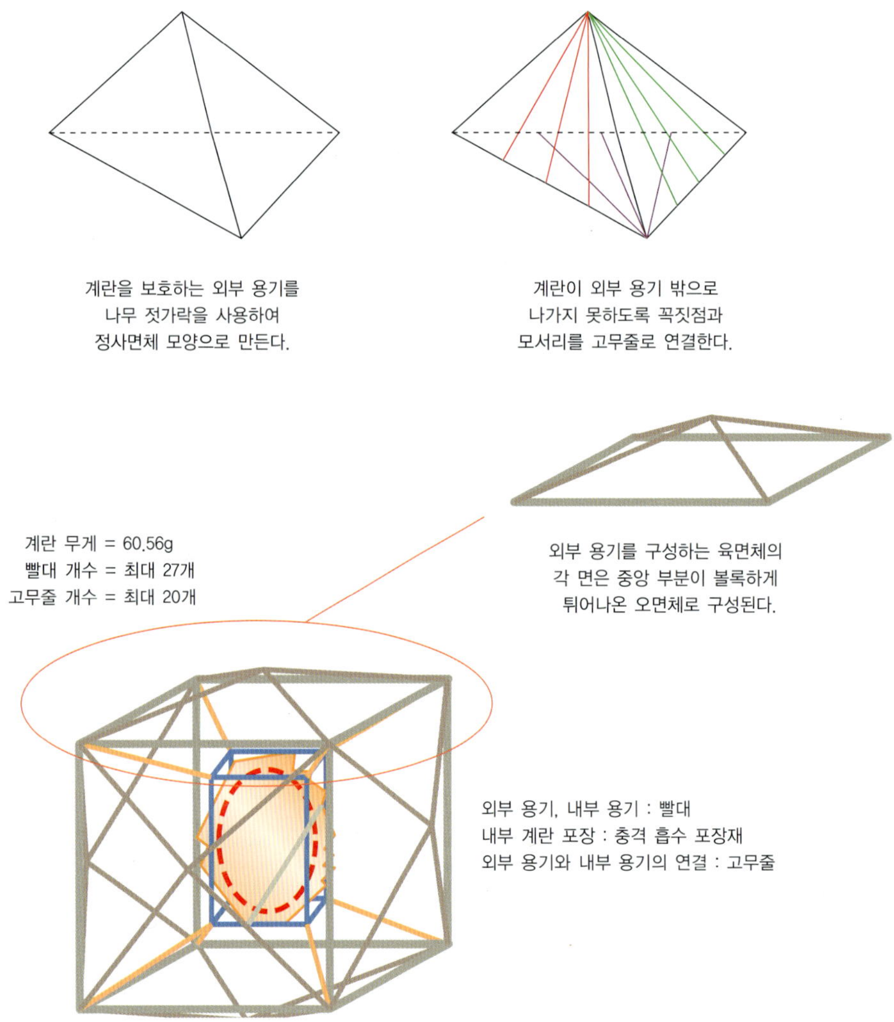

[그림 9-16] 달걀 낙하 장치 설계도면

상세도면에는 [그림 9-16]과 같이 형태, 크기, 각 구성요소를 연결하는 방법에 대한 설명이 있어야 한다. 이외에도 그림만으로 설명할 수 없는 부분을 상세하게 기술해야 한다.

[표 9-10] 달걀 낙하 장치의 상세도면 작성

달걀 낙하 장치의 상세도면

8 테스트와 개선

상세설계를 한 후에 달걀 낙하 장치를 제작한다. 이때 상세설계서에 따라 팀원은 일을 분장해야 한다. 그리고 달걀 낙하 장치가 설계 초기 단계의 설계 기준을 만족하는지 성능 테스트를 실시해야 한다. 이를 위해서는 설계 기준을 바탕으로 테스트 항목을 결정해야 한다. 달걀 낙하 장치는 동시에 여러 개를 제작하는 것이 어렵고 달걀이 깨진 경우에는 다시 테스트하는 것이 불가능하므로 한 번의 테스트로 결과를 평가한다. 그러나 달걀이 깨지지 않은 경우에는 낙하 지점을 측정하는 테스트를 수차례에 걸쳐서 시행할 수 있다. 각 항목을 테스트한 후에 그 결과를 [표 3-2]에 채워라.

[표 9-11] 테스트 결과 작성

결과 / 항목	1차	2차	3차
달걀 파손 여부			
정확도(cm)			

설계된 달걀 낙하 장치의 테스트 결과가 설계 기준을 만족시키지 못하면 설계를 개선해야 한다. 달걀 낙하 장치의 성능을 향상시키기 위해 개선한 것이 있으면 [표 9-12]에 개선한 사항을 설명하고 앞에서 실시한 성능 테스트를 반복해서 실시한다.

[표 9-12] 개선 사항 작성

1차 개선 및 평가 결과	2차 개선 및 평가 결과

9 최종 보고서 작성

달걀 낙하 장치의 설계와 제작이 완료되고, 성능 테스트를 실시한 결과가 설계 기준을 만족하면 최종 보고서를 작성한다.

[표 9-13] 달걀 낙하 장치 설계 최종 보고서 작성

달걀 낙하 장치 설계 최종 보고서
1. 겉표지 – 제목 : 달걀 낙하 장치 설계 보고서 – 소속, 팀, 팀 구성원 – 지도 교수 – 날짜 2. 요약 – 설계의 목적, 방법, 범위, 결과, 결론을 포함해야 함. – 1쪽 이내로 작성해야 함. – 전체적인 내용을 파악할 수 있도록 간결하고 명확하게 서술해야 함. 3. 목차 – 보고서의 각 장과 절의 제목과 쪽 번호를 명확하게 표시해야 함. 4. 서론 – 설계의 개요, 문제를 해결하기 위한 가정, 주어진 제한 조건에서 설계를 통한 문제해결 방안을 설명해야 함. 5. 설계 – 실험 과정에서 변경된 사항에 대해서 논의해야 함. – 부록에 있는 데이터를 근거로 설계를 변경하게 된 결론을 설명해야 함. 6. 제작 과정 – 재료를 나열해야 함. – 달걀 낙하에 대한 지식이 없는 사람도 보고 따라 할 수 있을 정도로 상세하고 서술해야 함. 7. 결론 – 설계 초기에 세운 가정이 옳았는지 아니면 틀렸는지에 대해 설명하고, 틀렸다면 그 이유를 설명해야 함. – 최종 설계 결과에 대해 논의하고 개선된 설계가 개선되기 전의 설계보다 성능이 뛰어난 이유에 대해 논의해야 함. – 현재의 설계를 개선시킬 수 있는 방안에 대해 설명해야 함. 8. 부록 – 실험에서 얻어진 모든 데이터를 포함해야 함. – 달걀 낙하 장치의 모든 스케치를 포함해야 함. – 다양한 시도를 했을 때의 비교 차트를 포함해야 함.

10 프로젝트의 평가

■ 평가 반영 비율

평가 항목	제품 성능	제품 완성도	프로젝트 활동	보고서 및 발표	합계
배점	40	30	10	20	100
점수					

■ 제품 성능(40점)

배점 / 평가 항목	상(안 깨졌음)	중(조금 깨졌음)	하(깨졌음)	달걀, 정확도 미달
	20	16	12	8
달걀의 손상 정도				
정확도(cm)				
총계				

■ 제품 완성도(30점)

평가 항목	평가 내용	평가 기준	배점	점수
내구성 (10)	완성된 달걀 낙하 장치가 견고하게 제작되었는가?	매우 견고하다.	5	
		견고하다.	3	
		견고하지 못하다.	1	
디자인 (10)	완성된 달걀 낙하 장치의 상하좌우 균형이 잘 맞고 보기에 좋은가?	균형과 디자인이 매우 잘 되었다.	5	
		균형과 디자인이 양호하다.	3	
		균형과 디자인이 형편없다.	1	
경제성 (10)	경제적으로 제작되었는가?	소요된 경비가 매우 적다.	5	
		소요된 경비가 적다.	3	
		경비가 많이 소요되었다.	1	

■ 프로젝트 활동(10점)

평가 항목	평가 내용	평가 기준	배점	점수
참여도 (5)	프로젝트에 적극적으로 참여 했는가?	관심을 보이고 적극적으로 참여하였다.	5	
		관심은 보이지만 프로젝트에 소극적이었다.	3	
		관심도 없으며 프로젝트에 소극적이었다.	1	
팀워크 (5)	팀원 간의 역할 분담이 잘 되었고 의사소통이 원활했는가?	팀원 간의 역할 분담과 의사소통이 잘 되었다.	5	
		팀원 간의 역할 분담과 의사소통이 보통이다.	3	
		팀원 간의 역할 분담과 의사소통이 잘 안됐다.	1	

■ 보고서 및 발표(20점)

평가 항목	평가 내용	평가 기준	배점	점수
설계서 (5)	설계서의 구성이 잘 되었고, 설계 내용이 충실한가?	설계서의 내용과 구성이 뛰어나다.	5	
		설계서의 내용과 구성이 보통이다.	3	
		설계서의 내용과 구성이 미흡하다.	1	
보고서 (10)	보고서의 구성이 잘 되었고, 본문의 내용 및 그림 데이터가 잘 작성되었는가?	보고서의 내용과 구성이 매우 뛰어나다.	10	
		보고서의 내용과 구성이 뛰어난 편이다.	8	
		보고서의 내용과 구성이 보통이다.	6	
		보고서의 내용과 구성이 만족스럽지 못하다.	4	
		보고서의 내용과 구성이 수준 이하이다.	2	
발표 (5)	발표 자료가 잘 작성되고 발표 시간 내에 내용을 잘 전달했는가?	발표 자료가 잘 작성되었고 발표를 잘 하였다.	5	
		발표 자료와 발표가 보통이다.	3	
		발표 자료와 발표가 매우 부실하다.	1	

Chapter 10

스파게티 다리 프로젝트

스파게티 다리 프로젝트(spaghetti bridge project)는 스파게티를 이용해서 구조적으로 가장 튼튼한 다리를 설계하는 것이다. 이를 통해 무거운 하중을 견디기 위한 기둥과 힘을 어떻게 분산시켜야 하는지에 대한 물리적 이론을 이해한다.

학습 목표

- 건축학에서 가장 기본이 되는 구조역학의 이론을 이해한다.
- 다리의 구조를 이해하고, 가장 튼튼한 다리의 구조를 설계한다.
- 프로젝트의 과정 결과를 기록하고, 보고서를 작성하는 방법을 익힌다.

10.1 설계 개요

스파게티 다리는 스파게티 또는 건조된 국수로 만드는 다리의 축소 모델이다. 이 프로젝트는 설계 프로젝트에 활용되기도 하고 스파게티 다리 경연대회에 출전하기 위해 진행되기도 한다. 이 프로젝트의 목적은 스파게티 또는 접착제 등 제한된 재료를 사용해 일정한 시간 동안 무게를 지탱하는 다리를 제작하는 것이다. 경연대회에서는 주어진 짧은 시간 동안 큰 무게를 견디는 다리가 우승하게 된다. 스파게티 다리 경연대회는 세계 각지에서 열리고 있는데, 2012년 캐나다에서 열린 세계 스파게티 경연대회에서 우승을 차지한 다리의 무게는 967.02g이었으나, 무려 384kg의 무게를 견뎠다. 이 대회는 국내 대학에서도 열리고 있으며, 창의적 공학설계 교과과정에서 팀 단위로 참가하는 것도 재미있는 경험이 될 것이다. [그림 10-1]은 2012년 세계 스파게티 경연대회 우승자의 다리가 무게를 지탱하는 모습을 보여준다.

[그림 10-1] 2012년 세계 스파게티 경연대회 우승자의 다리

핵심포인트 **스파게티 다리 프로젝트의 목적**

스파게티를 이용해서 무거운 하중을 견디는 다리를 설계한다. 튼튼한 다리를 설계하는 과정을 통해 다리가 무거운 하중을 견디기 위해 사용되는 스파게티의 재질과 특성, 다리를 지탱하는 기둥과 힘을 분산시키는 물리적 이론을 이해한다.

10.2 설계 제작 과정

먼저 설계를 하기 전에 다리 형태를 트러스형 구조와 아치형 구조 중에서 선택하기로 했다. 두 구조를 비교한 결과, 트러스형 구조는 아치형 구조보다 만들기 쉽고 시간을 절약할 수 있다는 장점이 있고, 아치형 구조는 제작하는 데 시간은 오래 걸리지만 좀 더 정교하고 튼튼한 구조이다. 주로 사용하는 스파게티 면은 넓고 납작한 페투치네 면을 사용한다. 하단에 세울 스파게티 기둥의 수는 처음에 4개로 설계했으나 좀 더 견고하게 만들기 위해 8개로 늘렸다. 이때 삼각형 틀의 각도는 20°로 하되, 조금 더 버틸 수 있도록 삼각형 틀 중간에 기둥을 설치하였다. [그림 10-2]는 아치형 스파게티 다리의 구조를 보여준다.

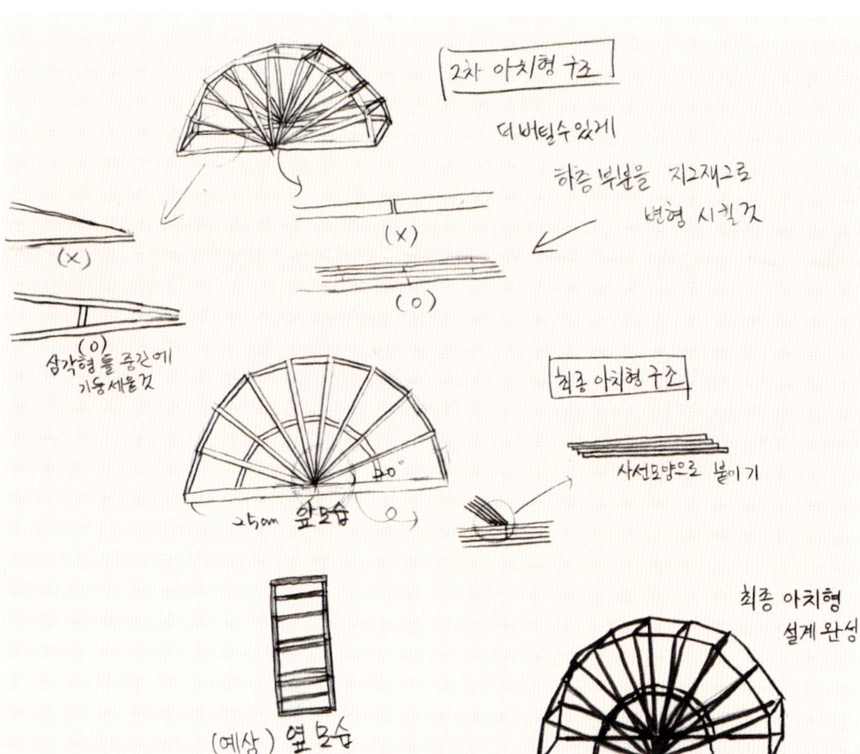

[그림 10-2] 아치형 스파게티 다리의 구조

재료 및 준비물

스파게티 다리를 제작하기 위한 재료 및 준비물은 [그림 10-3]과 같다. 주로 스파게티 면과 글루건이 사용되고, 칼과 자, 기둥 사이의 각도를 측정하기 위한 각도기가 필요하다.

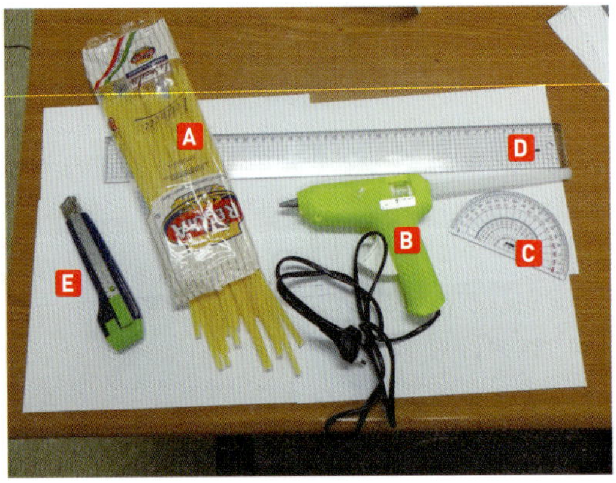

A 스파게티 면
B 글루건
C 각도기
D 자
E 칼

[그림 10-3] 스파게티 다리 프로젝트의 재료 및 준비물

설계 과정

다리 하부 제작 과정

❶ [그림 10-4]은 완성된 스파게티 다리의 하부를 보여준다. 가장 먼저 화살표로 표시된 다리의 하부를 제작한다. 다리의 하부는 하중을 버티는 가장 중요한 부분이기 때문에 견고하게 제작해야 한다. 기본적으로 다리를 만들기 위해서는 얇고 넓적한 스파게티를 몇 개씩 겹쳐서 사용하게 되는데, 특히 사각형 하부의 긴 부분은 하나의 스파게티보다 길기 때문에 힘을 잘 받게 하기 위해서 스파게티를 엇갈려서 접착해야 한다.

[그림 10-4] 다리 하부 모습

❷ 3개의 스파게티를 준비하고 [그림 10-5]의 왼쪽 사진과 같이 한 면과 다른 한 면을 엇갈리게 붙여주면 오른쪽 사진과 같은 모양이 된다.

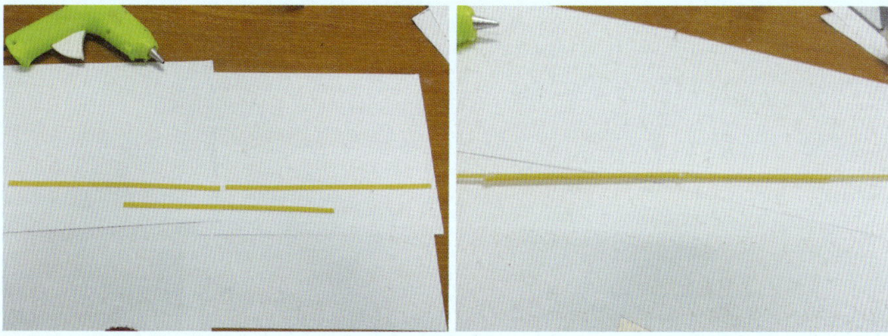

[그림 10-5] 스파게티 3개를 엇갈려서 붙이기

❸ 하나의 스파게티를 반으로 잘라서 붙인 스파게티의 겹쳐지지 않은 양쪽에 반씩 붙여준다. 그러면 스파게티 2개의 길이가 두 겹이 된다. [그림 10-6]의 왼쪽 사진과 같이 스파게티 면 2개를 준비해서 오른쪽 사진과 같이 붙이면 3겹의 스파게티가 된다.

[그림 10-6] 스파게티를 겹쳐서 붙이기

❹ 이와 같은 과정을 반복해서 원하는 길이만큼 이어 다리 하부의 긴 쪽을 만들고, 같은 방법으로 하나 더 만든다. 하부의 짧은 부분은 스파게티를 약 5cm로 자른 후 글루건으로 2개씩 붙여서 2개를 만든다.

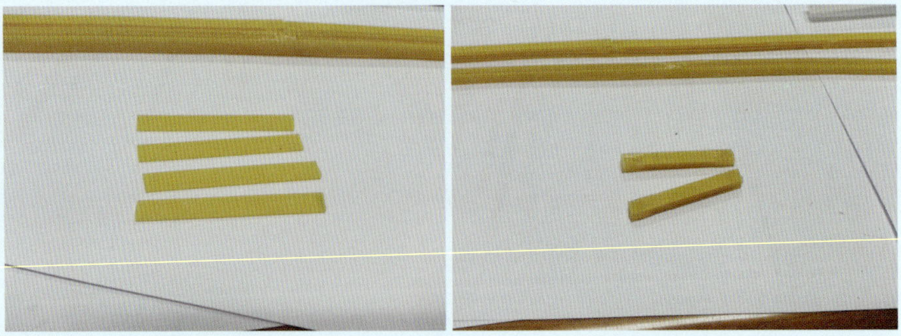

[그림 10-7] 다리 하부의 짧은 부분 만들기

❺ 겹쳐서 만든 긴 부분과 짧은 부분을 사각형이 되도록 배치하고 글루건으로 잘 붙여준다.

[그림 10-8] 완성된 다리 하부

다리 기둥 제작 과정

❻ 기둥은 [그림 10-9]에서 표시한 부분으로 앞과 뒤에 각각 8개씩 모두 16개가 필요하다.

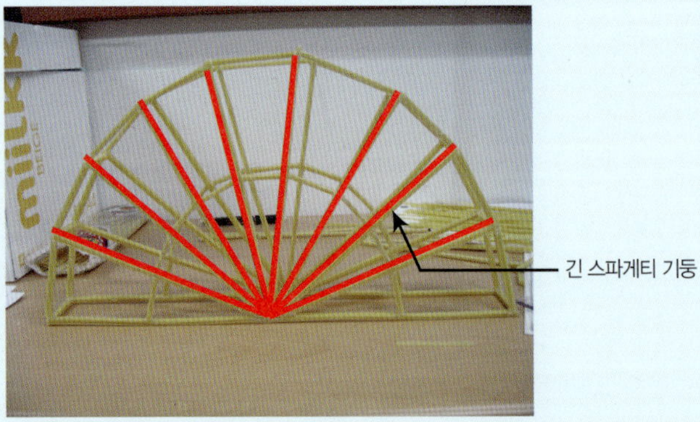

[그림 10-9] 다리 기둥 모습

❼ 스파게티 4개를 준비하고 스파게티의 끝을 [그림 10-10]과 같이 정렬하고 글루건으로 접착한다. 같은 과정을 반복해서 모두 16개의 기둥을 만든다.

[그림 10-10] 다리 기둥 만들기

다리의 기둥 세우기(삼각틀 모양 만들기)

❽ 기둥을 만들었으면 [그림 10-11]과 같이 삼각형 모양을 만들면서 기둥을 세워야 한다. 각 기둥 사이는 20°를 유지해야 반원인 180° 모양의 아치형을 만들 수 있다.

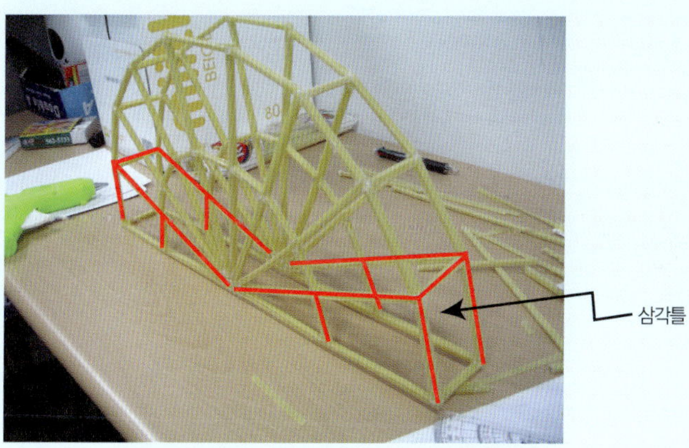

[그림 10-11] 삼각틀 모양 만들기

❾ 다리 하부에 각도기로 20°를 맞춰서 기둥을 고정시킨다. 같은 방법으로 4번 반복하면서 기둥의 중간과 끝부분에 막대를 만들어서 끼우고 글루건으로 고정시킨다.

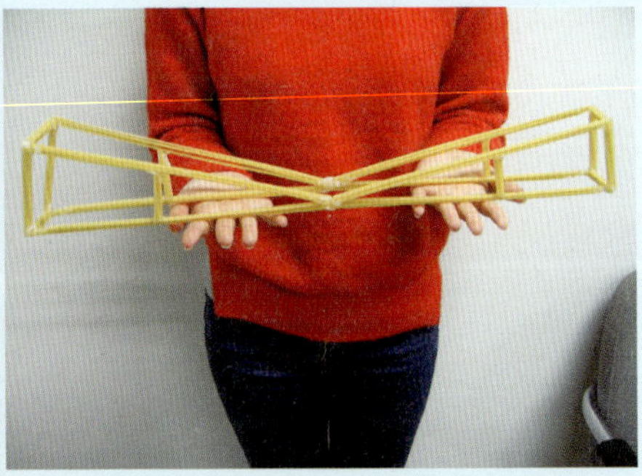

[그림 10-12] 삼각형 모양으로 기둥을 세운 모습

❿ 같은 방법으로 나머지 기둥을 모두 세우면 [그림 10-13]과 같이 아치형 다리의 기본 형태가 갖추어진다.

[그림 10-13] 완성된 스파게티 다리

스파게티 다리 설계 사례

스파게티를 이용해서 다리를 설계하는 프로젝트는 공학설계를 처음 공부하는 학생에게는 조금 부담이 될 수 있지만, 설계를 마친 후에 팀 단위로 경연대회에 참가함으로써 프로젝트를 재미있게 할 수 있는 동기를 부여하기 때문에, 실제로 가장 많이 시행되고 있는 프로젝트 중의 하나이다. 다리를 설계하는 방법은 주어진 환경에 따라 달라진다. 실례로 수심이 깊은 강을 건너는 다리를 설계할 때에는 중간에 교각이 없어야 한다는 제한 조건을 만족해야 하고, 바람이 많이 부는 지역에 다리를 설계할 때에는 바람에 영향을 받지 않도록 설계해야 한다.

다음은 스파게티를 이용해 다리를 설계한 수많은 사례 가운데 하나를 보여준다.

■ 설계 계획과 제한 조건

스파게티 다리 설계 프로젝트에서 사용하는 스파게티의 양과 전체 무게에 제한을 두지 않는다면 무조건 스파게티를 많이 사용하고 강력한 접착제를 사용하려 하기 때문에 평가가 객관적이지 못하다. 따라서 이 프로젝트에서는 사용하는 스파게티 양과 전체 무게에 제한을 두고 있다. 이 프로젝트의 설계 조건은 다음과 같다.

- 여러 개의 스파게티로 하나의 부자재를 구성하며, 부자재를 구성하는 스파게티 양은 15개 미만으로 하고 부자재의 개수에는 제한을 두지 않는다.
- 한 부자재의 길이는 10cm 이상으로 한다.
- 제작된 다리의 전체 무게는 1kg 미만으로 한다.
- 접착제는 부자재의 양 끝 1cm 이내에서만 사용하고 중간에는 접착제를 사용하지 않는다.

■ 설계

다리의 구조를 결정하기 위해 브레인스토밍을 했으며, 그 결과 많은 의견이 나왔지만 현실적이며 미적인 요소를 갖췄다고 평가되는 다음 세 가지 형태의 다리 구조를 선정했다.

❶ 아치형

아치형 다리는 상부의 모양을 둥글게 해서 가장 약한 가운데 부분에 전달되는 하중을 다리 양 끝으로 분산시키는 구조이다. 따라서 길이가 짧은 다리는 중간에 교각이 없이도 세울 수 있는 다리 구조이다.

[그림 10-14] 아치형 다리

❷ 아치 X형

아치 X형 다리도 기본적으로는 아치형과 같은 구조를 가지지만 상단부의 폭을 좁게 해서 옆에서 봤을 때 마치 삼각형 구조를 갖게 하였다.

[그림 10-15] 아치 X형 다리

❸ 트러스형

트러스형 다리는 하중을 견디는 구조가 트러스로 된 다리를 말한다. 트러스는 삼각형으로 연결된 구조를 의미한다. 연결된 구조는 장력(tension), 압력(compression), 동적 부하에 대한 반응에 의해 영향을 받는다. 트러스 구조는 가장 오래된 다리 구조 중의 하나이다.

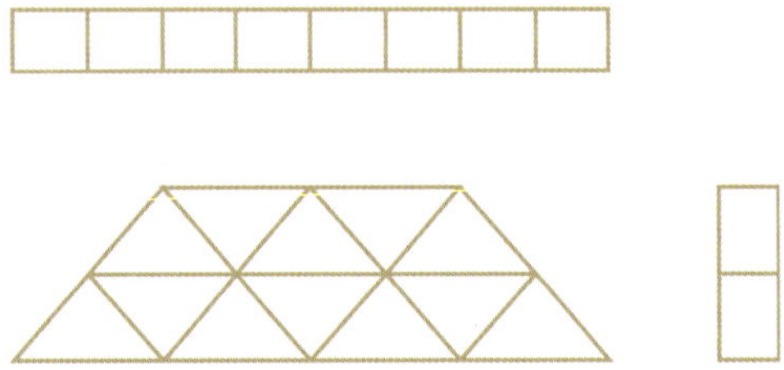

[그림 10-16] 트러스형 다리

■ 분석과 평가

선정된 세 가지 구조에 대한 분석이 이루어졌다. 우선 선정 기준을 정하고 각 기준에 가중치를 할당한 후, 총점을 비교해서 제작하게 될 다리의 구조를 결정하였다. 우선 선정 기준은 [표 10-1]과 같이 네 가지 기준을 정하였다.

[표 10-1] 스파게티 다리 구조를 위한 선정 기준

번호	선정 기준	가중치
1	얼마나 많은 하중을 버티는가?	50%
2	외관이 보기에 좋은가?	30%
3	제작이 용이한가?	20%
4	모든 제한 조건을 만족하는가?	–

[표 10-1]에서 "모든 제작 조건을 만족하는가?"의 가중치는 없으며, 각 구조가 앞에서 정한 제한 조건에 부합하는지 판단만 하면 된다. 즉, 모든 제한 조건을 만족하면 1~3번의 기준에 따라 결정되지만 그렇지 못하면 나머지 기준에 관계없이 후보에서 탈락한다. [표 10-2]에는 선정 기준과 가중치를 적용했을 때 세 가지 구조에 대한 평가 결과를 보여준다.

[표 10-2] 선정 기준과 가중치에 의한 평가 결과

구조 \ 선정 기준 (가중치)	1 (50%)	2 (30%)	3 (20%)	4 (적합 여부)	점수 (100)	순위	비고
아치형	85(42.5)	80(24)	80(16)	O	82.5	2	선정
아치 X형	90(45)	90(27)	60(12)	X	84	1	부적합
트러스형	70(35)	70(21)	90(18)	O	74	3	

[표 10-2]에서 괄호 안의 값은 가중치를 곱했을 때의 값이며 점수는 괄호 안 점수의 합이다. [표 10-2]에서 알 수 있듯이 점수는 아치 X형이 가장 높은 점수를 받았지만 제한 조건에서 부자재 하나의 길이를 10cm로 하면 이러한 구조를 제작할 수 없기 때문에 적합하지 않은 것으로 판정되어서 그 다음으로 높은 점수를 받은 아치형 구조가 선정되었다.

10.3 스파게티 다리 설계 실습

이 절에서는 스파게티 다리 설계를 실습해 볼 수 있도록 흐름을 정리하였다. 전반적으로 공학설계 프로세스에 맞춰 실습해 볼 수 있도록 구성하였으며, 본문에 있는 관련 양식을 활용하여 진행하기를 권한다.

1 설계 기준과 제한요소 결정

스파게티 다리를 설계하는 데 필요한 설계 기준과 제한요소를 결정한다. 일반적으로 다리의 설계 기준은 다리가 지탱할 수 있는 하중으로 결정된다. 그러나 교량으로서의 역할 외에도 예술적인 작품의 관점으로도 볼 수 있으므로 외관과 같은 미적인 요소를 설계 기준으로 추가할 수도 있다. 따라서 앞에서 언급한 일반적인 설계 기준 외에 다양한 기준을 적용하도록 한다. 스파게티 다리 프로젝트에서 주로 사용되는 재료는 스파게티이므로 스파게티를 사용해야 한다는 점이 가장 중요한 제한요소이다. 그러나 이 외에도 사용되는 스파게티의 개수, 글루건의 사용 방법 및 완성된 다리의 총 중량 등이 제한요소가 될 수 있다.

[표 10-3] 스파게티 다리 설계 기준 결정

스파게티 다리 설계 기준
• 기준 1 :
• 기준 2 :
• 기준 3 :

[표 10-4] 스파게티 다리 설계 제한요소 결정

스파게티 다리 설계 제한요소
• 제한요소 1 :
• 제한요소 2 :
• 제한요소 3 :

2 설계 요약서 작성

설계 기준과 제한요소가 결정되면 설계 요약서를 작성한다. 설계 요약서에는 반드시 일정표를 포함시키고, 전체 분량이 겉표지를 포함해서 5쪽을 넘지 않도록 한다.

[표 10-5] 스파게티 다리 설계 요약서 작성

스파게티 다리 설계 요약서
1. 제목 표지 2. 목차 3. 팀 구성 4. 문제 정의 – 스파게티 다리의 개요 – 스파게티 다리의 설계 기준 – 제한요소(예산 및 프로젝트 기간 포함) – 기타 5. 문제 해답에 대한 정성적 분석 – 설계 기준을 만족하기 위한 해결 방안 – 제한요소를 만족하기 위한 방안 – 예상되는 문제점 분석 – 기타 6. 일정 7. 평가 항목 8. 결론 및 요약

3 다양한 해결 방안 모색

스파게티 다리가 큰 하중을 지탱하기 위해서는 다리의 구조를 정하는 것이 가장 중요하다. 물론 많은 양의 스파게티를 사용해서 튼튼하게 제작하면 좀 더 큰 하중을 견딜 수 있겠지만 제한요소에 의해 사용할 수 있는 스파게티 양이 정해지기 때문에 큰 하중을 견딜 수 있는 다리의 구조에 따라 프로젝트 성공 여부가 결정된다. 다리의 구조를 정하는 문제 외에도 다리를 튼튼하게 할 수 있는 방법에 대한 문제를 해결하기 위한 브레인스토밍을 실행해야 한다. 이때 다음 사항에 유의해야 한다.

- 문제는 광범위하지 않아야 하며 구체적이어야 한다.
- 문제의 범위가 너무 넓지 않도록 3~4개의 작은 문제로 세분해야 한다.
- 정의된 문제를 정확하고 명확하게 글로 작성한다.

[표 10-6] 스파게티 다리 설계의 문제 정의를 위한 브레인스토밍 실행

스파게티 다리 설계의 문제 정의
• **주제 : 스파게티 다리 설계를 위한 브레인스토밍** 문제 1 : (예) 스파게티 다리는 어떤 구조로 설계할 수 있는가? 문제 2 : (예) 스파게티 연결부위는 어떻게 처리해야 힘에 잘 견딜 수 있는가? 문제 3 :

다음에는 백그라운드 메모를 작성한다. 백그라운드 메모에는 브레인스토밍의 세션 명칭, 정의된 문제, 일정 및 장소가 포함되도록 한다.

[표 10-7] 스파게티 다리 설계를 위한 백그라운드 메모 작성

스파게티 다리 설계 백그라운드 메모
• **세션 명칭 : 스파게티 다리 설계를 위한 브레인스토밍** • **정의된 문제** 문제 1 : (예) 스파게티 다리가 갖는 구조가 하중을 버티는데 미치는 영향은 무엇인가? 문제 2 : (예) 힘을 잘 버티기 위해서는 스파게티를 어떻게 연결하는 것이 적절한가? 문제 3 : • **일정 및 장소**

진행자가 정의된 세부 문제를 제시하고 브레인스토밍을 실행한다. 진행자가 세부 문제에 대해 간단하게 설명한 후 참석자는 각 문제에 대한 아이디어를 제안하고 기록원은 제안된 아이디어를 모든 참석자가 볼 수 있도록 기록한다. 브레인스토밍 시간이 종료되면 제안된 아이디

어를 나열하고 참석자가 검토해서 유사하거나 현실성이 없는 아이디어는 삭제한다. 최종적으로 가장 관련성이 있어 보이는 아이디어를 선택해서 기록하고 제한된 시간이 완료되면 세션을 종료하고 각 문제에 대해 선택된 아이디어를 아래 형식에 따라 정리한다.

[표 10-8] 스파게티 다리 설계의 세부 문제 제시를 위한 브레인스토밍 실행

스파게티 다리 설계의 세부 문제 제시
• 문제 1 : (예) 스파게티 다리는 어떤 구조로 설계를 할 수 있는가? 제안 1 : 아치형 구조는 힘을 양 쪽을 분산시키기 때문에 큰 무게를 견딜 수 있지만 제작이 용이하지 않다. 제안 2 : 트러스형 구조는 제작이 용이하고 무게도 잘 견디지만 재료가 많이 필요하고 중앙 부분이 약할 수 있다. 제안 3 : • 문제 2 : 제안 1 : 제안 2 : 제안 3 : • 문제 3 : 제안 1 : 제안 2 : 제안 3 :

4 다양한 문제해결 방안에 대한 분석

브레인스토밍을 통해 얻어낸 해결 방안은 분석을 통해 장단점을 비교해야 한다. 브레인스토밍에서 얻어낸 해결 방안은 주로 스파게티 다리의 구조에 관한 것이며, 대부분 아치형 다리 또는 트러스형 다리 구조를 갖는다. 따라서 이러한 구조에 대한 분석을 통해 장단점을 비교해야 한다. 각각의 구조를 이론적으로 분석하기 위해서는 구조 역학적인 전공 지식이 필요하기 때문에 여기에서는 스파게티로 설계할 수 있는 다리의 구조에 대해 이해하고 각각의 구조가 갖는 특징을 조사하고 장단점을 비교한다.

❶ 아치형 다리

아치형 다리는 본체가 아치 형태로 되어 있는 교량을 말한다. 아치가 수직 방향으로 하중을 받으면 힘이 바깥쪽으로 이동하려고 하며, 양쪽을 지지하는 지반이 아치의 양 끝이 이동하지 않도록 고정시키기 때문에 결국 아치가 힘을 받게 되고 중량을 지탱하게 된다. 그런데 만일 아치 양 끝의 지점이 움직이게 되면 아치의 형태가 유지되지 못하고 무너지기 때문에 아치형 다리는 암반과 같은 견고한 지반에 설치해야 한다. [그림 10-17]은 아치형 다리의 다양한 형태를 보여준다. 아치형 다리는 힘이 양 끝으로 분산되기 때문에 중앙 아랫부분이 약하면 아랫부분이 무너질 가능성이 있다. 따라서 중앙 아랫부분을 강하게 해야 한다.

[그림 10-17] 아치형 다리 예

❷ 트러스형 다리

트러스(truss)란 목재 또는 철 재료를 연결해서 삼각형의 형태를 갖게 한 구조물을 말한다. 트러스형 다리는 트러스를 연결해서 하중을 견디도록 만든 교량을 의미한다. 트러스형 다리는 교각의 간격이 커지면 제작 기간이 많이 소요되는 단점이 있으나 부자재의 크기가 작고 가볍기 때문에 산간 지역과 같이 공사가 쉽지 않은 지역에서 비교적 간단하게 설치할 수 있다는 장점이 있다.

(a) Warren 트러스

(b) Howe 트러스

(c) Pratt 트러스

(d) Parker 트러스

[그림 10-18] 트러스형 다리 예

[표 10-9] 스파게티 다리 설계의 문제해결 방안에 대한 분석

스파게티 다리 설계의 문제해결 방안 분석
• 문제 1 : <u>(예) 아치형 다리는 하중을 양 끝으로 분산시킬 수 있으나 스파게티 다리의 아랫부분이 약하면 그 부분이 파손될 수 있다.</u> 제안 1 : 중앙 아랫부분이 큰 하중을 견딜 수 있도록 많은 스파게티를 사용해서 보강한다. • 분석 1 : 중앙 아랫부분에 큰 하중을 가해도 그 부분이 파손되지 않으면 아치 구조에 의해 힘이 양끝으로 분산되기 때문에 하중을 버틸 수 있다. • 분석 2 : 제안 2 : 부자재는 스파게티를 여러 개 묶어서 제작하며, 부자재의 길이가 적절해야 한다. • 분석 1 : 부자재의 길이가 길면 다리를 제작할 때 상대적으로 약한 글루건 접합부의 수가 적어지기 때문에 전체적으로 강도가 높아질 수 있다. • 분석 2 : 부자재의 길이가 너무 길면 하중이 증가함에 따라 휨이 발생하고 오히려 글루건 접합부보다 약해질 가능성이 있다. 제안 3 : • 분석 1 : • 분석 2 :

• 문제 2 :

제안 1 :

• 분석 1 :
• 분석 2 :

제안 2 :

• 분석 1 :
• 분석 2 :

5 분석 결과에 의한 결정

[표 10-10]은 스파게티 다리를 설계할 때 아치형 구조를 갖는 경우와 트러스형 구조를 갖는 경우에 대해 각 기준 항목이 그 중요도에 따른 가중치를 할당받아 점수화된 결정 매트릭스의 예를 보여준다. 스파게티 다리를 설계할 때 결정해야 할 항목은 다리의 구조 뿐만 아니라 다른 구조에 대해서도 적용할 수 있으며, 각 구조에 대한 기준도 [표 10-10]에 나온 기준 이외에 다른 기준과 다른 가중치를 적용할 수도 있으므로 [표 10-10]을 수정해서 사용할 수 있다.

[표 10-10] 스파게티 다리 설계에서 가중치를 적용한 결정 매트릭스의 예

해결 방안 / 기준/규격 (가중치)	아치형 구조				트러스형 구조			
	부자재 길이		부자재 접합면적		부자재 길이		부자재 접합면적	
	10cm	15cm	1cm	2cm	10cm	15cm	1cm	2cm
소요 비용(1)								
제작 기간(2)								
테스트 기간(1)								
재설계 시간(2)								
버티는 하중(5)								
정확도(2)								
총 계								

5 = Best, 1 = Worst

6 설계 제안서 작성

분석을 통해 설계 방향이 결정되면, 설계에 앞서 설계 제안서를 작성해야 한다.

[표 10-11] 스파게티 다리 설계 제안서 작성

스파게티 다리 설계 제안서
1. 제안서 표지 – 프로젝트 명 – 프로젝트 수행 팀(참여 학생) – 프로젝트 수행 기간 – 소요 비용 – 책임자 서명 2. 프로젝트 제안서 – 프로젝트 개요 : 프로젝트 요약, 도출 과정, 필요성 및 기대효과, 추진 방법 – 결과물 및 평가 방법 : 결과물(설계도, 프로토타입), 성능평가 방법 – 팀원의 역할 분담 – 추진 일정 – 소요 비용 내역서 – 기타

7 상세설계

[그림 10-19]는 스파게티 다리를 설계한 도면이다. 스파게티 다리의 설계도면은 정면, 측면 그리고 위에서 보았을 때의 형태와 정확한 크기를 적어야 한다.

상세도면에는 [그림 10-19]와 같이 외관 치수와 인터페이스 규격을 표시해야 한다. 스파게티를 사용해서 부자재를 어떻게 제작할 것인가에 대한 내용도 포함되어야 한다.

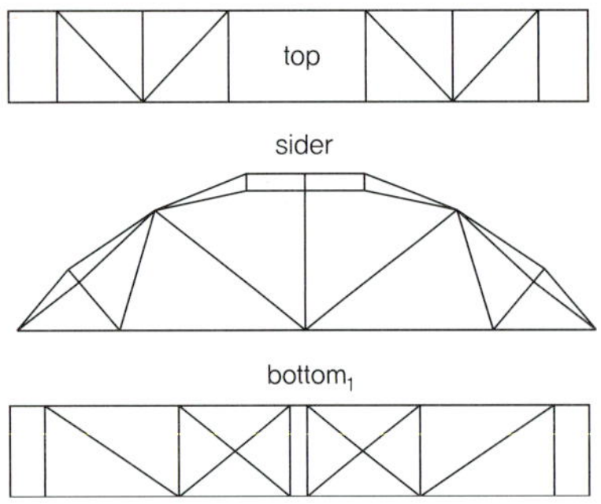

(a) 아치 + 트러스형 구조

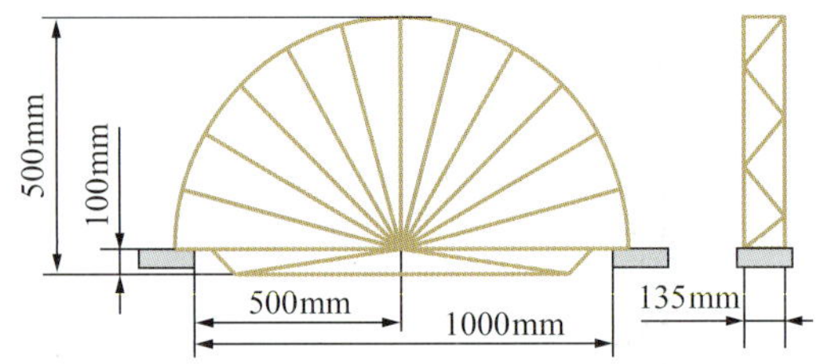

(b) 아치형 구조

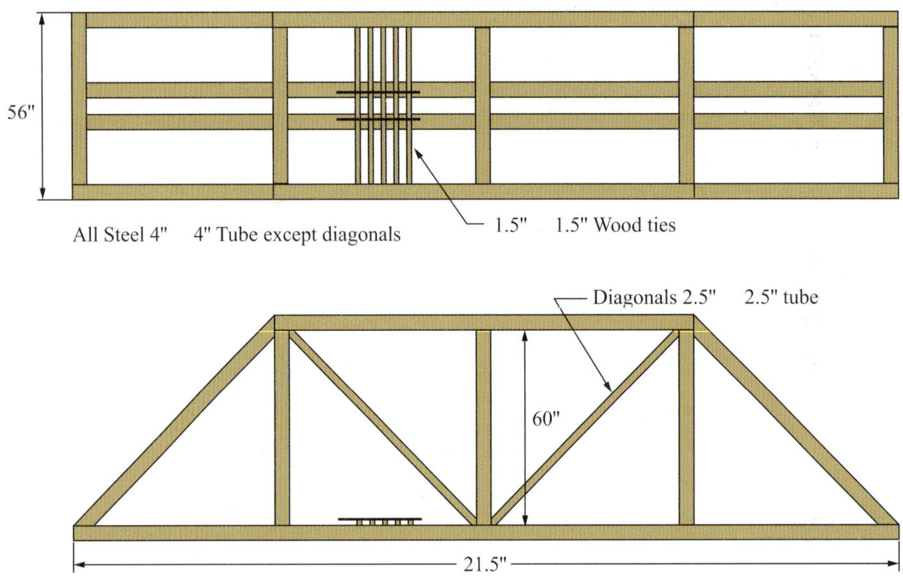

(c) 트러스형 구조

[그림 10-19] 스파게티 다리의 설계도면

[표 10-12] 스파게티 다리의 상세도면 작성

스파게티 다리의 상세도면

8 테스트와 개선

상세설계를 한 후에 스파게티 다리를 제작한다. 이때 상세설계서에 따라 팀원의 일을 분장한다. 또한 제작된 스파게티 다리가 설계 초기 단계의 설계 기준을 만족하는지 성능 테스트를 실시해야 한다. 테스트를 위해서는 설계 기준을 바탕으로 테스트 항목을 결정해야 한다. 그러나 스파게티 다리의 경우 하중을 어느 정도 지탱할 수 있는지가 가장 중요한 성능 기준이다. 따라서 제작된 다리를 받침대에 고정시킨 후 추의 무게를 증가시키면서 다리가 파손되기 직전의 무게를 측정해야 한다. 또한 중요한 점은 파손되는 순간에 어느 부분이 가장 먼저 파손되는지를 관찰하는 것이다. 스파게티 다리를 제작하는 데에는 많은 시간이 필요하기 때문에 보완해서 다시 제작하는 것이 쉽지 않다. 그러나 가장 먼저 파손된 부분을 보강하면 좀 더 무거운 하중을 버틸 수 있는 스파게티 다리가 될 것이다. 테스트 항목으로 지탱할 수 있는 하중 이외에 미적인 요소인 다리 외관도 하나의 설계 기준이 될 수 있지만 이 설계 기준은 정량적으로 측정할 수 없기 때문에 여러 사람의 평가에 의해서 측정해야 한다.

[표 10-13] 테스트 결과 작성

항목	결과
• 최대 하중 :	
• 다리 붕괴의 형태에 대한 묘사 :	

설계된 스파게티 다리를 테스트한 결과가 설계 기준을 만족하지 못하면 설계를 개선해야 한다. 그러나 다른 설계 프로젝트와 달리 스파게티 다리는 제작하는 데 많은 시간과 노력이 필요하기 때문에 다시 제작할 만한 시간적 여유가 없으므로 관찰한 내용을 바탕으로 개선할 수 있는 사항에 대해서 고찰한다. 만일 다시 제작할 만한 시간이 충분하면 개선 사항을 적용해서 다시 테스트를 한 후에 개선 전과 비교한다면 매우 좋은 설계 프로젝트가 될 것이다. 스파게티 다리가 좀 더 무거운 하중을 버티기 위해 개선될 수 있는 사항이 있으면 [표 10-14]에 개선한 사항을 설명한다. 만약 다시 제작이 가능하면 앞에서와 같은 테스트를 반복하고 비교한다.

[표 10-14] 개선 사항 작성

1차 개선 및 평가 결과	2차 개선 및 평가 결과

9 최종 보고서 작성

스파게티 다리의 설계와 제작이 완료되고, 성능 테스트를 실시한 결과 설계 기준을 만족하면 최종 보고서를 작성한다.

[표 10-15] 스파게티 다리 설계 최종 보고서 작성

스파게티 다리 설계 최종 보고서
1. 겉표지 – 제목 : 스파게티 다리 설계 보고서 – 소속, 팀, 팀 구성원 – 지도 교수 – 날짜 2. 요약 – 설계의 목적, 방법, 범위, 결과, 결론을 포함해야 함. – 1쪽 이내로 작성해야 함. – 전체적인 내용을 파악할 수 있도록 간결하고 명확하게 서술해야 함. 3. 목차 – 보고서의 각 장과 절의 제목과 쪽 번호를 명확하게 표시해야 함. 4. 서론 – 설계의 개요, 문제를 해결하기 위한 가정, 주어진 제한 조건에서 설계를 통한 문제해결 방안을 설명해야 함. 5. 설계 – 실험 과정에서 변경된 사항에 대해서 논의해야 함. – 부록에 있는 데이터를 근거로 설계를 변경하게 된 결론을 설명해야 함. 6. 제작 과정 – 재료를 나열해야 함. – 스파게티 다리에 대한 지식이 없는 사람도 보고 따라 할 수 있을 정도로 상세하고 명확하게 서술해야 함. 7. 동작 – 스파게티 다리가 지탱할 수 있는 하중을 최대로 하기 위해 적용된 설계 과정을 단계별로 명확하게 설명해야 함. 8. 결론 – 설계 초기에 세운 가정이 옳았는지 아니면 틀렸는지에 대해 설명하고, 틀렸다면 그 이유를 설명해야 함. – 최종 설계 결과에 대해 논의하고 개선된 설계가 개선되기 전의 설계보다 성능이 뛰어난 이유에 대해 논의해야 함. – 현재의 설계를 개선시킬 수 있는 방안에 대해 설명해야 함. 9. 부록 – 실험에서 얻어진 모든 데이터를 포함해야 함. – 스파게티 다리의 모든 스케치를 포함해야 함. – 다양한 시도를 했을 때의 비교 차트를 포함해야 함.

10 프로젝트의 평가

■ 평가 반영 비율

평가 항목	제품 성능	제품 완성도	프로젝트 활동	보고서 및 발표	합계
배점	40	30	10	20	100
점수					

■ 제품 성능(40점)

평가 항목 \ 배점	상(20%)	중상(20%)	중(20%)	중하(20%)	하(20%)
	40	36	32	28	24
지탱하는 하중(kg)					

■ 제품 완성도(30점)

평가 항목	평가 내용	평가 기준	배점	점수
심미성 (30)	다리의 외관이 아름답고 균형이 잘 잡혔나?	매우 아름답고 균형이 잘 잡혔다.	30	
		아름답고 균형이 잡혔다.	24	
		보통이다.	18	
		별로 보기에 좋지 않고 균형이 안정적이지 못하다.	12	
		매우 불안하고 보기에 아주 안 좋다.	6	

■ 프로젝트 활동(10점)

평가 항목	평가 내용	평가 기준	배점	점수
참여도 (5)	프로젝트에 적극적으로 참여했는가?	관심을 보이고 적극적으로 참여하였다.	5	
		관심은 보이지만 프로젝트에 소극적이었다.	3	
		관심도 없으며 프로젝트에 소극적이었다.	1	
팀워크 (5)	팀원 간의 역할 분담이 잘 되고 의사소통이 원활했는가?	팀원 간의 역할 분담과 의사소통이 잘 되었다.	5	
		팀원 간의 역할 분담과 의사소통이 보통이다.	3	
		팀원 간의 역할 분담과 의사소통이 잘 안됐다.	1	

■ 보고서 및 발표(20점)

평가 항목	평가 내용	평가 기준	배점	점수
설계서 (5)	설계서의 구성이 잘 되었고, 설계 내용이 충실한가?	설계서의 내용과 구성이 뛰어나다.	5	
		설계서의 내용과 구성이 보통이다.	3	
		설계서의 내용과 구성이 미흡하다.	1	
보고서 (10)	보고서의 구성이 잘 되었고, 본문의 내용 및 그림 데이터가 잘 작성되었는가?	보고서의 내용과 구성이 매우 뛰어나다.	10	
		보고서의 내용과 구성이 뛰어난 편이다.	8	
		보고서의 내용과 구성이 보통이다.	6	
		보고서의 내용과 구성이 만족스럽지 못하다.	4	
		보고서의 내용과 구성이 수준 이하이다.	2	
발표 (5)	발표 자료가 잘 작성되고 발표 시간 내에 내용을 잘 전달했는가?	발표 자료가 잘 작성되었고 발표를 잘 하였다.	5	
		발표 자료와 발표가 보통이다.	3	
		발표 자료와 발표가 매우 부실하다.	1	

Chapter 11

스털링 엔진 프로젝트

스털링 엔진 프로젝트(stirling engine project)는 열역학을 이해하고, 주변에서 쉽게 구할 수 있는 재료를 이용해서 스털링 엔진을 설계함으로써 열역학의 이론적인 분석과 모델링을 한 후에 설계를 하는 과정을 익힌다.

학습 목표

- 유체 열역학에 대한 이론을 바탕으로 스털링 엔진의 원리를 이해한다.
- 설계 프로세스에 맞춰 스털링 엔진을 설계해본다.
- 프로세스의 과정과 결과를 기록하고, 보고서를 작성하는 방법을 익힌다.

11.1 설계 개요

스털링 엔진은 스코틀랜드 출신의 목사 로버트 스털링(1790~1878)이 증기기관을 대신할 목적으로 1816년에 개발하였다. 당시 대부분의 증기기관은 불안정하고 위험해서 폭발 사고가 자주 발생하였다. 이를 보고 자극을 받은 스털링은 스털링 엔진(stirling engine) 혹은 열기기관(hot air engine)이라고 불리는 동력장치를 개발하였다.

스털링 엔진은 다른 온도에서 공기 또는 가스가 주기적으로 수축하고 팽창함으로써 열 에너지를 기계적인 일로 변환시키는 열기관(heat engine)이라고 말할 수 있다. 좀 더 명확하게 정의한다면 이 엔진은 영구적인 가스 형태의 동작 유체(working fluid)를 갖는 폐쇄된 사이클(closed cycle)의 재생 열 엔진(closed-cycle regenerative heat engine)이다. 동작 유체는 영구적으로 시스템에 포함되며, 열을 교환하고 저장하는 특수한 형태의 재생장치(regenerator)를 통해 이동하면서 기계적인 동력을 발생시킨다. 이러한 재생장치가 스털링 엔진이 다른 종류의 열기기관과 다른 점이다. 스털링 엔진은 증기기관에 맞서 산업의 견인차 역할을 할 것으로 기대되었으나 수세기 동안 저전력 응용 분야에서만 사용되어 왔다. 스털링 엔진은 증기 엔진에 비해 열효율이 높은 것으로 알려져 있으며, 소음이 적고 거의 모든 열원(heat source)를 쉽게 이용할 수 있다는 장점이 있다. 또한 외부 열원으로 태양열, 화학열 등 어떤 것이든 이용할 수 있다.

스털링 엔진은 실린더 내 가스의 가열과 냉각으로 가동된다. 따라서 연료의 폭발력에 의존하지 않기 때문에 동작 중에 소음이 없으며, 당대 증기기관보다 훨씬 더 안전했다. 스털링 엔진이 높은 에너지를 생산하기 위해서는 열원을 이용해 높은 온도를 유해야 하는데 당시에는 이

것이 쉽지 않았다. 따라서 산업혁명 기간 동안에는 증기기관에 밀려 널리 활용되지 못했으나, 최근 기존에 사용하던 석탄 및 석유와 같은 화석연료가 고갈되어 가고 화석연료의 사용으로 인한 환경적인 문제, 급격한 지구 온난화 같은 문제가 대두되면서 다시 관심을 받기 시작하였다.

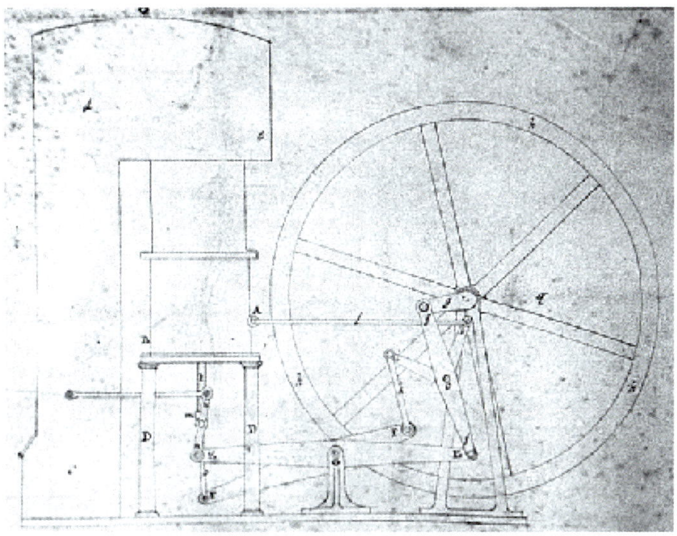

(a) 스털링 엔진 스케치

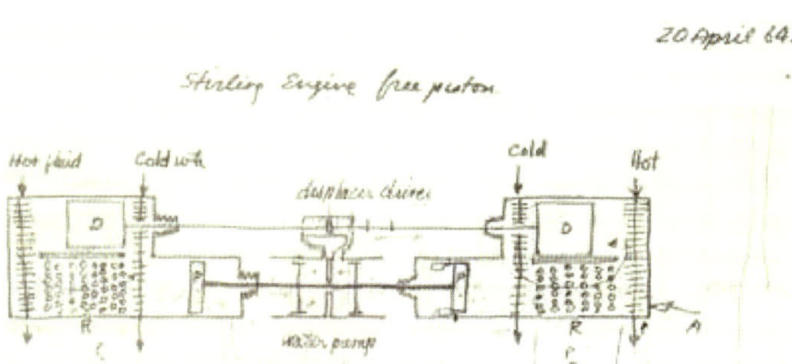

(b) 스털링 엔진 특허도면

[그림 11-1] 1816년 스털링 엔진의 스케치와 특허도면

스털링 엔진 프로젝트는 기계공학을 전공하는 학생들을 대상으로 몇 주간에 걸쳐 시행되는 설계 프로젝트의 하나이다. 따라서 스털링 엔진을 제대로 이해하기 위해서는 전문적인 분석 과정을 통해서 이론적으로 모델링을 한 후에 설계를 하는 복잡한 과정을 거쳐야 한다. 따라서 이 프로젝트가 공학설계 입문을 배우는 학생에게는 다소 어려운 과제가 될 수도 있다. 그러나 동작의 기본 원리를 간단하게 적용할 수 있는 수준의 프로젝트를 수행하고 엔진이 동작하는 것을 확인한다면 매우 흥미로운 과제가 될 것이다.

핵심포인트 스털링 엔진 프로젝트의 목적

스털링 엔진의 동작 원리를 이해하고 주변에서 쉽게 구할 수 있는 재료로 스털링 엔진을 설계한다. 이때 고체 및 유체 열역학에 의해서 동력을 발생하는 원리를 이해하고, 기계적인 장치에 대한 간단한 수학적인 모델을 수립하여 힘과 열역학의 분석 과정을 이해하는 것이 필요하다. 또한, 팀으로 기계장치의 제작 과정을 실습하고, 실험실에서 기계장치를 제작하고 측정해야 한다.

스털링 엔진 프로젝트에서는 CAD(Computer Aided Design) 프로그램을 사용해 3차원으로 설계도면을 작성하는 과정을 실습한다. 이때 문서와 실험 결과를 기술 보고서 형식에 따라 작성하고 구두로 발표하는 과정을 실습한다.

11.2 스털링 엔진의 동작 원리

일반적으로 스털링 엔진의 동작 원리는 공기 또는 가스가 엔진의 차가운 실린더에서 응축되고 고온 실린더에서는 확장되면서 열이 동력으로 전환되는 것이다. 내부의 재생 열 교환장치(regenerative heat exchanger)는 이 장치가 없는 단순한 열기기관보다 스털링 엔진의 열효율을 높여준다.

스털링 엔진의 구성

폐쇄 사이클 동작(closed cycle operation)으로 스털링 엔진을 구동하는 열은 열 교환장치에 의해 열원으로부터 작동 유체로 전달되고, 마지막으로 히트 싱크(heat sink)로 전달된다. 스털링 엔진은 하나 이상의 열원, 히트 싱크, 열 교환장치를 가져야 한다.

■ 열원

열원(heat source)은 연료를 연소시켜 발생하는 열에 의해 제공된다. 스털링 엔진의 특징은 열원에서 연소되는 물질이 내부의 작동 유체와 섞이지 않는다는 것이다. 실례로 유해물질이 포함되어 있기 때문에 엔진 내부를 손상시킬 수 있어서 다른 엔진에서는 사용할 수 없는 매립지 가스도 사용할 수 있다. 이 외에 태양열 에너지, 지열 에너지, 핵 에너지, 폐기물 에너지, 바이오 에너지 등이 있다.

■ 가열장치/가열부 교환장치

소형 엔진장치는 간단하게 뜨거운 표면으로 구성될 수 있으나 대형 엔진은 충분한 열을 전달하기 위해 좀 더 넓은 표면이 필요하다. 일반적으로 넓은 면적을 통해 열이 전달될 수 있도록 여러 개의 튜브를 사용한다. 가열장치(heater) 또는 가열부 교환장치(hot side heat exchanger)가 높은 출력과 압력을 견디기 위해서는 뜨거운 표면이 상당한 힘과 온도를 견디고 부식이나 변형이 일어나면 안 된다.

■ **재생장치**

스털링 엔진에서 재생장치(regenerator)는 내부적으로 열을 교환하고 뜨거운 공간과 차가운 공간 사이에서 일시적으로 열을 저장함으로써 작동 유체가 한 방향으로 이동했다가 다시 다른 방향으로 이동하게 하는 장치이다. 이 장치의 효과는 내부에 있는 열을 재활용함으로써 효율을 높이는 것이고 이로 인해 높은 출력을 내는 것이다. 이 재생장치는 스털링 엔진의 핵심 요소이며, 다른 종류의 열기 엔진과 다르다.

■ **냉각장치/냉각부 교환장치**

소형 엔진장치의 냉각장치(cooler) 또는 냉각부 교환장치(cool side heat exchanger)는 간단한 방식으로 차가운 표면을 유지할 수 있으나 대형 엔진장치는 충분한 냉각을 위해 냉각수를 이용한다.

■ **히트 싱크**

일반적으로 히트 싱크(heat sink)는 주변의 온도를 가리키는 말로서, 고출력 엔진의 매체인 경우 열을 주변 공기에 전달하기 위해서는 라디에이터가 필요하다. 선박기관에서는 주변의 물을 사용한다.

■ **디스플레이서**

디스플레이서(displacer)는 베타, 감마 타입의 스털링 엔진에서 사용되는 특수 목적의 피스톤이며, 동작 유체가 가열 교환장치와 냉각 교환장치 사이를 이동하게 만드는 역할을 한다.

스털링 사이클

스털링 엔진은 내연기관 엔진(internal combustion engine)과는 다른 스털링 사이클을 갖는다. 스털링 엔진 내부의 가스는 엔진 밖으로 나오지 않으며, 가솔린 엔진 또는 디젤 엔진과 같은 높은 압력의 가스를 외부로 내보내는 배기밸브가 없기 때문에 매우 조용하다. 스털링 엔진은 외부 열원을 사용하며, 두 개의 등적곡선(isochors)[1]과 두 개의 등온선(isotherm)[2]으로 이루어지는 역학적 사이클(thermodynamic cycle)을 보인다.

1 등적곡선은 일정한 용적 하에서의 압력에 대한 온도를 그래프로 만든 곡선이다.

2 등온선은 온도가 같은 곳을 연결한 선이다.

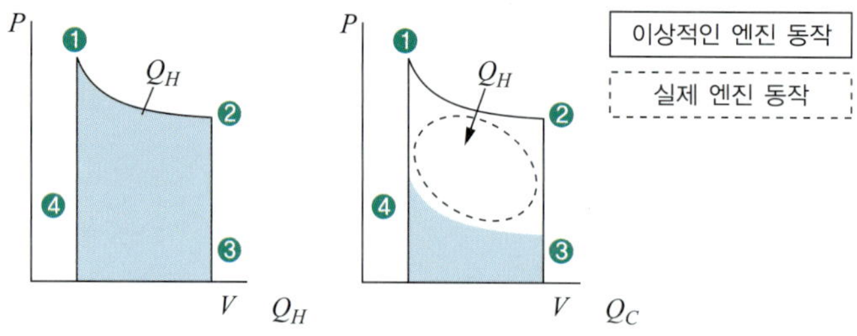

[그림 11-2] 압력-용적, 온도-엔트로피의 스털링 사이클

❶ ~ ❷ : 등온 팽창(isothermal expansion)

엔진의 팽창 공간에 열 Q_H가 전달되면서 동작 유체가 팽창한다. 가스가 팽창하면서 피스톤을 밀어내면 엔진의 용적은 증가하고 압력은 감소한다. 등온 조건($T = T_C$)을 가정했을 때 동작 유체로 전달된 열은 $Q_H = W_E$이 되며, W_E는 피스톤에 가해진 일(work)이 된다.

❷ ~ ❸ : 등적 냉각(isochoric cooling)

엔진의 용적이 최대일 때 동작 유체가 재생장치를 통해 이동하며, 결과적으로 가스의 압력, 온도 및 엔트로피가 감소한다.

❸ ~ ❹ : 등온 압축(isothermal compression)

냉각된 동작 유체는 압축 공간에서 피스톤에 의해 압축되며, 열 Q_C는 일정한 온도 T_C를 유지하면서 냉각부에 흡수된다. 결과적으로 엔진의 용적은 감소하고 압력은 증가한다. 등온 조건 $T = T_C$를 가정하면 주변에 흡수된 열 $Q_C = W_C$이며, W_C는 피스톤에 의해 동작 유체에 가해진 일이 된다.

❹ ~ ❶ : 등적 가열(isochoric heating)

엔진의 용적이 최소일 때 동작 유체가 재생장치를 통해 이동한다. 열은 재생장치를 통해 동작 유체로 전달되며 가스의 압력, 온도, 엔트로피가 증가한다.

스털링 엔진의 종류

스털링 엔진은 알파(alpha), 베타(beta), 감마(gamma) 타입의 세 가지 종류가 있으며, 실린더의 가열부와 냉각부 사이에서 공기를 이동시키는 방법에 따라 구분된다.

■ 알파 스털링

알파 스털링(alpha stirling)은 두 개의 분리된 실린더에 각각 피스톤을 갖는다. 뜨거운 실린더는 높은 온도의 열 교환장치 상태를 유지하며, 차가운 실린더는 낮은 온도의 열 교환장치 상태를 유지한다. 이러한 형태의 엔진은 용량 대비 출력이 높지만 뜨거운 피스톤의 높은 온도와 밀봉된 상태에서의 내구성 때문에 기술적인 문제를 갖고 있다.

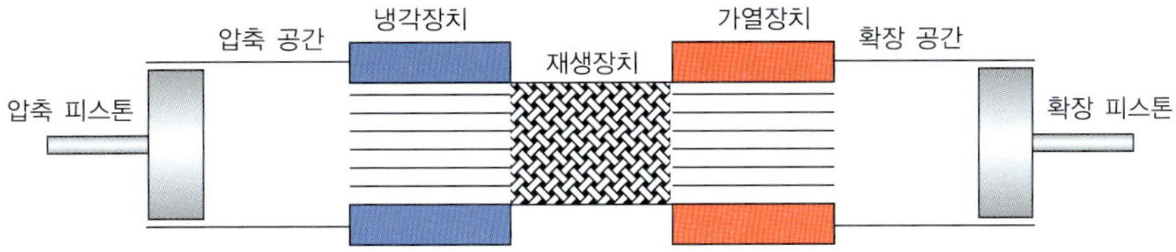

[그림 11-3] 알파 스털링 엔진의 구조

[표 11-1]은 알파 스털링 엔진의 동작 과정을 보여준다. 다만, 힘을 발생하는 데 필요한 열이 압축 공간과 팽창 공간 내부에서 교환되는 모습은 보여주지 못한다. 재생장치는 두 개의 실린더 사이를 연결하는 파이프에 위치한다.

[표 11-1] 알파 스털링 엔진의 동작 과정

순서	그림	설명
1	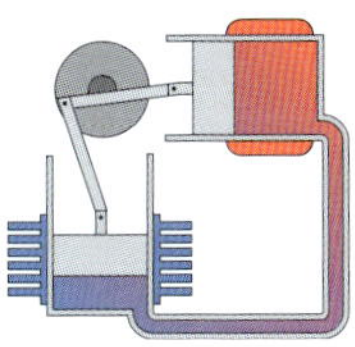	대부분의 동작 유체는 뜨거운 실린더와 접촉되어 있다. 이 유체는 가열되고 팽창되어 피스톤을 실린더 하부로 밀어낸다. 팽창은 차가운 실린더에서도 계속되며 실린더 내부의 피스톤은 뜨거운 실린더에 대략 90° 가량 늦은 사이클을 가지면서 더운 가스에 의해 좀 더 많은 일을 하도록 한다.
2	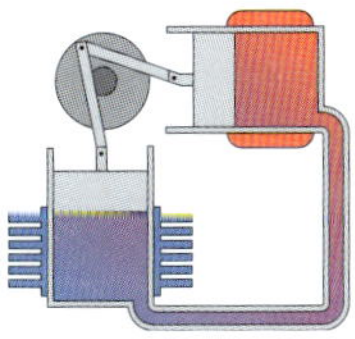	가스는 최대 용량으로 팽창되며, 뜨거운 실린더의 피스톤은 대부분의 가스를 차가운 실린더로 이동시키기 시작한다. 가스는 차가운 실린더 내부에서 냉각되며 압력은 감소한다.
3	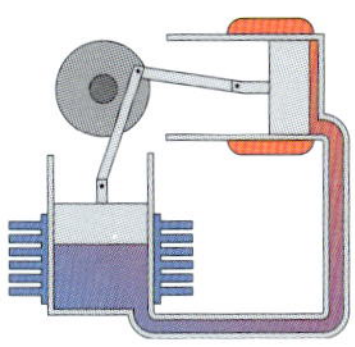	대부분의 가스가 차가운 실린더로 이동했으며 냉각은 계속된다. 차가운 실린더의 피스톤은 플라이휠(flywheel)에 의해서 구동되면서 실린더 내부의 가스를 압축한다.
4	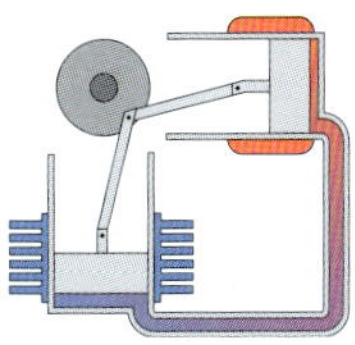	가스는 최소 용량으로 압축된 상태에 도달한다. 다시 뜨거운 실린더가 가열되면서 가스가 팽창하면 피스톤을 실린더의 위로 밀어내면서 동력을 발생시킨다.

■ 베타 스털링

베타 스털링(beta stirling) 엔진은 디스플레이서와 동력 피스톤(power piston)이 하나의 실린더에 위치하므로, 동력 축(shaft)과 같은 축을 사용한다. 디스플레이서 피스톤은 실린더에 밀착하지 않기 때문에 가스 팽창에 의한 동력을 발생시키지는 않으며, 고온과 저온의 열 교환장치 사이에서 가스를 이동시켜주는 역할만 한다. 동작 유체가 실린더의 고온 방향으로 이동하면 팽창하면서 동력 피스톤을 밀어낸다. 그리고 실린더의 저온 방향으로 이동하면 수축하면서 일반적으로 플라이휠(flywheel)에 의해 발생하는 기계적인 관성에 의해 동력 피스톤을 반대 방향으로 밀면서 가스를 압축한다. 알파 타입과는 달리 베타 타입에는 뜨거운 공기를 밀봉해야 하는 문제가 발생하지 않는다.

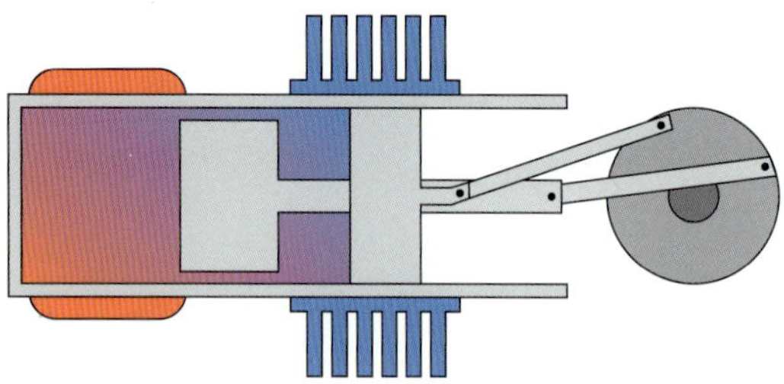

[그림 11-4] 베타 스털링 엔진의 구조

[표 11-2]는 베타 스털링 엔진의 동작 과정을 보여준다.

[표 11-2] 베타 스털링 엔진의 동작 과정

순서	그림	설명
1	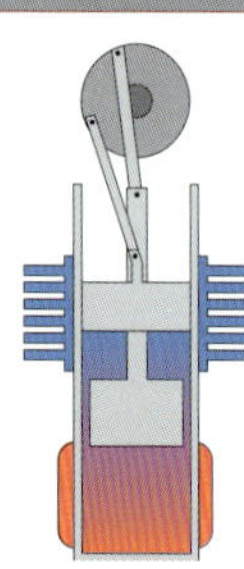	위에 있는 동력 피스톤이 가스를 압축하고, 아래에 있는 디스플레이서는 가스를 고온 열 교환 방향으로 이동시킨다.
2	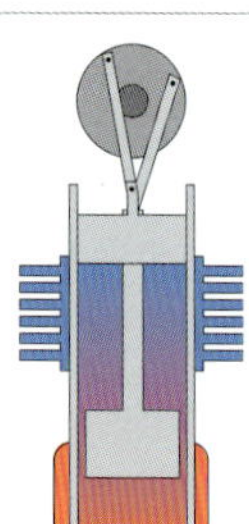	가열된 가스의 압력이 증가하고 이 힘에 의해 동력 피스톤의 행정이 최대가 되도록 동력 피스톤을 밀어낸다.

순서	그림	설명
3	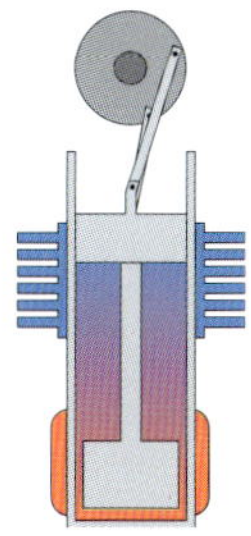	가스가 실린더 저온 부분의 끝으로 이동하도록 디스플레이서 피스톤이 이동한다.
4	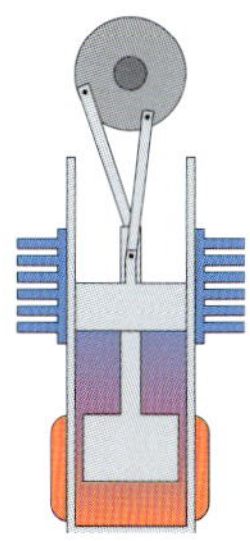	냉각된 가스가 플라이휠의 관성에 의해 압축된다. 이때 가스가 냉각되면서 압력이 떨어지기 때문에 에너지 소모가 작다.

■ 감마 스털링

감마 스털링(gamma stirling)은 베타 스털링과 동일하지만, 베타 스털링에는 동력 피스톤이 디스플레이서 피스톤 실린더와 나란히 있는 다른 실린더에 설치되어 있으며 같은 플라이휠에 연결되어 있다. 두 개의 실린더 내부에 있는 가스는 실린더 사이를 자유롭게 이동할 수 있으며 분리되지 않는다.

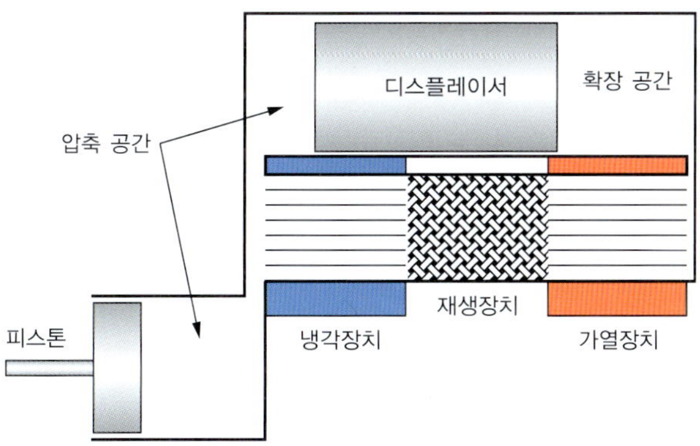

[그림 11-5] 감마 스털링 엔진의 구조

감마 스털링은 압축비가 낮고 기계적으로 단순하여 다중 실린더 엔진에 사용된다. 감마 타입 엔진에는 디스플레이서와 동력 피스톤이 각각 다른 실린더에 있다. 따라서 디스플레이서 실린더와 피스톤에 의해 압축과 팽창이 이루어지는 공간과 관련된 열 교환장치 사이를 쉽게 분리할 수 있다. 감마 스털링은 두 개의 실린더로 나누어져 있는데, 그 중 피스톤만 실린더에 밀착(sealed)되기 때문에 기계적으로 단순하다는 장점이 있으나 압축비가 낮다는 단점이 있다.

11.3 깡통 스털링 엔진 설계 제작 과정

스털링 엔진은 열역학 전공에서 다루어지는 내용이기 때문에 처음 공학설계의 주제로 다루기에는 쉽지 않을 수 있다. 다만 열역학을 이론적으로 접근하지 않고 스털링 엔진의 원리를 이해한다면 주변에서 쉽게 구할 수 있는 재료를 가지고 충분히 제작할 수 있다. 완성된 엔진의 동작 여부에는 너무 많은 변수가 있으므로 완성 후에 제대로 동작하지 않더라도 어떤 점이 문제가 될 수 있는지 생각하고, 자료를 조사하면서 팀원들과 정보를 공유하면 충분히 스털링 엔진을 완성할 수 있을 것으로 기대한다.

여기에서 설계하고자 하는 스털링 엔진은 실린더와 디스플레이서 같은 주요 구성요소를 모두 빈 음료수 캔(can)으로 제작했기 때문에 '깡통 스털링 엔진'이라고 이름을 붙였으며, 앞에서 설명한 스털링 엔진의 종류로 구분한다면 감마 스털링 엔진의 구조를 갖는다. 동력 피스톤과 실린더를 다른 형태로 바꾼 것 외에는 나머지는 모두 같은 원리이다.

스털링 엔진은 다양한 구조를 가질 수 있지만 설계하고자 하는 깡통 스털링 엔진은 [그림 11-6]과 같은 구조를 갖는다. [그림 11-6]에서 보여주는 엔진의 본체는 빈 음료수 캔 2개를 연결한 형태이며, 내부 구조를 보여주기 위해 세로로 절단한 캔을 정면에서 봤을 때 모양이며 제작하고자 하는 깡통 스털링 엔진의 구성요소를 보여준다.

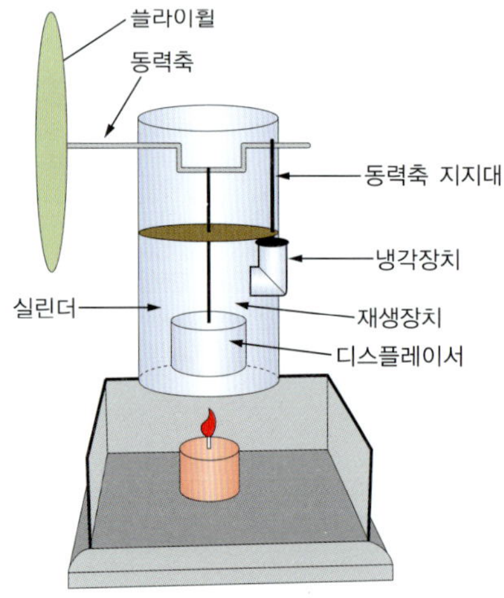

[그림 11-6] 깡통 스털링 엔진의 구성요소

깡통 스털링 엔진을 구성하는 각 구성요소를 살펴보자.

■ 실린더

원통형 모양으로 디스플레이서가 상하 운동을 할 수 있는 공간을 제공한다. 빈 음료수 캔으로 제작되며, 그림에서는 내부 모습을 보여주기 위해 상하로 절단한 단면을 보여주고 있으나 실제는 위 뚜껑 부분만 제거된 원통형의 모양을 갖는다.

■ 디스플레이서

실린더 내부에서 상하로 이동하면서 공기를 위아래로 이동시키는 역할을 한다. 이 디스플레이서는 열의 팽창에 의한 압력에 의해 위로 올려지는 것이 아니라 공기를 상하로 이동시키는 역할을 하기 때문에 실린더 벽 사이에는 충분한 공간이 확보되어야 한다. 디스플레이서도 역시 빈 음료수 캔을 잘라서 제작하며, 적당한 원통 모양의 길이로 자른 후에 실린더 안으로 들어갈 수 있도록 잘라서 펼치고 일부를 다시 연결한다. 내부에는 철 수세미로 채운다.

■ 재생장치

재생장치는 별도의 구성요소로 이루어진 것이 아니라 실린더의 위쪽 공간을 나타낸다. 이 부분은 내부적으로 열을 교환하고 뜨거운 공간과 차가운 공간 사이에서 일시적으로 열을 저장함으로써 공기가 한 방향으로 이동했다가 다시 다른 방향으로 이동하게 하는 부분을 나타낸다.

■ 냉각장치

일반적인 감마 스털링 엔진에서 냉각장치는 별도의 실린더와 동력 피스톤으로 구성되고, 실린더에 들어가 더운 공기의 열을 발산시킬 수 있는 냉각장치가 부착되어 있다. 그러나 '깡통 스털링 엔진'에서는 실린더와 동력 피스톤 대신에 연통 모양으로 구부러진 PVC 파이프 위에 고무풍선을 잘라서 밀봉한 후 굵은 철사를 이용해 고무풍선의 윗부분과 동력축을 연결해서 제작한다.

■ 동력축 지지대

동력축을 고정하기 위해 실린더 위에 엎혀진 빈 음료수 캔을 말한다. 이 캔의 위에는 양쪽에 구멍을 내서 동력축을 끼워 부드럽게 회전할 수 있게 하였으며, 아래에는 구멍을 내서 낚싯줄과 같은 부드러운 끈으로 디스플레이서와 동력축을 연결할 수 있게 한다.

■ 동력축

동력축의 가운데 부분은 'ㄷ'자 형태로 구부려 플라이휠의 반내 끝부분이 90°가 되도록 만든다. 'ㄷ'자로 구부린 부분은 디스플레이서와 부드러운 끈으로 연결하고, 플라이휠의 반대쪽은 굵은 철사로 냉각장치의 고무풍선 부분과 연결한다.

■ **플라이휠**

플라이휠은 디스플레이서가 아래로 떨어질 때 회전력을 저장하고 있다가 다시 올라갈 때 힘으로 작용한다. CD를 플라이휠로 사용하며 동력축의 한쪽 끝에 부착해서 동력축이 회전할 때 함께 회전하도록 한다.

■ **열원**

열원은 실린더 아랫부분의 공기를 데워주기 위해 사용된다. 여기에서는 작은 촛불이나 알코올 램프를 사용한다.

재료 및 준비물

깡통 스털링 엔진을 제작하기 위한 재료 및 준비물은 [그림 11-7]과 같다. 일 일반적으로 다른 프로젝트에 사용되는 칼, 자, 테이프, 글루건을 제외하고 이 프로젝트에서 가장 중요한 재료는 빈 음료수 캔이다. 이 캔을 이용해서 실린더, 동력축 지지대, 디스플레이서를 만든다. 또한 캔을 절단하기 위해 양철 가위를 준비하고, 디스플레이서 내부를 채울 양철 수세미와 냉각장치에 사용할 구부러진 PVC 파이프, 이를 덮을 고무풍선이 필요하다.

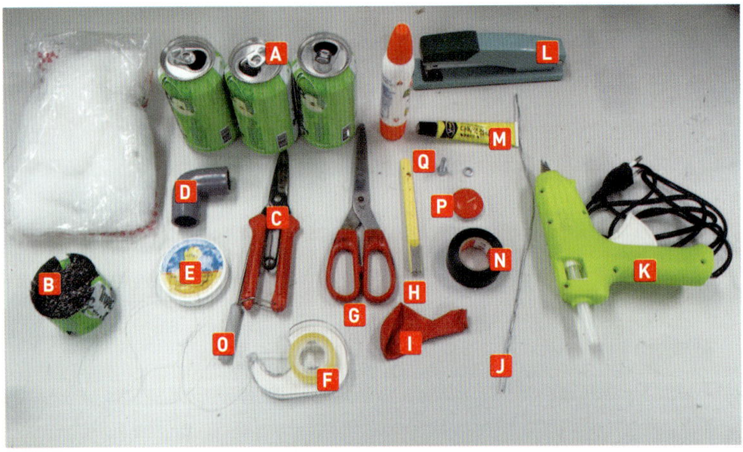

A 빈 음료수 캔	E 낚싯줄	I 고무풍선	M 강력 접착제	Q 나사
B 양철 수세미	F 스카치테이프	J 철사	N 절연 테이프	R CD
C 양철 가위	G 가위	K 글루건	O 송곳	S 양철 테이프
D PVC 파이프	H 칼	L 스테이플러	P 병뚜껑	

[그림 11-7] 스털링 엔진 프로젝트의 재료 및 준비물

디스플레이서 만들기

❶ 디스플레이서는 실린더 내부에서 상하로 움직이면서 더운 공기와 찬 공기를 위아래로 이동시켜주는 역할을 한다. 디스플레이서를 만들기 위해서는 [그림 11-8(a)]와 같이 빈 음료수 캔의 중간 부분을 자른 원통에서 점선으로 표시된 부분을 양철 가위로 오려낸다. 그리고 [그림 8-11(b)]와 같이 스테이플러로 연결하면 원래 원통보다 작은 크기의 디스플레이서 외형이 만들어진다.

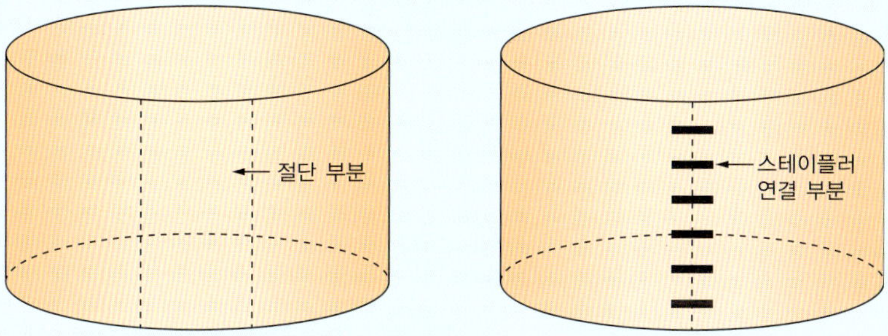

(a) 절단 부분 표시 (b) 스테이플러로 연결

[그림 11-8] 디스플레이서 외형 제작

캔의 안을 양철 수세미로 채우고 양철 수세미가 밖으로 빠져 나오지 못하게 [그림 11-9(a)]와 같이 일부분을 잘라서 안으로 구부려준다. 그리고 [그림 11-9(b)]처럼 수세미를 낚싯줄로 관통시킨 후에 빠지지 않도록 수세미 아래쪽에 낚싯줄을 고정시켜서 줄을 올렸을 때 디스플레이서가 따라 올라 올 수 있게 한다. [그림 11-9]는 완성된 디스플레이서의 모습을 보여준다.

(a) 양철 수세미로 채운 모습 (b) 낚싯줄을 관통시킨 모습

[그림 11-9] 완성된 디스플레이서의 모습

동력축 지지대 만들기

❷ 동력축 지지대도 빈 음료수 캔을 이용해 제작한다. 이 지지대는 캔의 윗부분에 구멍을 뚫고 동력축을 걸어서 동력축이 회전할 수 있도록 해준다. [그림 11-10]은 제작하는 순서를 보여준다.

① 캔의 위 뚜껑을 제거한다.
② 동력축을 걸 수 있는 구멍을 뚫는다.
③ 타원형 모양으로 캔의 옆부분을 잘라낸다.

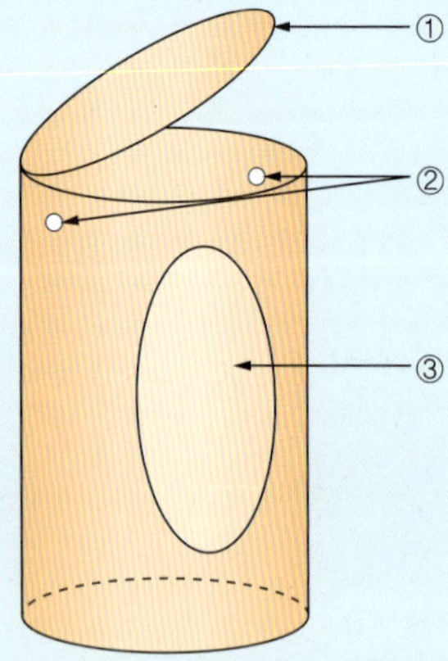

[그림 11-10] 동력축 지지대 제작 순서

[그림 11-11]은 동력축 지지대를 제작하는 과정을 보여준다. 캔의 뚜껑을 제거한 모습, 동력축을 걸기 위해 구멍을 내는 모습과 캔의 옆부분을 타원형으로 잘라내는 모습을 확인할 수 있다.

[그림 11-11] 동력축 지지대 제작 과정

동력축 만들기

❸ 동력축은 지지대의 윗부분에 난 양쪽 구멍에 걸려서 디스플레이서와는 낚싯줄로 연결되고, 냉각장치와는 철사로 연결되어 회전을 하는 회전축이다.

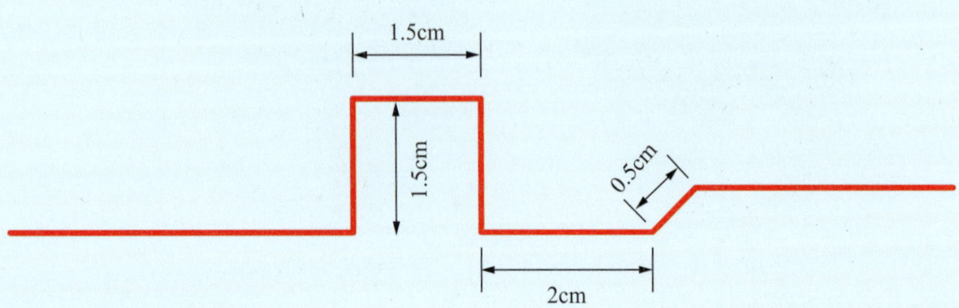

[그림 11-12] 동력축의 모양

[그림 11-12]는 동력축의 모양을 보여준다. 낚싯줄로 디스플레이서와 연결되는 부분을 'ㄷ'자 형태로 구부리고, 철사로 냉각장치와 연결되는 부분은 'ㄷ'자로 구부러진 부분과 90°의 각도로 구부린다. 즉 그림과 같이 'ㄷ'자가 위 방향으로 구부러져 있다면 냉각장치와 연결되는 부분은 앞으로 튀어 나오도록 구부려야 한다. [그림 11-13]은 동력축을 제작하는 과정을 보여준다.

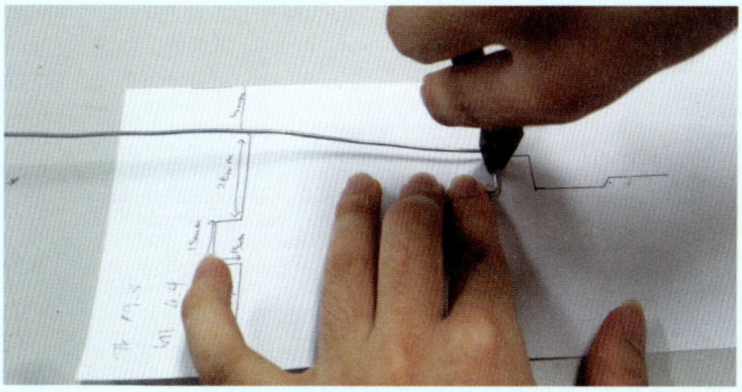

[그림 11-13] 동력축 제작 과정

동력축은 만들어진 동력축 지지대의 구멍에 끼워 넣어야 한다. [그림 11-14]는 동력축을 끼워 넣은 지지대의 모습을 보여준다.

[그림 11-14] 동력축을 끼워 넣은 지지대의 모습

❹ 동력축을 끼웠으면 [그림 11-15]와 같이 축의 끝부분에 플라이휠로 사용될 CD를 붙인다. CD는 동력축과 꼭 붙어서 동력축이 회전할 때 같이 회전해야 하기 때문에 동력축과 떨어지지 않도록 병뚜껑을 대고 글루건으로 단단히 고정시킨다.

[그림 11-15] 동력축에 붙인 플라이휠 CD

실린더 만들기

❺ 실린더 내부에서는 디스플레이서가 상하로 이동하면서 더운 공기와 차가운 공기를 위아래로 이동시킨다. [그림 11-16]은 실린더를 제작하는 순서를 보여준다.

① 캔의 뚜껑을 제거한다.

② 실린더로 사용된 캔에 냉각장치로 사용될 'ㄱ'자 형태로 구부러진 PVC 파이프를 연결하도록 타원형으로 잘라낸다.

③ 냉각장치를 실린더의 잘라낸 위치에 접합시킨다.

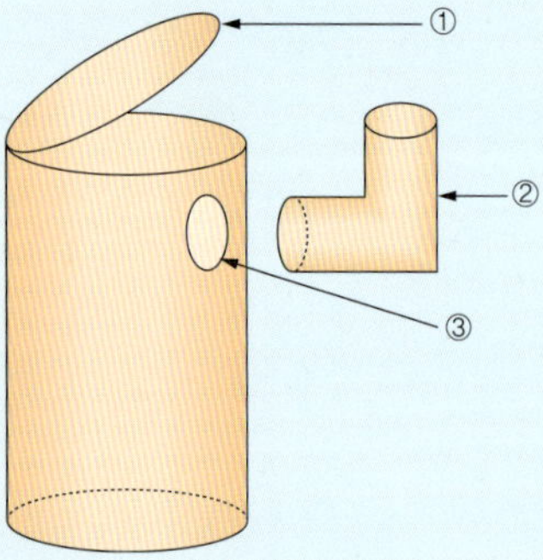

[그림 11-16] 실린더 제작 순서

실린더를 만들었으면 고무풍선 일부분을 잘라서 냉각장치의 윗부분에 씌운다. 그리고 고무풍선의 위를 철사로 동력축과 연결하기 위해서 고무풍선의 윗부분에 철사를 감을 수 있도록 나사를 끼운다. [그림 11-17]은 나사를 연결한 모양을 보여준다. 나사로 연결하지 않고 강력 접착제를 사용해서 철사를 연결할 수도 있다.

[그림 11-17] 고무풍선 덮개에 나사를 연결한 냉각장치의 윗부분

전체 시스템 조립

❻ 각 구성요소들이 준비되면 조립해서 깡통 스털링 엔진을 완성한다. 가장 먼저 동력축 지지대와 실린더를 연결해야 한다. 두 캔을 연결하려면 지지대 캔의 아랫면에 낚싯줄이 통과할 수 있는 구멍을 [그림 11-18]과 같이 뚫어야 한다.

[그림 11-18] 동력축 지지대 아랫면에 구멍 뚫기

❼ 디스플레이서에 연결된 낚싯줄을 아래에서 위로 동력축 지지대의 아래 구멍으로 통과시키고, 디스플레이서는 실린더에 넣으면서 동력축 지지대와 실린더를 연결한다. 그리고 동력축 지지대와 실린더가 연결되는 부위를 돌아가면서 글루건이나 양철 테이프로 접합시킨다. [그림 11-19]는 동력축 지지대와 디스플레이서, 그리고 실린더를 연결하는 과정을 보여준다.

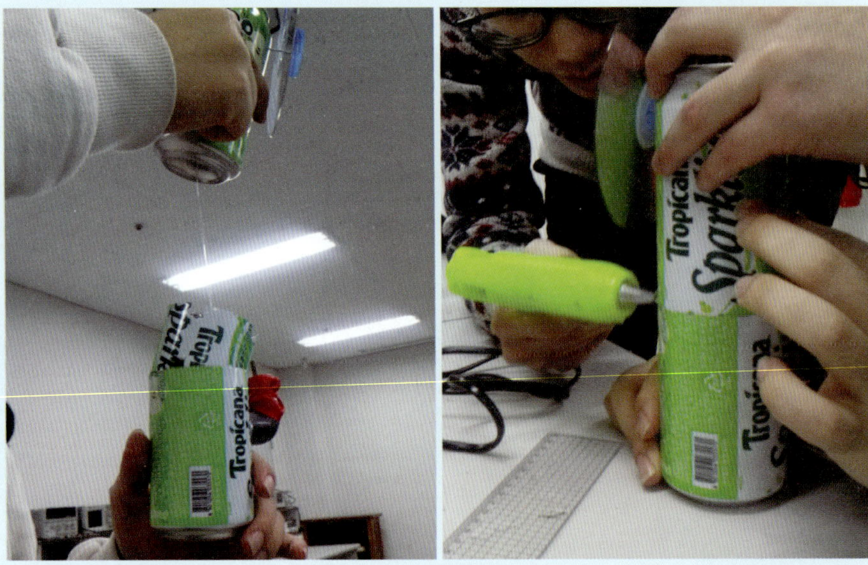

[그림 11-19] 동력축 지지대와 디스플레이서, 실린더를 연결하는 과정

❽ 동력축 지지대 구멍으로 들어간 낚싯줄과 냉각장치에 연결된 철사를 동력축에 연결한다. 우선 낚싯줄을 동력축에 연결할 때에는 중간에 가는 철사를 연결하고, 다시 가는 철사를 동력축에 연결한다. 또한 냉각장치에 연결된 철사는 그대로 동력축에 연결하면 된다. 이때 동력축에 연결된 철사의 양쪽에 양철 테이프를 감아서 연결된 철사가 옆으로 너무 많이 움직이지 않도록 하고, 마찰을 최대로 줄여서 동력축이 잘 회전할 수 있도록 해야 한다. [그림 11-20]은 낚싯줄과 냉각장치의 철사를 동력축에 연결한 모습을 보여준다.

[그림 11-20] 동력축에 연결된 낚싯줄과 철사

⑨ [그림 11-21(a)]와 같이 깡통 스털링 엔진이 완성되었다. 그러나 아쉽게도 이 스털링 엔진은 동작하지 않았다. 그래서 다시 제작하기 위해 원인을 분석한 결과, 실린더의 높이가 낮아서 디스플레이서가 아래로 떨어질 때 발생하는 힘이 약하다는 결론을 내렸다. 그리하여 용량이 더 큰 캔을 이용해 실린더의 높이를 조정했더니, 제대로 동작했다. [그림 11-21(b)]는 실린더의 높이를 개선해서 제작한 스털링 엔진이다.

(a) 최초로 제작한 스털링 엔진

(b) 개선한 스털링 엔진

[그림 11-21] 최초로 제작한 스털링 엔진과 개선한 스털링 엔진

11.4 스털링 엔진 설계 실습

스털링 엔진은 앞의 제작 과정을 잘 따라서 제작해도 처음에 동작을 시키는 것이 쉽지 않다. 각 구성요소에 의해서 동작 여부가 매우 민감하게 반응을 하기 때문에 이 부분을 찾아서 개선해야 한다. 따라서 동작을 하지 않거나 너무 느리게 동작을 하는 경우에 그 원인을 분석하고 개선해서 동작을 시키는 것이 중요하다. [표 11-3]과 같이 동작에 영향을 미치는 요소를 분석하고 설계를 개선한다.

[표 11-3] 동작 분석 및 개선

횟수	테스트 및 분석 결과	개선 내용
1차		
2차		
3차		

스털링 엔진은 동작하도록 설계를 완성하는 것 자체가 쉽지 않다. 따라서 스털링 엔진이 잘 동작하는지, 만약 동작하지 않는다면 어떤 사항을 개선해야 하는지를 중점으로 최종 보고서를 작성한다.

[표 11-4] 스털링 엔진 설계 최종 보고서 작성

스털링 엔진 설계 최종 보고서
1. 겉표지 – 제목 : 스털링 엔진 설계 보고서 – 소속, 팀, 팀 구성원 – 지도 교수 – 날짜 2. 요약 – 설계의 목적, 방법, 범위, 결과, 결론을 포함해야 함. – 1쪽 이내로 작성해야 함. – 전체적인 내용을 파악할 수 있도록 간결하고 명확하게 서술해야 함. 3. 목차 – 보고서의 각 장과 절의 제목과 쪽 번호를 명확하게 표시해야 함. 4. 서론 – 설계의 개요, 문제를 해결하기 위한 가정, 주어진 제한 조건에서 설계를 통한 문제해결 방안을 설명해야 함. 5. 설계 – 실험 과정에서 변경된 사항에 대해서 논의해야 함. – 부록에 있는 데이터를 근거로 설계를 변경하게 된 결론을 설명해야 함. 6. 제작 과정 – 재료를 나열해야 함. – 스털링 엔진에 대한 지식이 없는 사람도 보고 따라 할 수 있을 정도로 상세하고 명확하게 설명해야 함. 7. 동작 – 스털링 엔진이 동작하기 위한 구성요소 단위로 설계 과정을 단계별로 명확하게 설명해야 함. 8. 결론 – 설계 초기에 세운 가정이 옳았는지 아니면 틀렸는지에 대해서 설명하고, 틀렸다면 그 이유를 설명해야 함. – 최종 설계 결과에 대해 논의하고 개선된 설계가 개선되기 전의 설계보다 성능이 뛰어난 이유에 대해 논의해야 함. – 현재의 설계를 개선시킬 수 있는 방안에 대해 설명해야 함. 9. 부록 – 실험에서 얻어진 모든 데이터를 포함 – 스털링 엔진의 모든 스케치를 포함해야 함. – 다양한 시도를 했을 때의 비교 차트를 포함해야 함.

참고문헌

[1] Peter H. Sydenham, 『System Approach to Engineering Design』, Artech House, 2004

[2] Andrew Samuel, John Weir, 『Introduction to Engineering Design』, Elsevier Science & Technology Books, 1999

[3] Arvid R. Eide, Roland D. Jenison, 『Introduction to Engineering Design & Problem Solving』, McGraw-Hill, 1998

[4] Brian S. Thomson, 『Creative Engineering Design』, Okemos Press, 1998

[5] 김길희, 김이형, 최재환 공저, 『공학입문설계』, 구미서관, 2005

[6] 박경석, 『설계프로세스 개론』, 금오공과대학 기계공학부

[7] Frank B. Flanders, Katherine Hudson, 『Engineering Disciplines』, Georgia CTAE Resource Network Curriculum Office, 2008

[8] N. Cross, 『Engineering Design Methods』, John Wiley & Sons, New York, 1989

[9] Atila Ertas, Jesse C. Jones, 『The Engineering Design Process, 2nd Ed』, John Wiley & Sons,Inc.,1996

[10] Clive L. DYM, Patrick Little, 『Engineering Design a project-based introduction 2nd Ed』, John Wiley & Sons,Inc., 2004

[11] 양성채, 『입문설계 강의자료』, 경북대학교 공학교육혁신거점센터

[12] 송동익 편, 『입문설계 교재』, 경북대학교 공학교육혁신거점센터, 2010

[13] 조맹섭, 신규상, 조윤지, 『파워 오럴 프레젠테이션』, 시그마프레스, 2010

[14] 『의사소통기술』, 공주대학교 출판부, 2007

[15] John R. Karsnitz, Stephen O'Brien, John P. Hutchinson, 『Engineering Design-An Introduction』, DELMAR CENGAGE Learning, 2009

[16] Tara Dixon, Martin O'Hara, 『Communication Skills』, Northumbria University

[17] Phillip G. Clampitt, 『Communicating for Managerial Effectiveness : Problems, Strategies, Solutions』, Sage, 2009

[18] Carl Storz, 『Oral Presentation Skills : A Practical Guide, Institut National de Telecommunications』, EVRY FRANCE, 2002

[19] Gabriele Kotsis, 『How to Write a Technical Report』, Johannes Kepler Universitat Linz, 2006

[20] Enrique Alba, 『Writing a Scientific/Technical Report』, Univ. de Malaga, SPAIN, 2002

[21] Halcyon Lawrence, 『Technical Report Writing Workshop』, The University of the West Indies, 2007

[22] Kirkman J, 『Full marks : advice on punctuation for scientific and technical writing, 3rd Ed』, Ramsbury Books, 1999

[23] Van Emden J, 『Effective Communication for Science and Technology』, Palgrave Macmillan, 2001

[24] Van Emden J, 『Writing for Engineers, Palgrave Macmillan, 3rd Ed』, 2005

[25] 『A Guide to Technical Report Writing』, The Institute of Engineering and Technology, 2010

[26] John Sherington, 『Informative Presentation of Tables, Graphs and Statics, Information : Statistical Services Center』, The University of Reading, 2000

[27] Mike W. Martin, Roland Schinzinger, 『Introduction to Engineering Ethics, 2nd Ed』, McGraw-Hill, 2010

[28] John Uff CBE QC FREng, 『Engineering Ethics : Do engineers owe duties to the public』, The Royal Academy of Engineering, 2005

[29] Peter Kroes, Anathonies Meijers, 『Ethical issues in engineering design : Safety and sustainability』, Delft University of Technology & Eindhoven University of Technology, 2005

[30] Mark Rossow, 『Engineering Ethics Case Study : The Challenger Disaster』, Continuing Education and Development, Inc., 2011

[31] Mick Green, Neal Butterworth, Ian Burgess, Roger Plank, 『Practical Case Studies in Performance-Based Structural Fire Engineering Design』, Department of Civil & Structural Engineering, University of Sheffield

[32] Mitchell Rogovin, George T. Frampton. Jr, 『Three Mile Island-A Report to the Commissioners and to the Public』, Nuclear Regulatory Commission Special Inquiry Group, 1980

[33] Clifford Matthews, 『Case Studies in Engineering Design』, Arnold, 1998

[34] 『특허기술 사업화를 위한 특허전략 매뉴얼』, 한국에너지기술평가원, 2009

[35] 『중소기업 특허경영 매뉴얼』, 특허청, 2007

[36] 『PDP 특허전략보고서』, 특허청, 2007

[37] 『국제특허분쟁대응 표준 매뉴얼』, 한국전자산업진흥회, 2004

[38] 장현탁, "CO2 모형 자동차를 이용한 차량 공기역학의 공학설계 사례연구", 한국산학기술학회 논문지, Vol. 11, No. 8, pp.2750-2757, 2010

[39] Davis, "Technology, Values, and Ethics"

http://ethics.iit.edu/publication/TechnologyandValues.pdf

[40] Davis, "Do the Ethics of Chemists and Engineers Differ?"

http://www.hyle.org/journal/issues/8-1/davis.htm

참고문헌

[41] National Society of Professional Engineers (NSPE) Code of Ethics (US)

http://www.nspe.org/Ethics/CodeofEthics/index.html

[42] European Federation of National Engineering Associations (FEANI) Code of Ethics

http://www.tendrup.dk/feani.htm

[43] Hydrolevel v. ASME

http://ethics.tamu.edu/ethics/asme/asme1.htm

[44] Didier, "Why There are No Engineering Ethics in France: A Historical Interpretation"

http://onlineethics.org/CMS/profpractice/ppessays/internindex/Historical.aspx

[45] Smith, "Conduct and Ethics in Engineering Practice Related to the North American Free Trade Agreement"

http://onlineethics.org/CMS/profpractice/ppessays/internindex/8872.aspx

[46] Hiroshi Iino, "Three Teaching Case Studies of Accidents in Nuclear Energy Development in Japan"

http://onlineethics.org/CMS/edu/instructessays/japancases.aspx

[47] Space Shuttle Challenger Disaster

http://en.wikipedia.org/wiki/Space_Shuttle_Challenger_disaster

[48] Danny S. Parker, Michael P. Callahan, Jeffrey K. Sonne, Guan H. Su, Development of a High Efficiency Ceiling Fan "The Gossamer Wind"

http://www.fsec.ucf.edu/en/publications/html/FSEC-CR-1059-99

[49] Wright brothers

http://en.wikipedia.org/wiki/Wright_brothers

[50] 미국의 비행기 제작자 라이트 형제

http://navercast.naver.com/worldcelebrity/history/487

[51] Brainstorming

http://en.wikipedia.org/wiki/Brainstorming

[52] Donald A. Phin, Power Presentation Techniques

http://www.employeradvisorsnetwork.com

[53] APA Table Guidelines, University of Washington, Psychology Writing Cente,

http://web.psych.washington.edu/writingcenter/writingguides.html, 2010.

[54] 사이버 발명교실

http://inv21.net

찾아보기

찾아보기

찾아보기